一支番仔火點亮台灣一甲子

從火柴盒看近代史

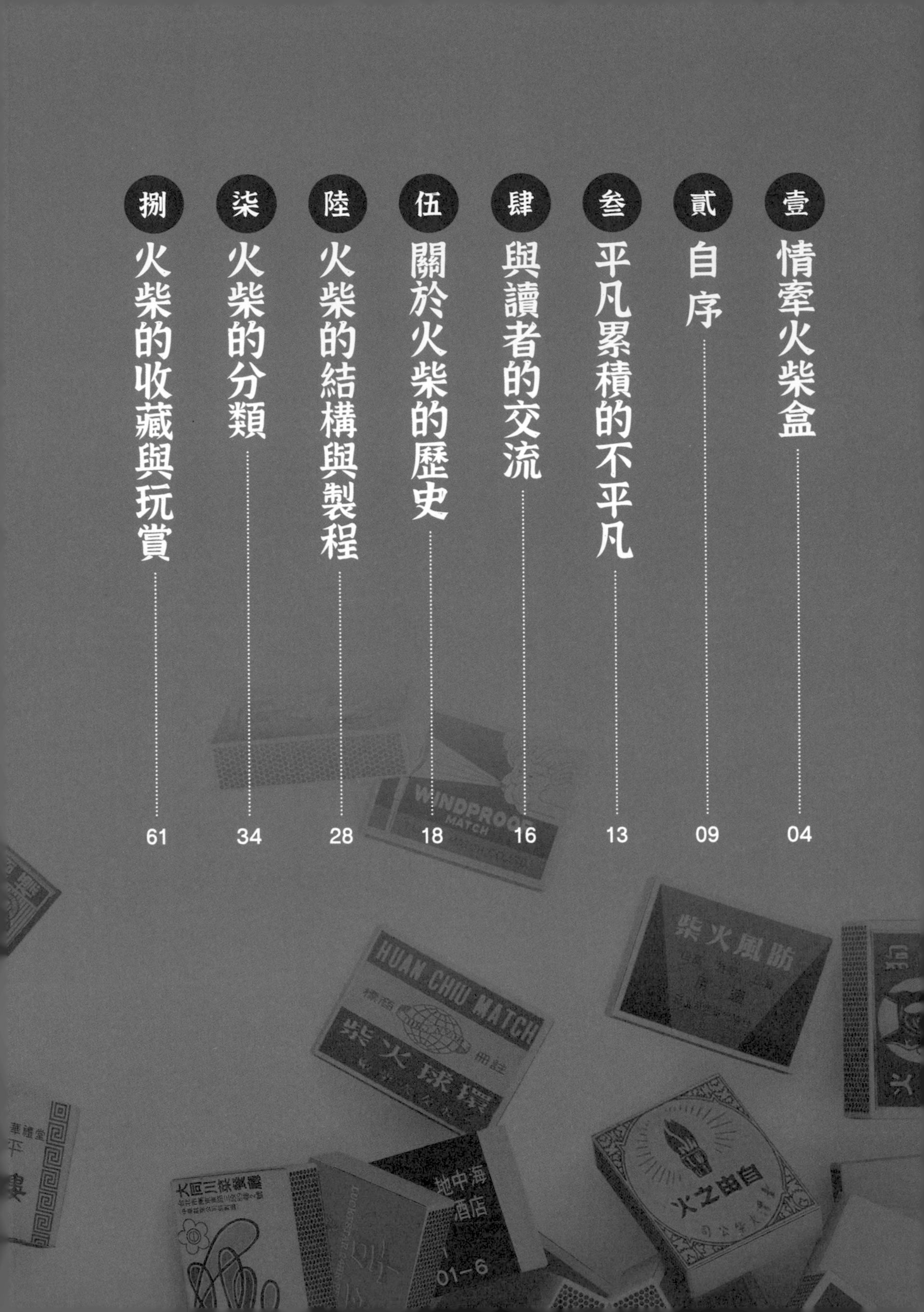

壹 情牽火柴盒 04
貳 自序 09
叄 平凡累積的不平凡 13
肆 與讀者的交流 16
伍 關於火柴的歷史 18
陸 火柴的結構與製程 28
柒 火柴的分類 34
捌 火柴的收藏與玩賞 61

玖 從繽紛的火柴 點亮台灣的歷史

從繽紛的火柴 點亮台灣的歷史……78

一、火柴盒與「公部門」的情緣……78

二、火柴盒與「食」的味味相投……118

三、火柴盒與「衣」的美美相照……233

四、火柴盒與「住」的溫馨相遇……244

五、火柴盒與「行」的奔馳全台……287

六、火柴盒與「育」的相學相長……296

七、火柴盒與「樂」的息息相關……307

八、火柴盒與社會面的多元交會……352

拾 感謝

感謝……382

壹

情牽火柴盒

盒盒精巧可人，
層層嵌入心扉，
火柴盒同我生命的軌跡，
一齊盪漾而連綿～～～

與火柴盒的相遇

屬四年級前段班的我，自幼就喜歡收集小東西，如：徽章、書籤……等。由於家父任職台灣火柴公司，常會帶一些火柴樣本回來，幼年時，起先只因好奇就直接收藏，後來因培養出興趣而樂此不疲，至今已五十餘年。台灣的火柴收集約一萬二千餘個，對於具有代表性的火柴或多或少都在收集之列。若加上各國的火柴，總計收集已逾二萬餘個。

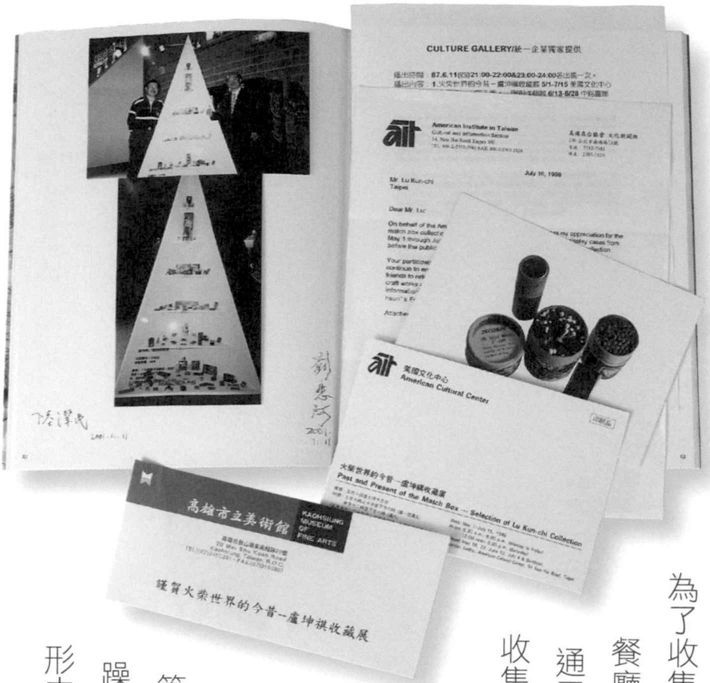

與火柴盒的相知

在收藏的歲月中，只要到親友家一定詢問是否有火柴，曾經發現一火柴空盒要被當柴燒，趕緊從火堆中撿回來。也曾因收藏的喜好獲得老輩玩家傾囊相贈。也曾在展示會場，有觀眾願以高價收購其當年開店的火柴盒，最後以拍照圓滿收場。另筆者為了收集某飯店的系列火柴，答應該餐廳部經理，只要有新火柴，一通電話，必定光臨用餐。又為了收集不同家的火柴盒，儘量光顧不同的商家，也因此花了不少冤枉錢，因為有的商家並無印製火柴。

筆者對火柴的喜愛自不言喻，曾花約一年時間的晚上將所收藏的數千個火柴，一一檢修、擦拭。又筆者在職場上若遇不順之事，心煩意躁，就會打開火柴盒箱，把玩賞視，無形中也讓自己心平氣和下來。

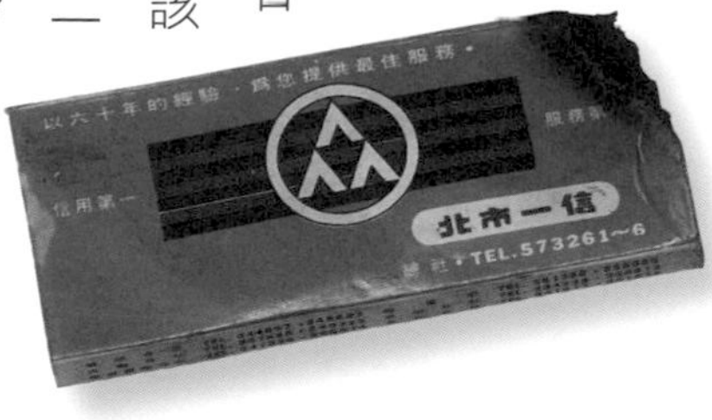

與火柴盒的相惜

一九九六年歲末某日，吾友劉忠河（朝代畫廊負責人）來訪，見我正在把玩火柴，驚喜火柴盒數量與種類眾多之餘，興奮地說：「老兄，你這收藏家不能只是獨樂樂，應當走出去，來眾樂樂。何況時下的年輕人，更是不知早期火柴盒原貌！」

就收藏而言，我稱不上收藏家，勉強只算是業餘玩家。只是處處關心，隨緣行之。後經劉兄引介，接受《藝術家》雜誌專訪，並於一九九七年二月《藝術家》雜誌刊載，接著受邀美國文化中心，做實物展出，並在《中國時報》、《大成報》、《錢櫃》、《國語青少年月刊》、《雅砌》等報章雜誌受訪刊載，更於二〇〇一年十一月於台北世貿中心第十屆台北國際藝術博覽會，接受畫廊協會秘書長陸潔民先生邀約，再度做個人收藏展出。

與火柴盒的相許

本想就此畫上休止符，卻在不經意間得知，台灣最後一家火柴工廠，即將熄火的消息，令筆者不勝驚訝，於是在二〇〇七年九月專程拜訪台南勝利火柴公司

▲筆者（右）與勝利火柴公司二代掌門合影。

▶高雄大新百貨以猛虎搭配草嶺古道「虎字碑」字型，由勝利火柴公司製作，於虎年發行，堪稱經典！

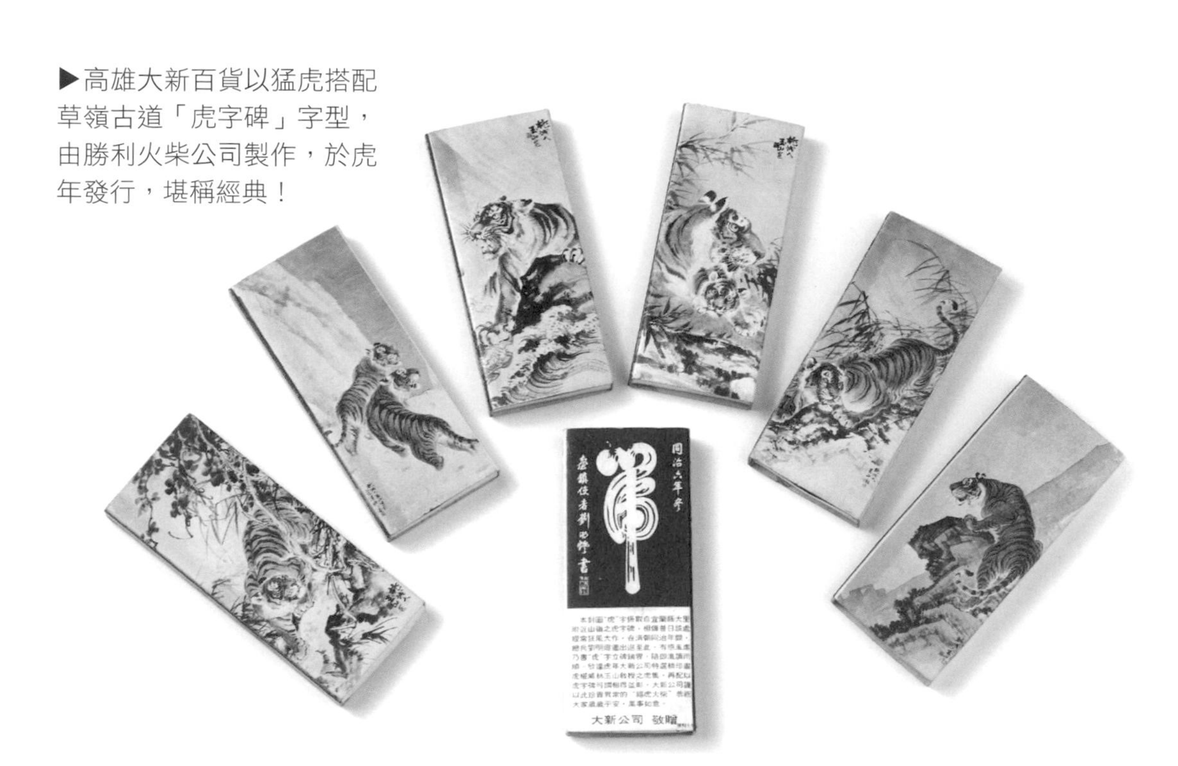

徐中明老闆，蒙其盛情，獲得不少有關火柴史資料，還受贈數十個復古火柴，而該廠終於二〇〇九年八月下旬宣佈熄燈，從此台灣本土火柴工業劃上句點。火柴從萌芽到輝煌，最後卻不敵瓦斯及電子科技的取代而沒落，真是令人不勝唏噓。

滄海桑田，樓起樓塌。凡有記憶的地方，就有歷史的足跡。台灣的火柴不也是此歷史的見證者之一嗎？有了歷史，當然就有說不完的故事，希望藉著火柴，讓我們再重返台灣歷史的迴廊，珍惜過去共有的足跡，也讓它為我們述說台灣的「舊事」！

◀「虎」是勝利火柴公司的吉祥物，因而取名「勝虎」為其招牌商標。

▲勝利火柴公司贈給筆者的復古火柴。

貳

自序

一支番仔火
點亮台灣一甲子

這本書不是台灣的火柴百科全書，也不是火柴的史書或教科書，而是用真誠和熱血拼湊出的火柴「生命之書」。

火柴的發明，開啟人類新的文明，也和人類的生活產生深刻的情緣。台灣本土傳統自產的火柴，始自光復，爾後伴隨著台灣從百廢待興，到創造台灣的奇蹟。它曾經是家家戶戶必備的日常用品，除了生火、點香、點菸，甚至充當牙籤，三百六十行也都以它做為贈禮。其產量與業者在一九七〇年代中期達到最高峰，火柴廠約近七十家。直至二〇〇九年，台灣最後一家火柴廠熄火，歷經一甲子餘。火柴雖非稱得上吉光片羽，但它在早年台灣人的心裡，卻是生活中不可或缺的功臣，小小火柴棒，燃燒了自己，也點亮當時台灣人的歲月，卻少有人重視它，做完整的闡述。

反觀對岸中國，火柴達人共同成立協會、俱樂部，甚至設立「火柴博物館」，質與量都令人嘆為觀止而望塵莫及。中國對火柴、火花（火柴盒的標籤圖案）完整詳述的書籍，目前也有十餘本。在戰前火柴標籤（火花）的收集，還屬於世界四大平面收藏之一呢！（註）

早年有個家電廣告歌：「……到處都看得到，雖然是個小東西，在你我生活裡都少不了它……」這不也是火柴的最佳寫照。筆者身為火柴公司員工的後代及收集者，對火柴產業的式微，感觸甚多！台灣的火柴也曾輝煌過，這段輝煌紀錄如何讓下一代知曉，是我的期許，也是我努力的目標。

本書在說明上只以台灣的火柴為藍本，編輯上也儘量以圖片、數量來編排，火柴的取樣是以台灣光復後至二〇一〇年在台灣市面呈現過的火柴，數量達五千餘個，希望下一代能藉由本書更了解火柴，並喜歡火柴。在未來的世代，希望火柴能以另一種有創意的風貌呈現，讓火柴的藝術情感伴隨著現代人的生活，綿延、流長永久。

註：世界四大平面收藏：郵票、火花、菸標、酒標。

▲藝術家蔡國強在2010年舉辦個展時製作的火柴盒。

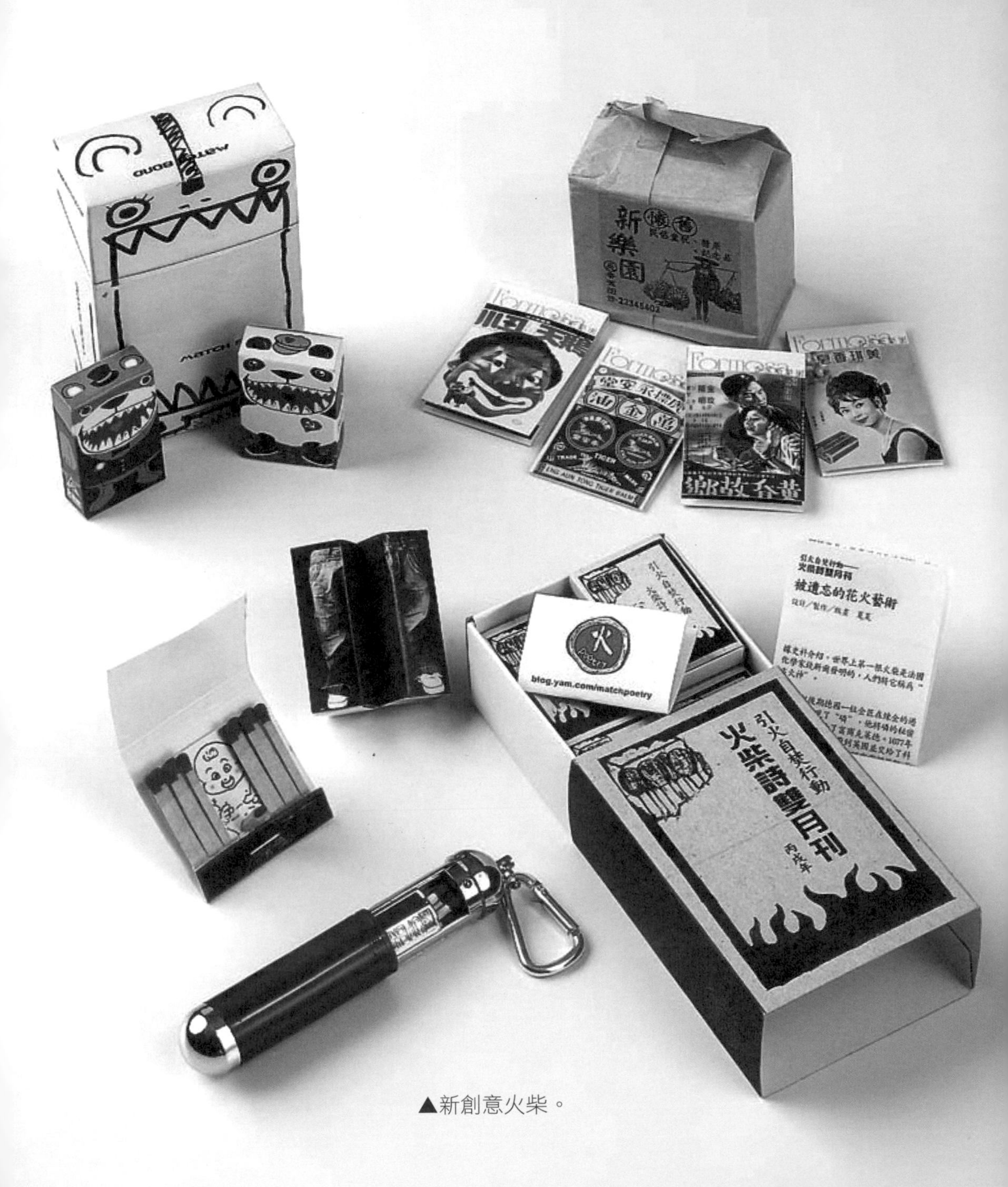
新樂園
Formosa
blog.yam.com/matchpoetry
被遺忘的花火藝術
引火自焚行動
火柴詩雙月刊

▲新創意火柴。

叁

【推薦序】

平凡累積的不平凡

文／劉忠河

盧坤祺（坤仔）這位與我相識相交五十餘年的老友，生性有他獨特的品味與堅持，無論郵票、書卡、徽章……生活物件之類的收集，其時間無不源遠流長，而且內容無不井然有序，令人覺得他應該從事博物館工作才是正道。

對於火柴盒收藏這檔事兒，早在五十多年前，我們就讀台中市立一中初一，彼此剛認識時，即看到他時常把玩著各型各色、大小不一的火柴盒，並對大夥兒訴說這些火柴盒如何如何。當時，說真的也不覺得有何偉大，有什麼特別，只不過是一堆捨不得使用的火柴盒嘛！

時光荏苒，我們歷經高中、大學、當兵、就業、結婚、生子……一晃數十年過去，老友們竟然還是看到他不離不棄地珍惜著、寶貝著那些數量越加豐富的火柴盒。此時，大夥兒開始慢慢佩服起他來了，甚至七嘴八舌建議他該如何來處理這些火柴盒。坤仔廣納群議，他先後接受雜誌、月刊、報紙、電視的採訪報導，並於多次盛大場合展出火柴盒實體，聯結認識不少火柴盒收藏同好。

接著斥資近二十萬元，為這些「不值錢」收藏，量身打造一座透明立體活動展示櫃（火柴盒之家），以利接二連三慕名而來的親朋、同學方便觀賞他的收藏。

不料事情越鬧越大。漸漸地，老盧開始想到這項火柴盒收藏工程，已不是眼前玩玩即可罷休。對於這些畢生點滴累積的寶貝收藏，將來要何去何從？要如何妥善安置？要如何永續傳承？這些問題慢慢縈繞於坤仔心中。夫人早有她自己心愛的「芭比娃娃」收藏數百個要照顧，兒子亦有他自己日益豐富的「遊戲卡」、「卡通卡」收藏要梳理，可說各有所好，不便相煩。於是為火柴盒成立一個開放參觀的私人收藏館，亦或捐獻給具保存能力的文物機構，都是曾經再三思考的方向。

然而，收藏畢竟是收藏，這些火柴盒的內容典故，來龍去脈，只有收藏者老盧才有能力去分辨訴說，否則，就算是陳列於收藏館、文物館，觀眾也只能看看熱鬧，不明白其中奧妙。在這情勢之下，左思右想，唯有付梓出書一途！

出版一本有關老盧的收藏，有關台灣的火柴故事專書，是我給這位「癡情老友」的期許與建議，他幾經思考，決心動工。我常在想，也常在講，後輩子孫對於先人最為緬懷，最感驕傲的地方，應不是留下多少錢財給他們，而是我們給子孫後代留下歷史不可磨滅的功德與事蹟。而著作出版一本有意義的書籍，或許談不上何等偉大，但它畢竟是一項不可磨滅的事蹟，也是社會寶貴的資源。孔子說，益者有三友，但願鼓吹老同學出版一本好書，為後代留下永恆見證，會讓自己因此也能擠入益友的行列，這應該算是我們五十多年交情的因緣吧！？

▲筆者與朝代畫廊負責人劉忠河先生（右）合影。

從這本老盧歡喜收藏，辛苦編寫的《一支番仔火 點亮台灣一甲子》一書，我們可以更了解到火柴的種種面貌，火柴的歷史角色，火柴的緣起緣滅。我們亦可以體會到一位痴心收藏者，終於完成總結的美麗心願。我們更可以深刻感受到，平凡的累積竟然可以是如此不平凡！

寫於朝代畫廊，時年六十有五

劉忠河

肆

與讀者的交流

1 本書皆是就收集到的「火柴」來「敘事」。因個人出生於五〇年代，加上才疏學淺，故無法對某些商家做深入詳述，甚至也有許多火柴未能在筆者收藏之列，而致有遺珠之憾，並非厚此薄彼。

2 本書純以「藝文收藏」的角度呈現，有些早期的火柴，非筆者熟悉領域，以至在火柴歸類上，無法正確呈現。加上早年因「版權」意識不彰，因此會出現商家的火柴有「同名」現象，盼讀者不須追探，純以「藝文收藏」來看待，在火柴世界裡品玩、欣賞。

3 一九八〇年代之前，台北——台灣的首都，集政治、經濟、軍政、交通、文化的中心，在火柴盒的製作上也最豐盛，造型、圖案更頗具代表性，因此成為火柴收集的集中點，也是本書敘事的重心。

若有其他疏漏之處，盼能藉此書拋磚引玉，引起同好達人回響，或不吝指教，以補本書之不足，得嚮讀者。

1500
2000
2000
747
CLOUD HALL SHOW HOUSE

伍

關於火柴的歷史

從鐮石取火到燃材生火

中國老祖宗燧人氏，發明鑽木取火，將人類從生食進化至熟食，也開啟了人類新文明。到了鐵器時代，人類又發明以鐵製成刀狀，猛擊火石、爆出火花，來點燃火絨或其他易燃媒介，進而取火、用火，稱之「鐮石取火」，此器具稱火鐮，又稱火刀。這也是人類在取火歷史上一大變革與突破。此法延續千年，直至火柴的出現運用。

據史載，在西元五七七年南北朝時期，因戰亂四起，北齊腹背受敵，物資缺乏，有宮女將硫磺沾在小木棒上，借助火石擊著，再引至燃材生火，雖只在引火而非磨擦取火，卻是日後火柴發明原理的雛型（註1），故也有學者稱此應為世界第一根火柴。

至北宋，陶穀在其《清異錄》一書，也提到該製作方法，稱「引光奴」，後製為商品稱「火寸」。之後此商品據傳在馬可波羅時期隨歐洲旅者傳至歐洲，經德、英、法等國科學家不斷研究實驗改進，直至一八二六年，始由英國約翰・沃克以氯酸鉀和三硫化銻混合製成世界上最早且實用的磨擦火柴，但其燃燒性差，易折斷，故未能普及化。

從不安全火柴到安全火柴

一八三一年，法國人查理・索利發明以黃磷取代三硫化銻，製成黃磷磨擦火柴，雖改善燃燒性，點火容易，相對的因碰撞磨擦極易引起自燃，攜帶上很不安全，且黃磷有劇毒，對製造工人及使用者在身體健康上都有危害（當時因黃磷中毒、死亡事件層出不窮），故稱此種火柴為不安全火柴。

瑞典在一八三三年建立世界第一間火柴工廠，但使用原料仍是黃磷，至一八五五年瑞典人倫德斯特姆，始發明以赤磷代替黃磷，以硫磺（還原劑）、氯酸鉀（氧化劑），混合黏在木棒上（藥頭），將赤磷塗在火柴盒的側面，兩者需互相磨擦始能起火，至此安全火柴出世，世界各國爭相採用，火柴也普遍化了（註2）。

一八九八年法國政府更研發以三硫化二磷製作專利，另外國際間也於一九〇六年簽訂禁止製造黃磷火柴。

▲火鐮。

從洋火進貢到設廠製造

火柴引進中國是在清道光十九年（一八三九年），由英人進貢給道光皇帝，在華人世界造成轟動，稱「自來火」或「洋火」。約在同治七年（一八六八年）輸入台灣，當時閩南語稱「番仔火」。中國最早的火柴廠是一八七七年於上海設立的「馬牌」火柴，可惜只是曇花一現就迅速倒閉。接著，於一八七九年有日本華僑在廣東佛山設立「巧明火柴廠」，第一個產品是「舞龍牌」火柴，圖案則是借自日商大阪公益株式會社的舞龍商標。由於暢銷，之後有舞獅牌推出，因怕仿冒還印上仿冒者是男盜女娼。自此，中國火柴工業開始日漸發展。而台灣在清朝眼中是屬外地，不受重視，所以不設火柴廠，完全依賴進口。

從進口配給到專賣配給

日清甲午戰爭，清朝戰敗，將台灣割讓予日本（一八九五年—一九四五年），台灣的火柴幾乎全由日本供給。日語「火柴」稱為「燐寸」，火柴盒上的圖案標籤稱「燐票」。

二次大戰後期，為因應戰時自給自足，日本於一九三九年在台中設立火柴廠——台灣燐寸株式會社，是為台灣第一家火柴廠，但因原料仍需由日本進口，又逢戰時，故產能供給不足，雖在一九四三年增設新竹廠，仍不足應付民生所需。當時火柴供應是採專賣配給制，大約一人每天十根火柴，每月可配二至三盒火柴，當時一般火柴一盒有七十至七十五根火柴棒，因廠牌而異。甚至光復前，因戰爭吃緊，一人每天縮至四根火柴。

從戰後接收到開放民營

光復後，政府接收「台灣燐寸株式會社」台中、新竹兩廠（台火前身），更名為「台灣省專賣局火柴公司」，專營民生用火柴。由於光復初期百廢待興，部分火

▶日治時期，在台灣生產、販賣的火柴，以新高山（玉山）為名，印有「台灣總督府專賣局」。

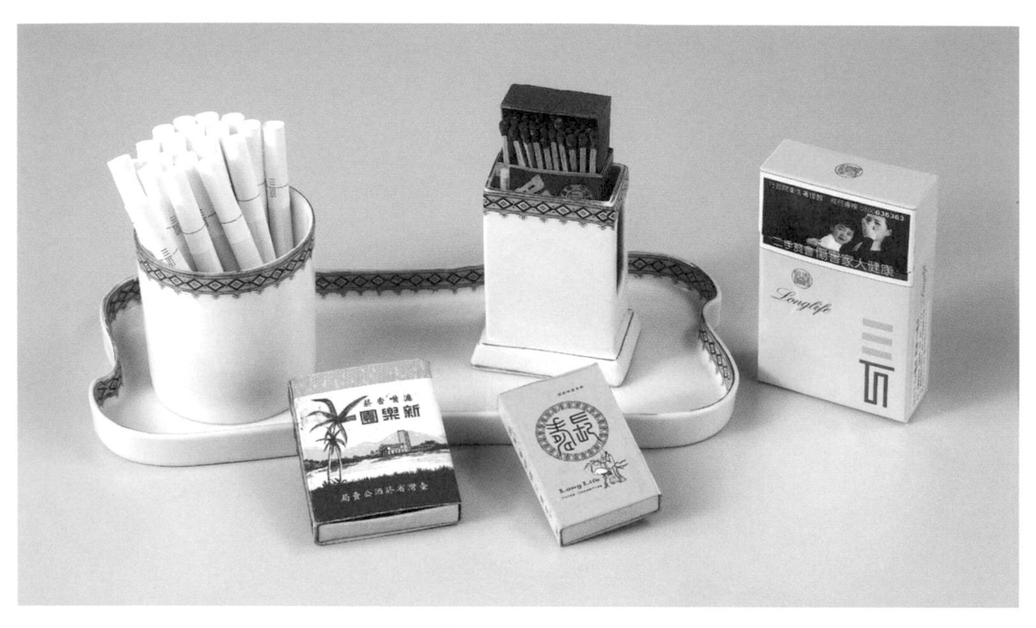

▲早期台灣家庭的客廳常備有菸火盤組，用以待客。

柴還從大陸進口，如：雙喜牌、國光牌等，火柴在當時已成為民生必備之品，但因原料取得不易，產能不足，加上政府承襲專賣制（註3），造成黑市盛行，價格高漲，走私猖獗，民間火柴更是一盒難求（註4）。

一九四七年十一月廢止專賣，改為公賣局，火柴也開放民營。原專賣局火柴公司，更名為「台灣火柴股份有限公司」。隨著台灣經濟的成長，火柴的使用率提升，加上吸菸人口的劇增（註5），商家發現廣告火柴的價值，其成本不高，既實用又有普遍性。火柴工廠也紛紛設立，最多高達六十八家，可謂火柴出品的全盛時期（註6、7、8）。

▲台火幹部於年終同樂晚會合影，前排左二為筆者父親。

▲著白衣站立者為筆者父親盧金江，時任台火總務課長。

▲光復後，台灣火柴公司全體職員的合影留念，照片中第二排左七即為筆者父親。

從產業轉型到劃下句點

隨著電子瓦斯爐的普及，簡易塑膠打火機問世，加上機關單位漸以月曆、日曆、記事本等，做為贈禮或宣傳媒介；又因為台灣氣候多雨潮濕，火柴不耐久置，常讓消費者抱怨點不著，對火柴漸棄之不取，商家訂製意願因而低落，火柴使用價值日漸式微，至二〇〇八年只剩台南勝利火柴公司在苦撐，這段期間有些台灣的火柴，是由對岸或他國加工承製。

近年雖有一些年輕火柴愛好者，以其創意，力圖打開新局面，精神可佩，然時勢所趨，效果不彰，勝利火柴公司在後期，面對客源稀少，也思以復古火柴來吸引年輕一代重燃對火柴的興趣與收藏，可惜曇花一現。加上政府對公共場所全面禁菸政策，商家因而更無印製火柴的意願，勝利火柴公司只得在二〇〇九年正式熄燈，台灣傳統火柴工業也正式劃下句點。

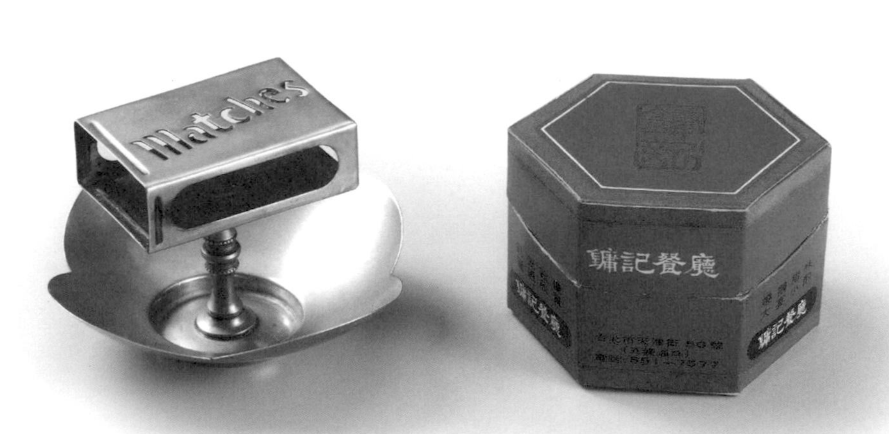

▲左圖為早年火柴盒台架，下層可做菸灰缸，實用兼客廳桌擺飾用。右圖為後期製作的大型立體廣告火柴盒，功能相仿，實用兼擺飾。

註1：宋高承在《事物紀原》中，有敘述引火的配方，在西元前二世紀，即西漢時期，淮南王的方術之士已發明，但因只限用於煉丹，而未公諸於世。

註2：火柴英文為MATCH，是古法文「蠟燭之芯蕊」之意。

註3：光復後，政府承襲日治時期台灣總督府專賣局，改為台灣省專賣局，將樟腦、菸草、酒、儲運、火柴、度量衡列為專賣。（資料引自《台灣年鑑6》）

註4：一箱火柴，曾喊價到黃金一兩。（中時晚報，一九九三、八、二十四）

註5：菸類消費量從一九四九年至一九七九年，約增八倍。一九七〇年度公賣利益繳庫，約佔全國賦稅總收入之一〇・六%。

註6：一九六五年至一九七三年為台灣經濟高速成長時期，稱為「黃金的十年」。

註7：猿猴標籤，以猴子為火柴的圖案標籤，在亞洲最早始於日本，後更風行於香港、中國，一度還成為優良品牌的標章。光復後，台灣的火柴開放民營，許多火柴廠也紛紛以猴子圖案來做為自家標籤，以吸引消費者。

註8：台灣傳統火柴工廠確實的家數已無從考證，筆者僅從所收藏的火柴中蒐集羅列如下廠商，供讀者參考：一元、三山、三五、三富、大同、大永、大華、大漢、大益、大弘、大業、元昌、日大、日光、中華、中興、中國、台中、台灣、北回、全瑩、全鋒、吉利、成功、永安、永來、永明、永順、永新、永豐、永華、光華、宜光、宏利、宏益、宏興、和興、怡和、清和、明光、金裕、炬輝、苗栗、欣元、迦南、通利、國華、華王、華台、華興、泰源、皇冠、勝利、順興、新生、新光、遠東、德華、榮泰、興華、興寶、綠野、臺大、鴻興、馨峰、萬達。

北回火柴公司
猴山高級火柴
勝利火柴公司
猴光高級火柴
通利火柴公司
猴鹿高級火柴
永豐火柴股份有限公司
一元火柴公司
福猴高級火柴
台灣火柴公司
猴仙高級火柴
永順廠造
環猴商標

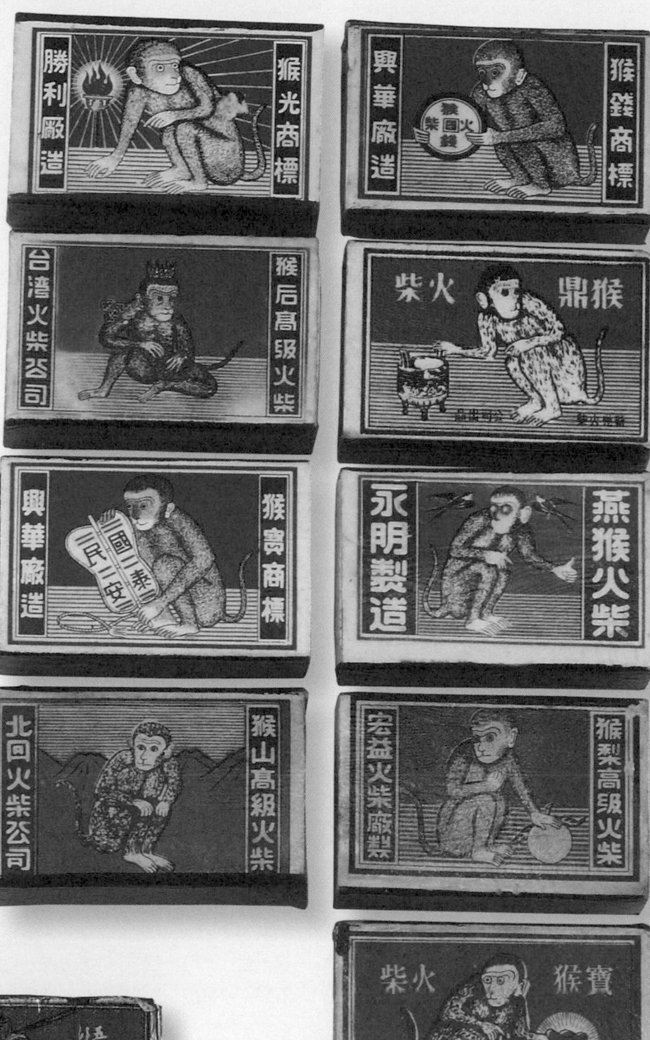
猴光商標
勝利廠造
猴錢商標
興華廠造
猴后高級火柴
台灣火柴公司
猴鼎
火柴
猴寶商標
興華廠造
國泰
民安
燕猴火柴
永明製造
猴山高級火柴
北回火柴公司
猴梨高級火柴
宏益火柴廠製
寶猴
火柴

悟空
火柴

陸 火柴的結構與製程

一、火柴主要結構

火柴棒：材料為白楊木、樺木、松木、油桐木。

藥頭：成份為氯酸鉀（氧化劑）、硫磺粉、二氧化錳、氧化鋅、黑灰（染料）、玻璃粉、水膠（後來以樹脂取代）、松香。

磨擦片：成份為紅磷、三硫化二磷、黏合劑。

早期的火柴燃燒完後，灰燼會掉下，因為溫度還在，若不慎掉在易燃物上，容易引起火災，後來已改良為先將木梗浸磷酸鹽（碳化處理），如此燃燒後棒灰就不會掉下，安全無虞。

◀筆者父親曾參與火柴配方研發，留下珍貴的手稿。

◀右為筆者父親。

二、火柴的製程

傳統的火柴工業，製造流程繁複，由於設備大都是半自動化，所以頗費人力。

木盒裝火柴

原木→木段→刨片機（條片）

▲攝自勝利火柴公司工廠內的火柴生產機械。

內、外盒

劃路機（劃摺痕）→切斷、糊合、烘乾→貼標機（貼商標）

火柴梗枝

切梗機（切梗）→選梗、漂白、烘梗→齊梗機（齊梗）→排版機（排版）→浸蠟、梗頭上藥、烘乾→折排機（折排）

人工包裝成盒

→刷燐機（刷側邊燐料）→烘乾→包裝一箱（簍）（註）→貼完稅條

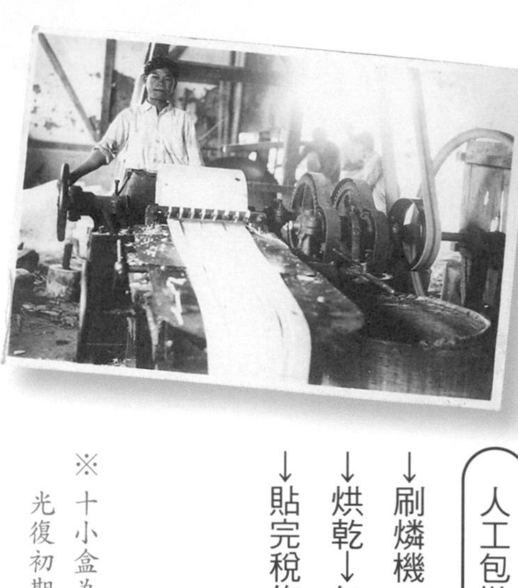

紙盒裝火柴

紙板→內、外盒分切

外盒印刷→折糊

內盒折糊

人工包裝成盒

→刷燐機（刷側邊燐料）

→烘乾→包裝一箱（簍）

→貼完稅條

※十小盒為一封（包），十二封為一打，十打為一箱（簍），光復初期是以竹簍裝火柴。

▲▼上、下圖均攝自早期台火公司工作現場。

▲▼上、下圖均攝自早期台火公司工作現場。

紙梗（紙本）火柴

紙板↓切割

火柴棒

火柴梳自動機（CM機）製梗與上藥

外盒

外包紙（封皮）印刷↓塗燐分切機（或人工貼燐條）↓烘乾

整合裝訂

▲▼攝自早期台火公司工作現場。

臨時收據
存根
廠

台臨字第〇二五號

茲收到

交來批購黑貓牌火柴壹拾□箱之貨款

台幣□萬——元俟通知總公司後

五日內憑換正式收据 此致

□□□行號先生 台照

廠長 會計 出納 總務

三十六年十二月十九日

▼火柴出廠時都要貼貨物稅條紙，至民國61年才停徵。

柒 火柴的分類

一、以材質分：

有木梗火柴、紙梗火柴、蠟梗火柴（台灣不生產）

❶ 木梗火柴大多是採用白楊木、樺木、松木，且以盒型包裝，其中長方形最為普遍。光復初期火柴的內外盒以木片為主，後因人工費用及木材的取得成本漸高，加上印刷漸漸發達，乃改為印刷紙盒，造型也較有變化，如：圓型、圓柱型、四方型、立體三角型、六角筒型等皆有。

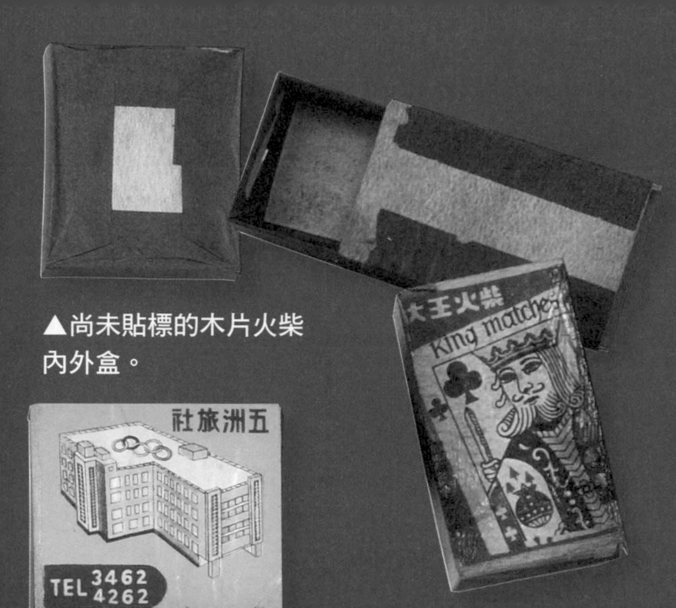

▲尚未貼標的木片火柴內外盒。

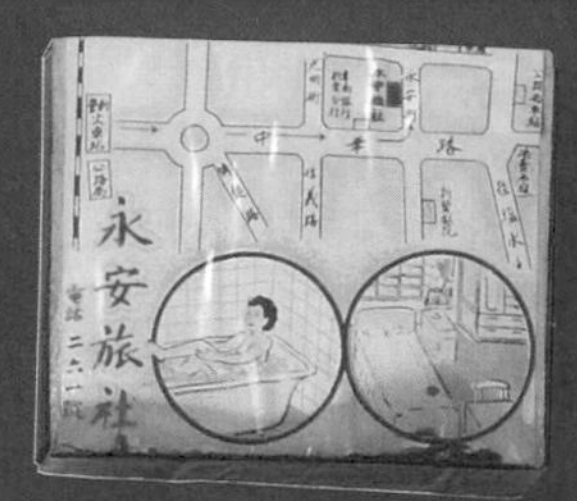

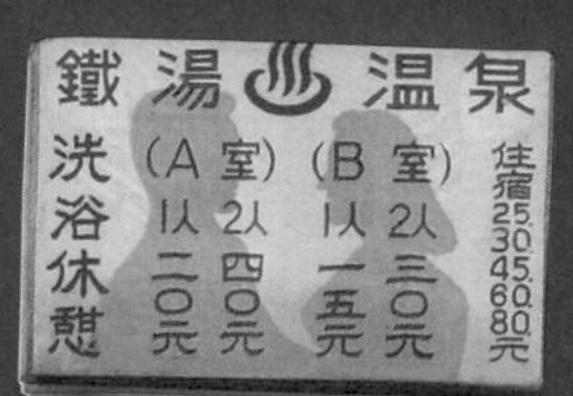

狗頭
火柴

白玉樓
大酒家
TEL 47288 47564 41056

青竹牌
衛生紙王
柔軟吸水 拉力特強
消費者最佳選擇

Red Lantern Brand
紅燈牌
高級衛生紙
柔軟吸水 拉力特強
Toilet Paper

祝君
幸福

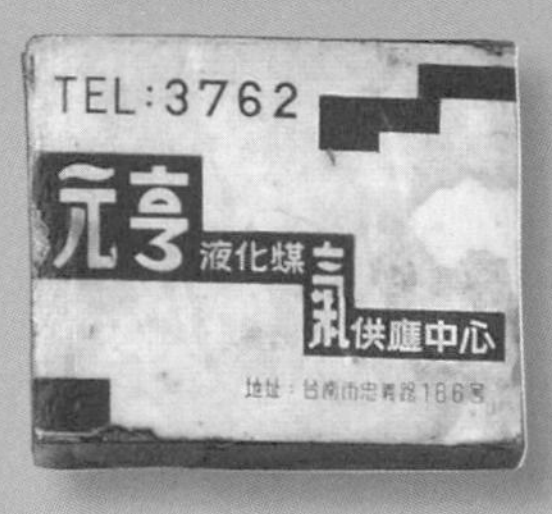
TEL:3762
元亨
液化煤氣
供應中心

DOUBLE HAPPINESS
囍
安全火柴

新奧林比亞酒舘
TEL 34356

三箭牌
興華出品
安全火柴

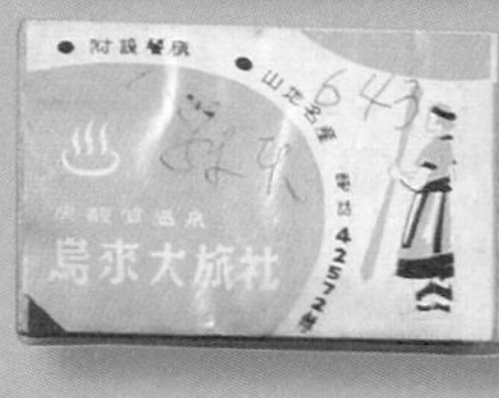
烏來大旅社

武田薬品
大型內服液
ポリタンD

長壽
火柴

沙龍香煙
Salem

健牌

璇宮

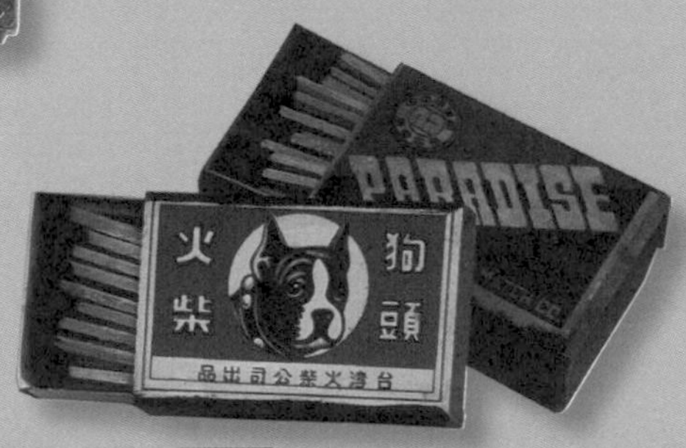
PARADISE
狗頭
火柴
台灣火柴公司出品

雨傘牌安全火柴
永順火柴廠出品

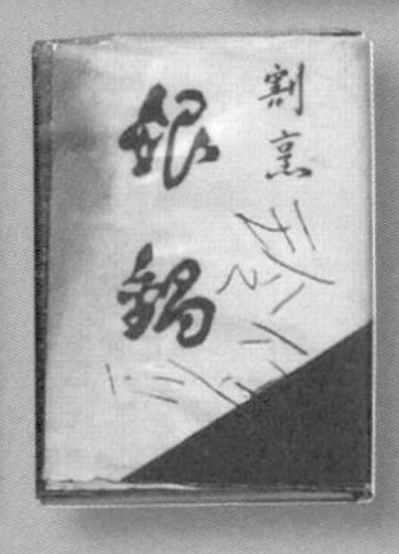
割烹
銀鍋

東京鮨

蜂維素
Nysco

▲隨著印刷與紙盒製作技術的進步，盒裝火柴也更立體、變化多端。

❷紙梗火柴又稱紙本（板）火柴，一般都是摺合式，因印刷簡易，價格便宜又可隨客戶需求，做造型變化，在火柴使用年代的後期還頗受商家歡迎。另有一種抽取式紙本火柴，又稱自動火柴或紙製打火機，也頗受歡迎，但成本較高。

▲紙本火柴盒展開全圖。

▲有商家以蓋章方式取代印刷。

▲造型可多變化。

SHIW SAN YUAN HOTEL
秀山園大旅社
TEL. 4211..4212

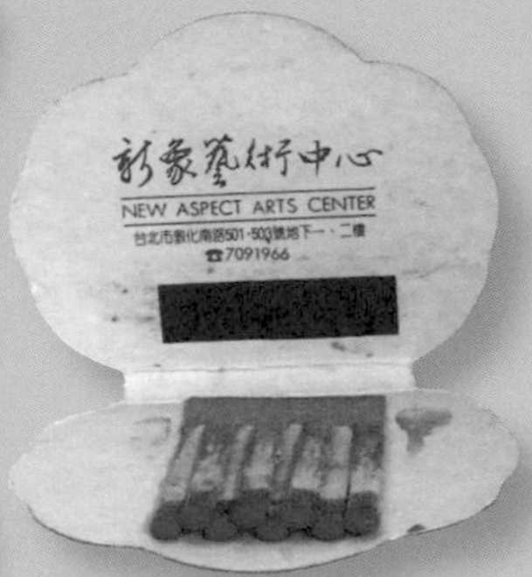
新象藝術中心
NEW ASPECT ARTS CENTER
☎7091966

SUMIE
香港之星
咖啡廳
TEL 555638

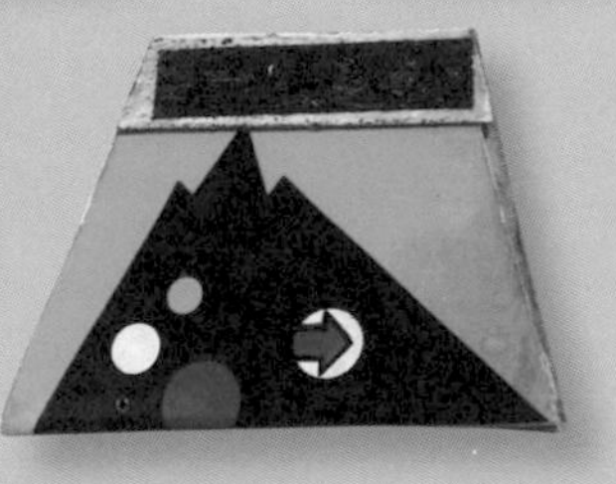

台北車站海鮮
TAIPEI BEER STATION SEAFOOD
台北市忠誠路一段46號
TEL:(02)8340307

FINE CHAMPAGNE COGNAC
REMY MARTIN
XO
SPECIAL
人生得意 享受之時

新國都
理髮廳
銘謝惠顧
歡迎光臨

甜心酒廊
チンシン
スナクバ

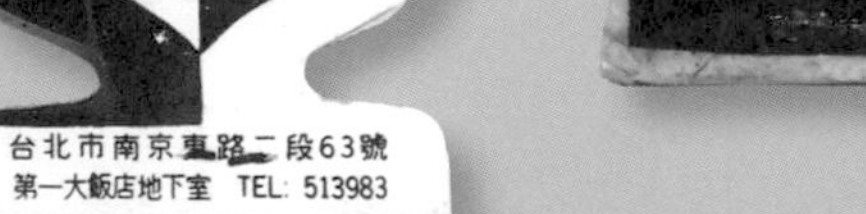
台北市南京東路二段63號
第一大飯店地下室 TEL: 513983

藍寶石
大歌廳
高雄市
西北戲院樓下
TEL-23788

皇后大舞廳
QUEEN
DANCING HALL
TEL. 23405
22178

北平名菜
天廚
RESTAURANT
CELESTIAL
TEL:5632380-3
訂座專線5632171-2

海產大王
台北市重慶北路2段102號
TEL:545720

使用法：

蓬萊百貨公司
PONG LAI DAPARTMENT STORE

欣欣大衆公司

僑聯賓館餐廳
眞正北菜・大宴小酌
百齡禮堂・婚筵壽筵

牛料理專門店
牛家莊

FORMOSA BAR

蓬萊餐廳
FORMOSA RESTAURANT
TEL: 587141-5

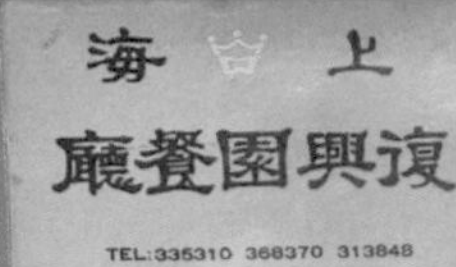
上海
復興園餐廳
TEL:335310 368370 313848

紅寶石餐廳
竹南鎮博愛街120號
TEL: 24726

「愛愛牌」愛愛如意火柴
（又名紙製打火機）
「比打火機點火迅速、携帶輕便」
經銷處：
發達商行 台北市西寧南路一一一號 電話：三三〇二九二號
西園商行 台北市貴陽街二段一八五號 電話：三三二二九八號
美德商行 台北市昆明街一四七號 電話：三七九九三五號
義美牛乳
500CC
木瓜牛乳
義美牛乳
台北市昆明街31號
TEL: 3822013
SEA LAND

▲全部是抽取式火柴。

二、以用途分：

一般民眾使用的有：普通火柴及特殊用途的防風火柴、防水火柴等。至於工業用或特殊行業用，如：高溫、信號、感光、多次燃燒等火柴，則不在本文介紹之列。

防風火柴是台火參考外國配方，再自行調製所創，但因燃燒過速及價格不貲，故叫好不叫座。

防水火柴，台灣傳統火柴工廠並不生產。

三、以屬性分：

分民生專用火柴及一般用火柴。台灣的火柴圖案，在光復初期，民生專用火柴有些是延續抄襲或仿印日本火柴（註1），有些還牽涉商標問題而不自知！

另外長筒型火柴盒，一般都是外銷，內銷甚少，國外是用在壁爐或燭台，用長型火柴棒較方便點燃，也較有復古氣氛，聽説至今歐洲有些地方餐館仍保有此種風氣。

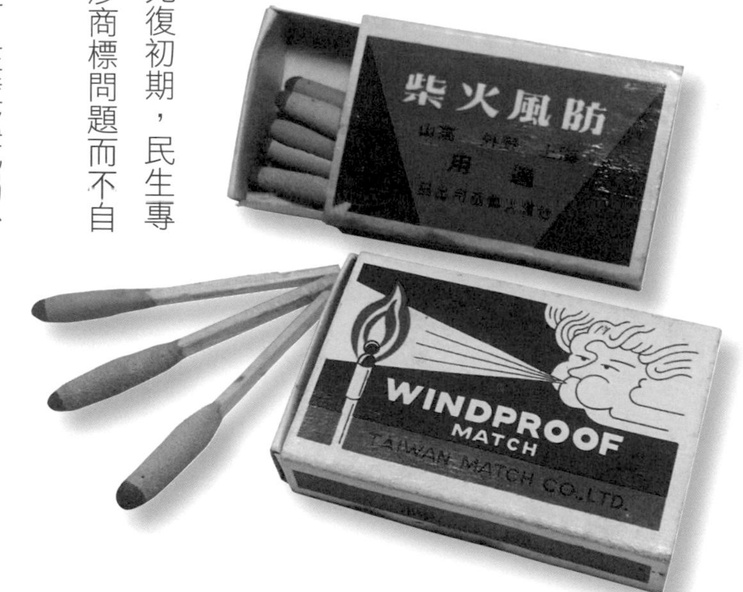

▲林林總總的外銷長型火柴。

◀左圖二款長筒火柴是台火首次的外銷商品。

❶民生專用火柴大都是在小雜貨店（台語稱「柑仔店」）販售，各家火柴廠商均以各家商標圖案做為品牌商標，以品質、價格來爭取消費者使用，其圖案較刻板、保守，在火柴使用的年代後期，常隨購買香菸搭配贈送。（以小紙盒或紙本為多）。圖案變化多元，印刷製作卻較粗糙。

一九七〇年代火柴廠商也會以卡通、風景、郵票、撲克牌、臉譜、明星照、美女照等圖案收集方式，來吸引消費者收藏或使用自家產品，商家也以集字、集圖換獎方式來促銷，而現今便利商店集點送公仔，不就是過去火柴盒的翻版！

▲這些均是隨購菸附贈的火柴。

火柴
狗頭
台灣火柴公司出品

自由之火

自由之火

PARADISE
TAIWAN MATCH CO.

999
勝利火柴公司出品

KKK
一元火柴公司出品

555
永順火柴公司出品

永明火柴公司
猴燕防濕火柴

北回之火

永順
水手
商標
廠造

品質優良
安全火柴

火柴
將軍

金雞
新光火柴公司出品

火箭
ROCKET
MATCH

三葉牌
宏益廠製
安全火柴

三箭
品質優良
安全火柴
興華火柴公司出品

珊瑚
品質優良
安全火柴
泰源火柴廠出品

火柴
梅花

商標
虎頭
大永股份有限公司出品

UNIVERSAL MATCH

雙鹿
新光火柴公司出品

火柴
長壽

first
MATCH
1
永明火柴公司出品
第一牌

防濕火柴
牛頭商標
北回火柴公司

安全火柴
一元火柴股份有限公司

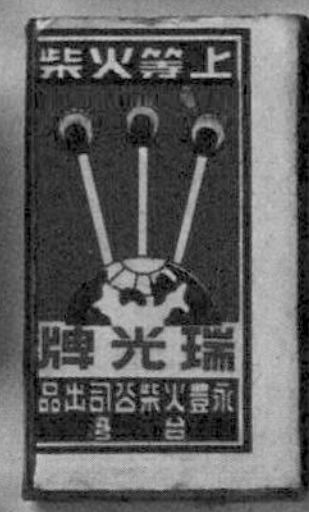
上等火柴
瑞光牌

降落傘火柴
中華火柴公司

清和工業有限公司

永
華
MERCURY MATCH CORP

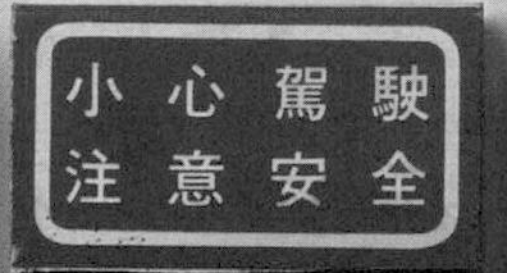
小心駕駛
注意安全

1.00
好運 LUCKY
怡和火柴有限公司

宜
新宜興魚罐頭

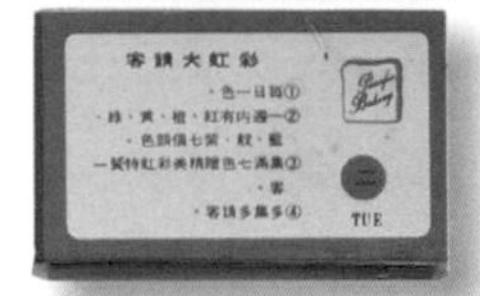

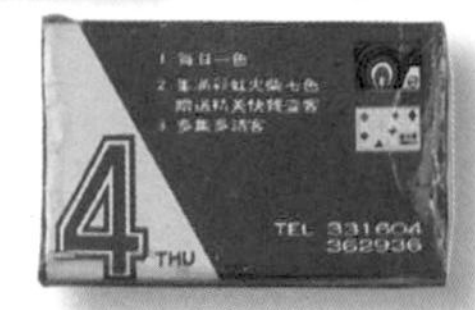

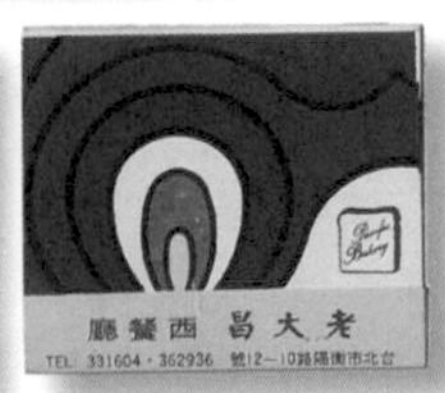

▲當年老大昌餐廳發行多款火柴集圖兌獎方式，不亞於現今便利商店的集點換公仔。

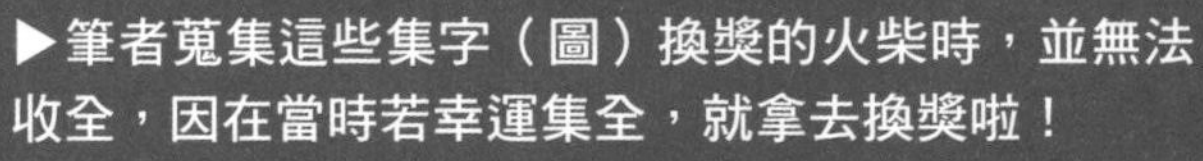
▶筆者蒐集這些集字（圖）換獎的火柴時，並無法收全，因在當時若幸運集全，就拿去換獎啦！

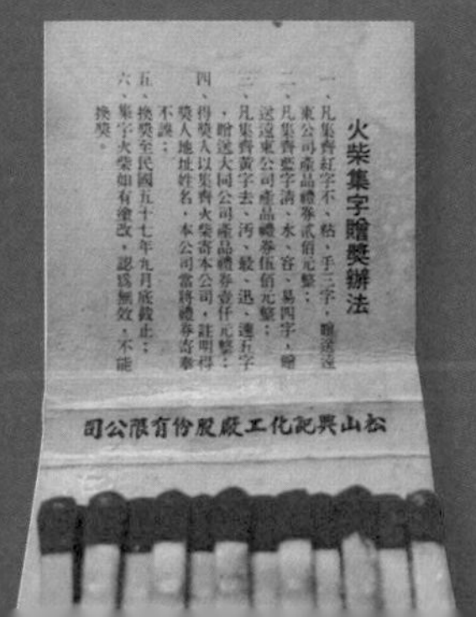

火柴集字贈獎辦法

一、凡集齊紅字不、粘、手三字，贈送遠東公司產品禮券貳佰元整；

二、凡集齊藍字洗、水、容、易四字，贈送遠東公司產品禮券伍佰元整；

三、凡集齊黃字去、污、殼、迅、速五字，贈送大同公司產品禮券壹仟元整；

四、得獎人以集齊火柴寄本公司，註明得獎人地址姓名，本公司當將禮券寄奉不誤；

五、換獎至民國五十七年九月底截止；

六、集字火柴如有塗改，認爲無效，不能換獎。

松山興記化工廠股份有限公司

YUEN SHAO
YV WEN CHENG TU
大王火柴
興華火柴公司
三箭牌
Cartoon
Match
夏侯淵·HSIA HOV YUEN
TSU WEN

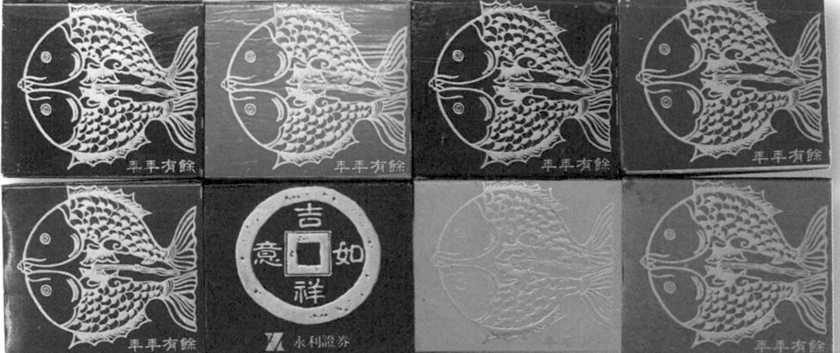

◀各家火柴廠商常於春節時，自印新春火柴盒做為贈禮。

❷一般用火柴則以饋贈用途居多，種類包括：紀念性、藝術性、政令宣傳、旅遊景點、復古及廣告用火柴等。在一九五〇至一九六〇年代，有部分國外進口火柴在市面上流動，如：外國航空公司、船公司、菸商、酒商、車商、美國駐台軍事單位，以及一些進口用品商，如：筆商、油商等。

▲外國菸酒廣告火柴大多是進口來贈與國內客戶。

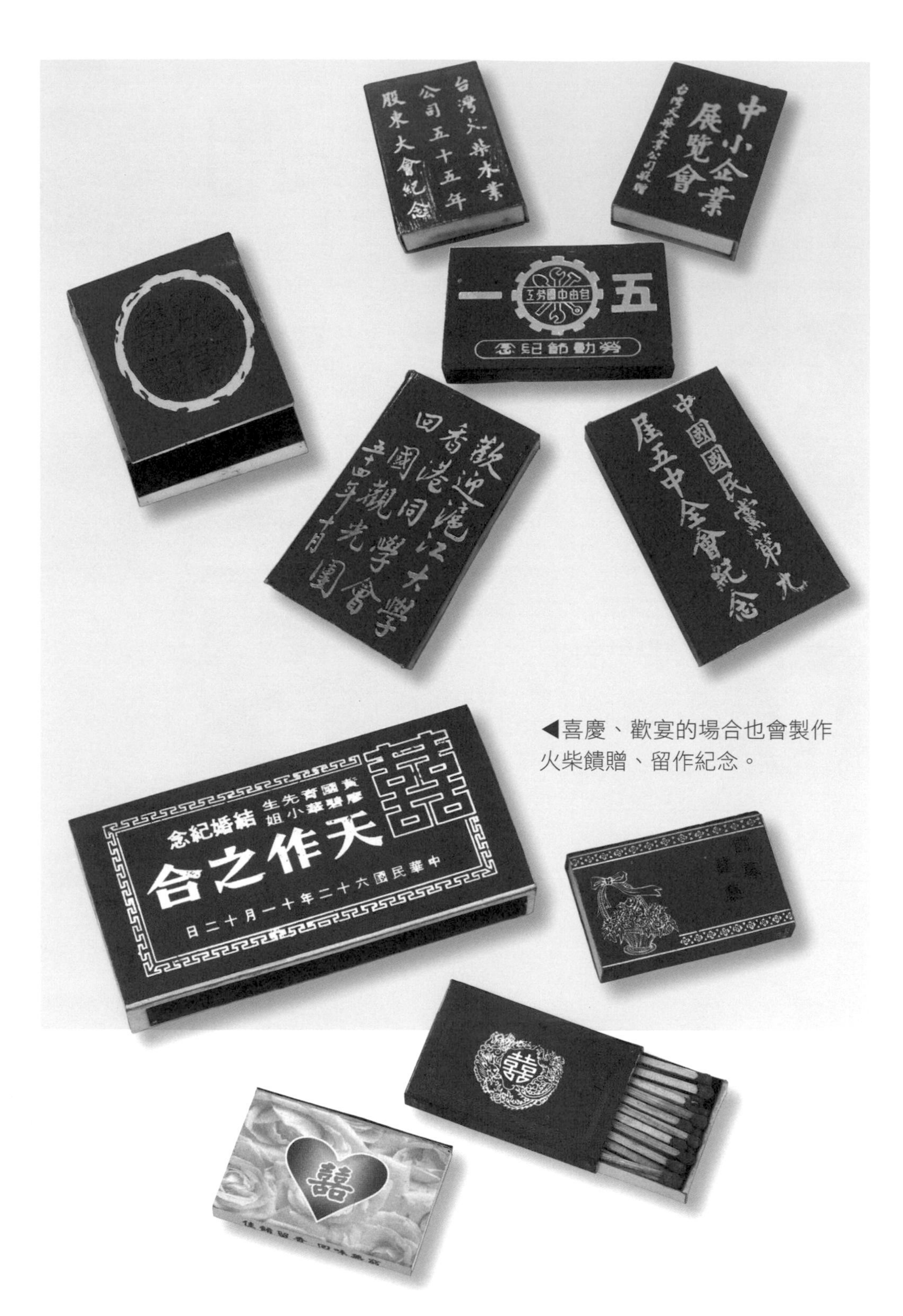

◀喜慶、歡宴的場合也會製作火柴饋贈、留作紀念。

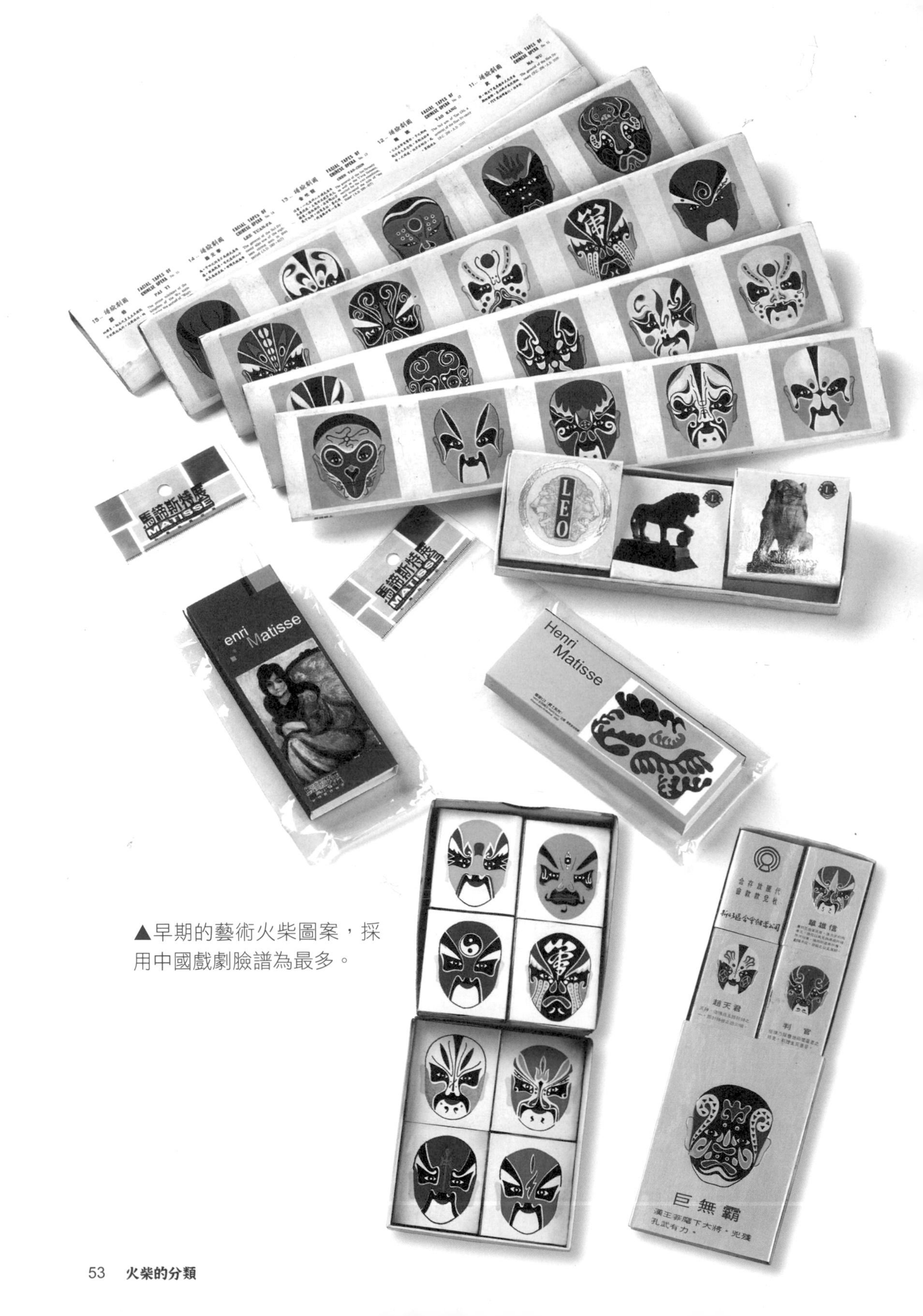

▲早期的藝術火柴圖案，採用中國戲劇臉譜為最多。

▲六〇、七〇年代台灣經濟起飛，外銷旺盛，然空運成本高，以船運最符合效益，而船公司大多是外國公司，故進口自家火柴當贈禮，當然也必須貼稅條繳稅喔！

▼台火行銷廣告火柴所製作的樣品袋。

▲桂園餐廳的火柴是筆者收藏的紙本火柴裡，最長尺寸的一個火柴，長達39公分、寬5.5公分。後方的立體火柴，為麗葉西餐廳製作，是筆者收藏的餐廳火柴裡，最肯花成本製作用以餽贈客戶。

◀五〇年代的台灣，一度流行在尺、墊板、鉛筆盒等文具上裝飾立體卡通紙片，火柴也不落人後，以相同方式製作套裝火柴組合。

四、品質、行銷、附加效益：

整體而言，火柴的品質，最重要在火柴棒頭（易燃），棒枝的篩選（不易折斷、整齊）、印刷的品管等。尤其早期傳統火柴的製程，人工管控甚多，故火柴能取得「正字標記」（註2）在當年還真不容易！

盒型火柴在木片盒時期，民生專用火柴大都只貼單面商標，廣告火柴才貼雙面。到了紙盒印刷時期，由於印刷技術的改良，可前後分別印刷不同圖案，因而有兩家共用合印的情形。盒型火柴側面大都是承製的火柴公司及廣告公司名稱或商家住址。（嘿！筆者還收藏有使用者在火柴內偷記紅粉知己的芳名電話呢！）

紙本火柴承製及廣告公司，則印在外摺合下方處。紙本火柴其內頁還可做廣告，甚至印地圖、火車時刻表、價格標示、備註欄、文字啟事說明等。一九五〇、六〇年代，許多廣告在印刷地址時，並不詳述，反而以地標來說明，此現象一來表示鄉土親切感，二則表示位在明顯地標附近。由於價格低廉、廣告用途大，頗受商家喜愛，缺點是紙梗火柴較軟，使用者點火不易。

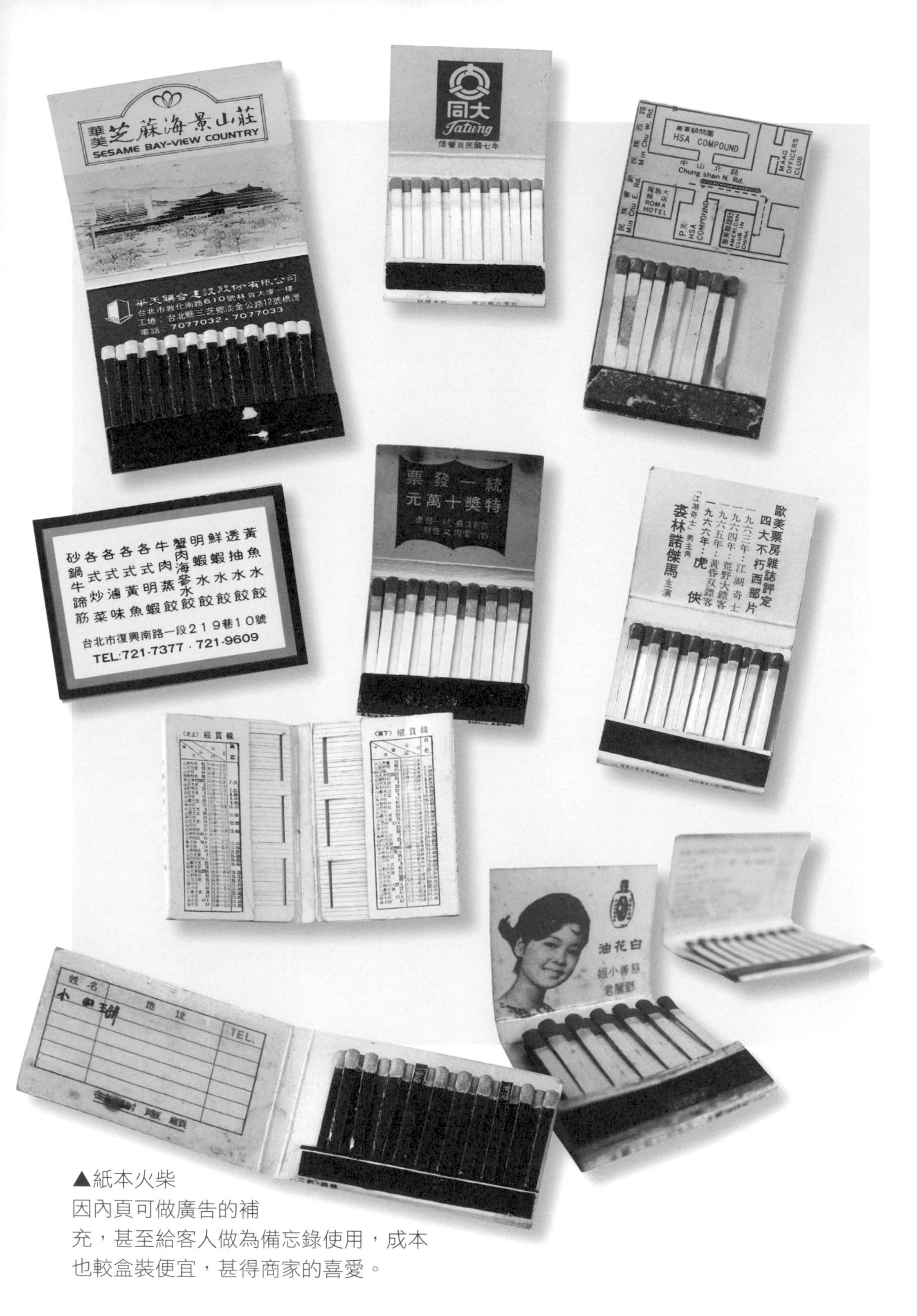

▲紙本火柴

因內頁可做廣告的補充，甚至給客人做為備忘錄使用，成本也較盒裝便宜，甚得商家的喜愛。

山西

天府
川菜餐廳
TEL.55604

湖南飯館

金春發
餐廳
TEL771603
三吉
冷飲部

一福堂
總行
鳳梨酥
素洋餅
TEL.
2404
2257
音樂西餐茶座
台中市自由路
國之賓
歌唱

達飛
純喫茶
快餐・西点・冷飲

夏威夷
理髮廳
武昌街1段63號二樓
(中央信託局右鄰)
電話：27590

投機者
熱門
音樂中心
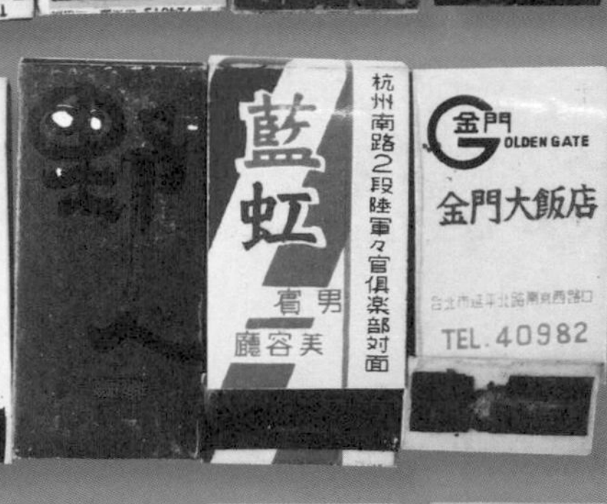
藍虹
男賓
美容廳
杭州南路2段陸軍官俱樂部对面
金門
GOLDEN GATE
金門大飯店
TEL.40982
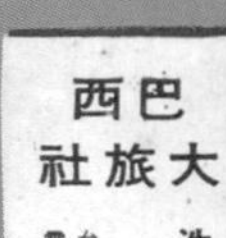

巴西
大旅社
洗澡休息三十元
台北市成都路(西寧南路口)
電話：331332

咖啡
太陽
SUN
西餐
冷氣開放
TEL32559

口福
食道樂
37

基隆第一地磅
TEL.23018

蜀都
大飯店
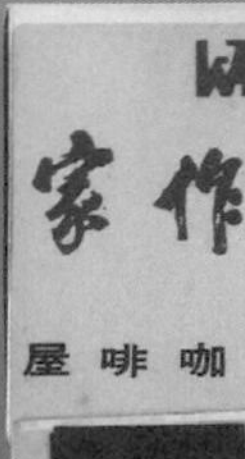
作家
咖啡屋

周胖子餃子館
台北市中華路一四一號七號

藍寶石大歌廳
BLUE DIAMOND

北平大飯店

金船
咖啡
餐廳
熱海食堂
和漢料理

冷氣・音樂・套房
天府
TEL.229951.229952.222040

綠洲
SPECIAL CAKE & COFFEE SHOP
OASIS

國宮
名曲・咖啡

小王子酒家

名曲 咖啡 青龍
名曲 咖啡 青龍
名曲 咖啡 青龍
名曲 咖啡 青龍

祺
龍餐廳

註1：月琴事件——此圖案為日本三井物產公司所擁有，於一九〇〇年明治三十三年完成註冊登記，昭和年間曾被菲律賓火柴廠所盜用，後來打國際官司，日本勝訴。

註2：「正字標記」是我國為推行國家標準（CNS），所實施的認證制度。始於一九五一年，消費者透過此認證標章可買到優良產品，權益也較有保障。

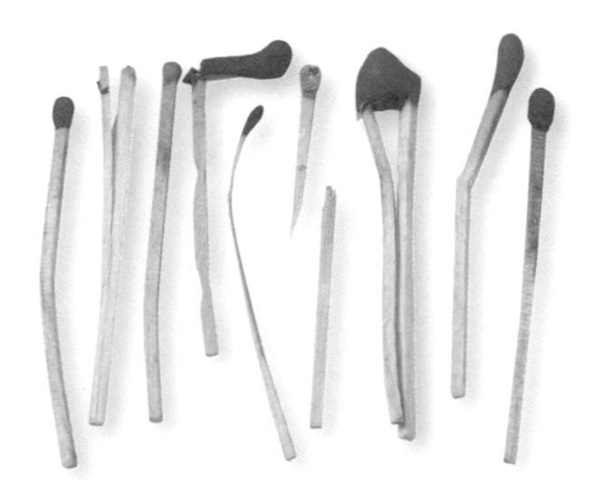

▲品管不佳的火柴，如：藥頭、梗枝沒篩選、印刷不良等。

捌 火柴的收藏與玩賞

台灣的火柴史，自光復後至二〇〇九年約一甲子餘，相較於對岸，其歷史的淵長與變遷的豐富相去甚遠。然而台灣火柴仍以本土自有的角度，記下了戰後台灣政治、文化，與經濟的歷史演進，如今碩果僅存的火柴更應該維護它、珍視它。

一、火柴的收藏

火柴的收藏，若只收集商標（火花），則保存、維護較易，也不占空間。若是收藏火柴盒整體，則有數個缺點：

❶ 火柴盒磨擦條，因成份含燐，與空氣、水份接觸會氧化腐蝕火柴盒本身，藥頭也會因為吸收水份，腐爛並侵蝕火柴盒外殼。

❷ 早期的木片火柴盒，因木片受潮而硬化變形，表面標籤會起皺、破損，甚至因使用漿糊黏貼，引致蟲咬。後期的火柴盒雖以印刷取代，然紙本火柴經過冗長時間歲月，也會變硬脆化、內部火柴棒頭也會受潮，腐蝕紙盒本身。

火柴外盒以金、銀色為素材印刷，因色料的化學成份，在受潮後會出水，除了會腐蝕紙面外，也會沾黏其它火柴，讓收藏者困擾不已，只能用隔離保存。

❸ 紙本火柴上的釘書針會生鏽，而腐蝕火柴盒本身。

以上各點是收藏火柴盒者的困擾之處！

筆者在收藏火柴盒上，為了安全考量全以鐵盒來收藏、放置，內放除濕包。近來，因小型塑膠封袋問世，也可做為保存方法。筆者也曾經嘗試塗上透明膠水來做保護，一則可保持原貌，再者可隔絕空氣接觸而達到防腐、防氧化，缺點是不能使用且會硬化，日久恐對紙質有所傷害。

統一發票
特獎十萬元
遠東百貨公司
Far Eastern
双獅絨線
門市部開幕紀念
三軍軍官俱樂部
孫天勤
可以帶給你家庭幸福!
家庭計劃
可以帶給你家庭幸福
四海一家
餐飲部一自動 5812087
南海 4008・4009
差假中心一自動 5828206
5828209
南海 4010・4011
4012
TEL:565565

二、火柴的玩賞

在戒嚴時代（一九四九─一九八七），有些文章、歌曲、電影會被貼以傾左、煽情、糜爛而禁登、禁唱、禁演，在火柴盒圖案上也曾發生如此事件。如華南銀行印製畫家李石樵「三美圖」的火柴，因涉及煽情被命令強制回收。收藏者若能收到此稀有火柴，簡直如獲至寶。

▲商家地址以坐標區域配置圖方式呈現，還真是少見。

玩賞火柴先從藝術角度出發，可從圖案了解其歷史背景與設計，若純廣告，則欣賞其藝術設計，更進一步收集各商家火柴的不同版本（註1），可從其變化間，感受更多的趣味！筆者曾向某飯店高級主管詢問，所印製的火柴盒共有多少版本，答案是每當有需求時，就委由廣告公司承製，並未記錄統計，於是在無形中就成了收藏者的另類收藏樂趣！

▲火柴盒外包裝出現印刷上的瑕疵。

民62作
繪畫絕不允許捉摸不到的作品存在，畫維納斯就必須能抱住她！
李石樵

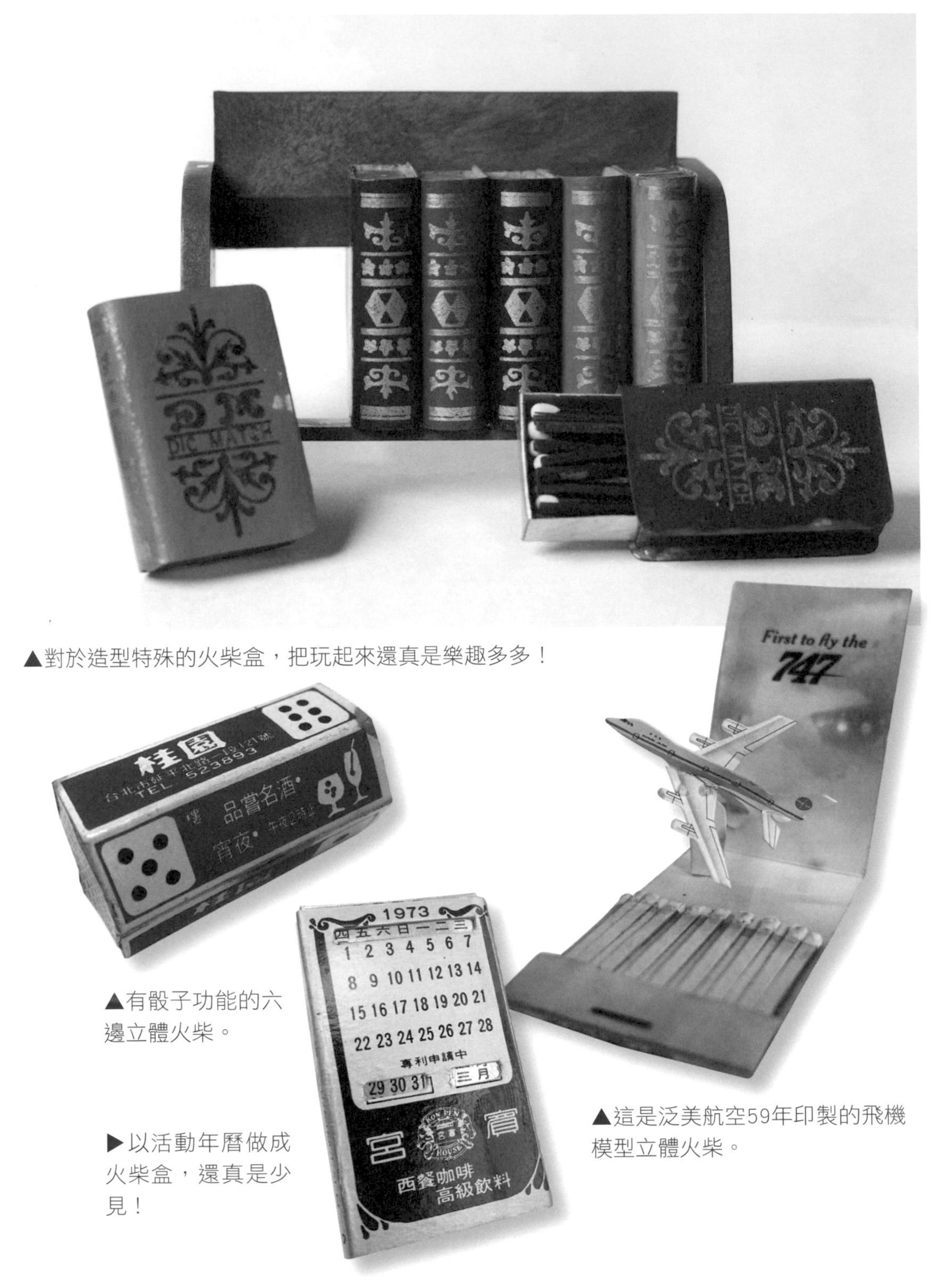

▲對於造型特殊的火柴盒，把玩起來還真是樂趣多多！

▲有骰子功能的六邊立體火柴。

▶以活動年曆做成火柴盒，還真是少見！

▲這是泛美航空59年印製的飛機模型立體火柴。

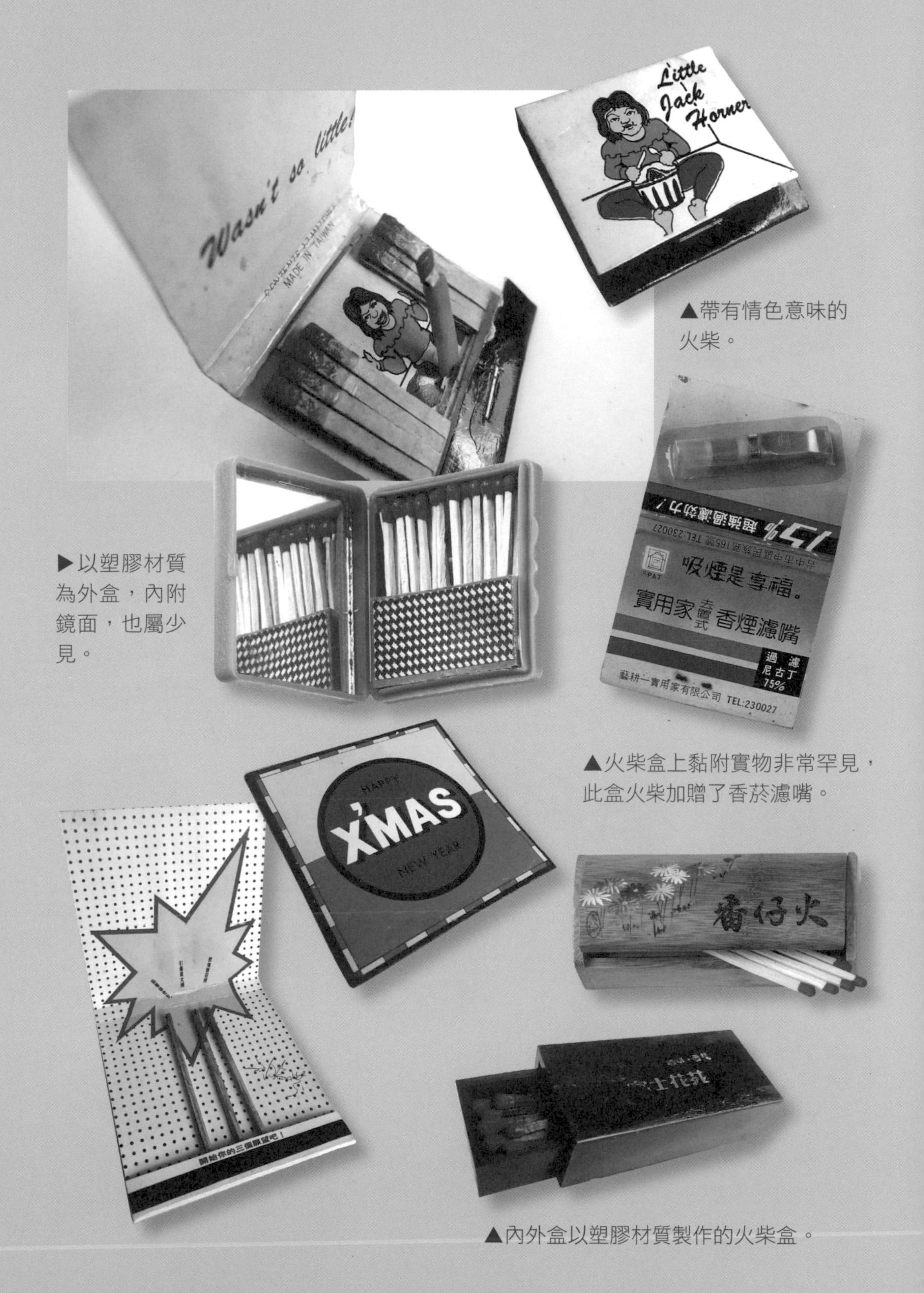

▲帶有情色意味的火柴。

▶以塑膠材質為外盒，內附鏡面，也屬少見。

▲火柴盒上黏附實物非常罕見，此盒火柴加贈了香菸濾嘴。

▲內外盒以塑膠材質製作的火柴盒。

碧瑤
BaySide Club
渝香川菜餐廳
大觀別館
TA-KUAN
浙寧大吉樓
海產大王
印象十九
千夜餐廳
正宗粵菜
大班西餐廳
TAI PAN
堂春小吃館
台北市忠孝西路一段43號(二樓)
TEL:331-0195
TEL 917
漢洋餐廳
YOUNG YOUNG
Cafe
巨享鐵板燒餐廳
TEL 7219567 · 7218772
客家菜
拓荒者
音樂空間

▲許多商家喜歡使用幸運數字「七」做為店號。

註1：所謂「不同版本」可從以下各點查證：

1 圖案差異；

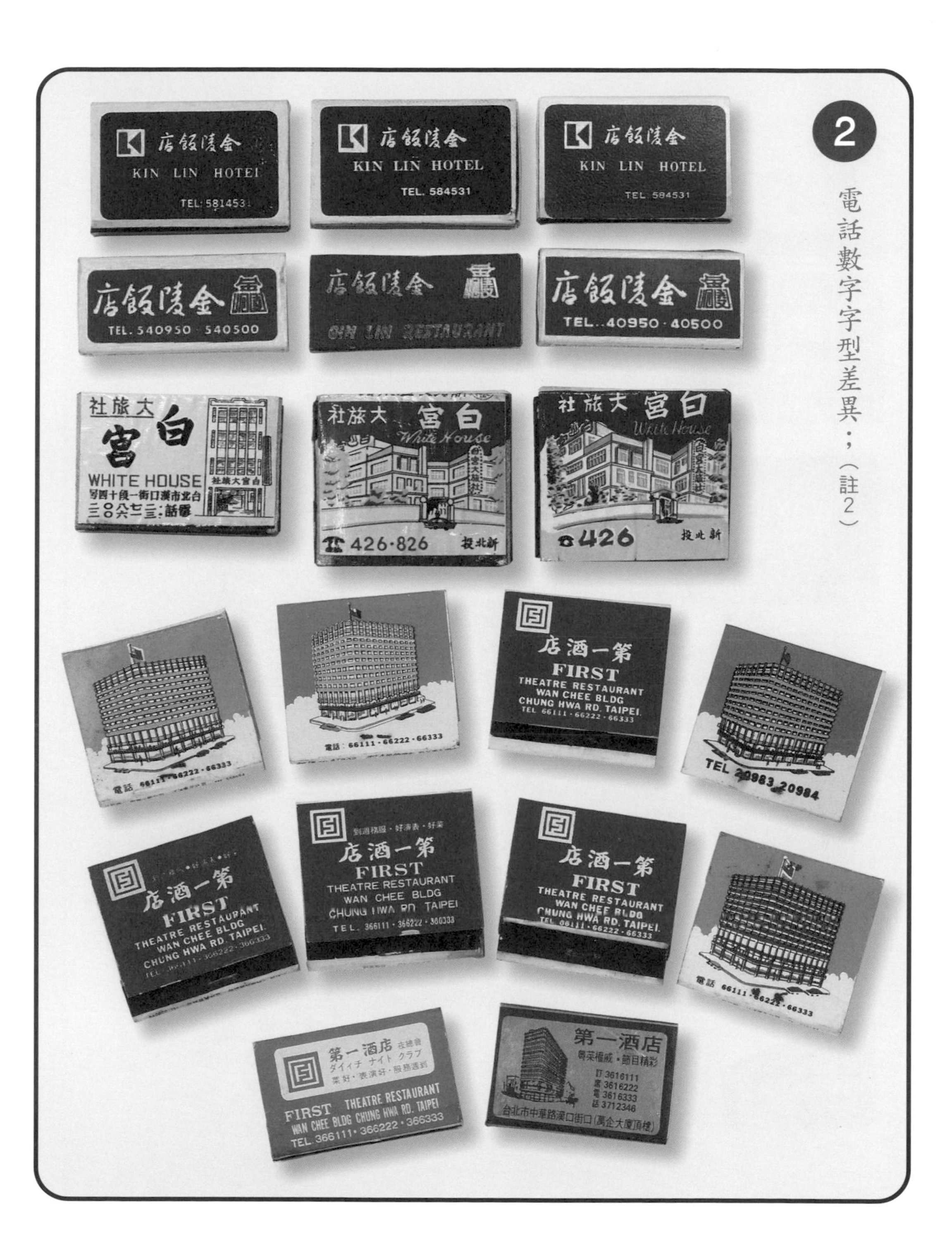

2
金陵飯店
KIN LIN HOTEL
TEL. 581453
TEL. 584531
TEL. 584531
金陵飯店
TEL. 540950 · 540500
TEL..40950 · 40500
大旅社
白宮
WHITE HOUSE
White House
426·826
426
新北投
第一酒店
FIRST
THEATRE RESTAURANT
WAN CHEE BLDG
CHUNG HWA RD. TAIPEI
TEL 66111 · 66222 · 66333
電話 66111 · 66222 · 66333
TEL 20983 20984
TEL. 366111 · 366222 · 366333
第一酒店
ダイイチ ナイト クラブ
FIRST THEATRE RESTAURANT
WAN CHEE BLDG CHUNG HWA RD. TAIPEI
TEL. 366111 · 366222 · 366333
第一酒店
粵菜權威 · 節目精彩
3616111
3616222
3616333
3712346
台北市中華路漢口街口(萬企大廈頂樓)

電話數字字型差異；（註2）

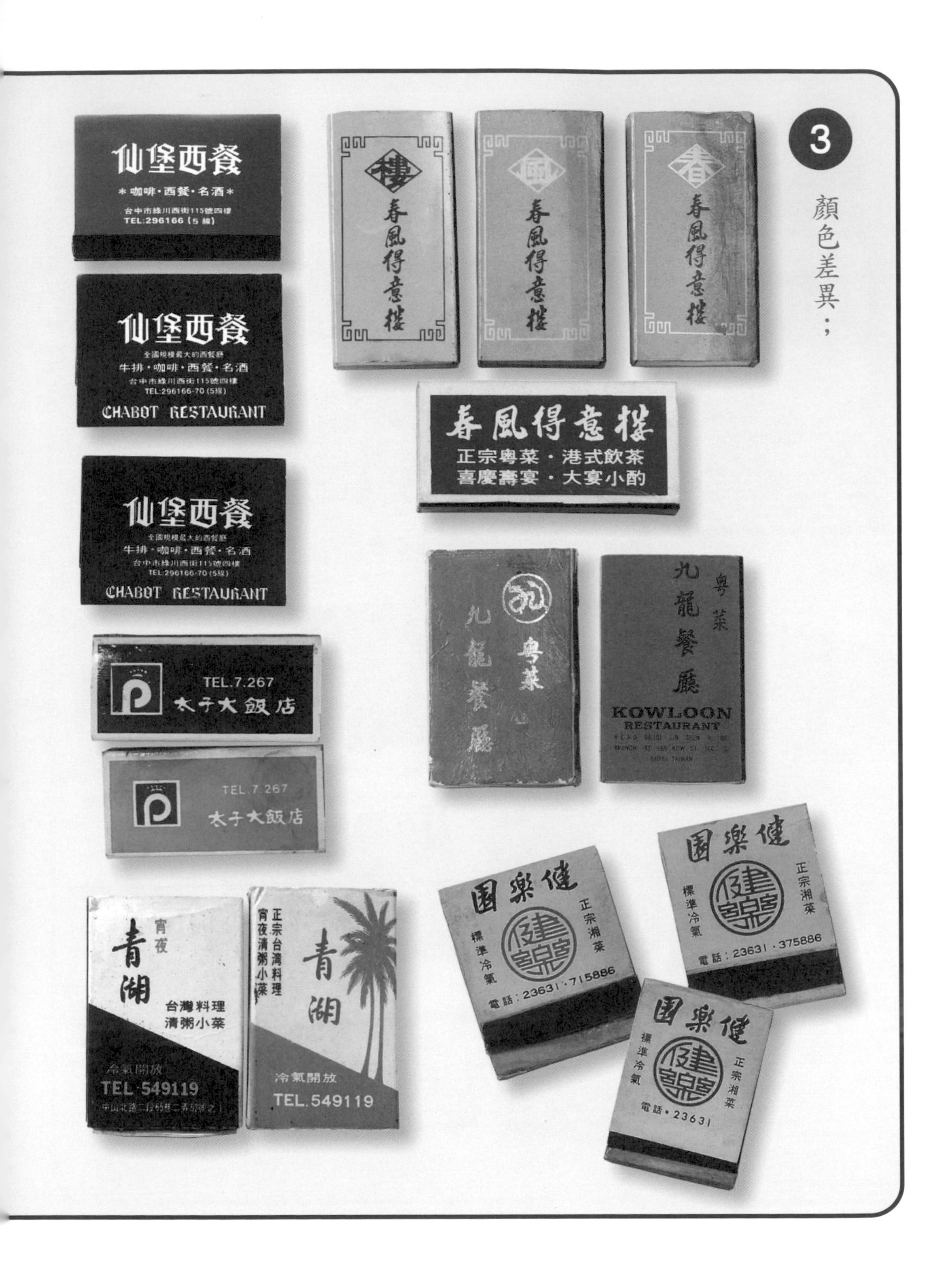

仙堡西餐
＊咖啡・西餐・名酒＊
台中市綠川西街115號四樓
TEL:296166（5線）
仙堡西餐
全國規模最大的西餐廳
牛排・咖啡・西餐・名酒
台中市綠川西街115號四樓
TEL:296166-70（5線）
CHABOT RESTAURANT
仙堡西餐
全國規模最大的西餐廳
牛排・咖啡・西餐・名酒
台中市綠川西街115號四樓
TEL:296166-70（5線）
CHABOT RESTAURANT
樓
春風得意樓
春風得意樓
春
春風得意樓
春風得意樓
正宗粵菜・港式飲茶
喜慶壽宴・大宴小酌
TEL.7.267
太子大飯店
TEL.7.267
太子大飯店
九龍餐廳
粵菜
粵菜
九龍餐廳
KOWLOON
RESTAURANT
TAIPEI, TAIWAN
宵夜
青湖
台灣料理
清粥小菜
冷氣開放
TEL 549119
正宗台灣料理
宵夜清粥小菜
青湖
冷氣開放
TEL.549119
健樂園
正宗湘菜
標準冷氣
電話：23631・715886
健樂園
正宗湘菜
標準冷氣
電話：23631・375886
健樂園
標準冷氣
正宗湘菜
電話・23631

3

顏色差異；

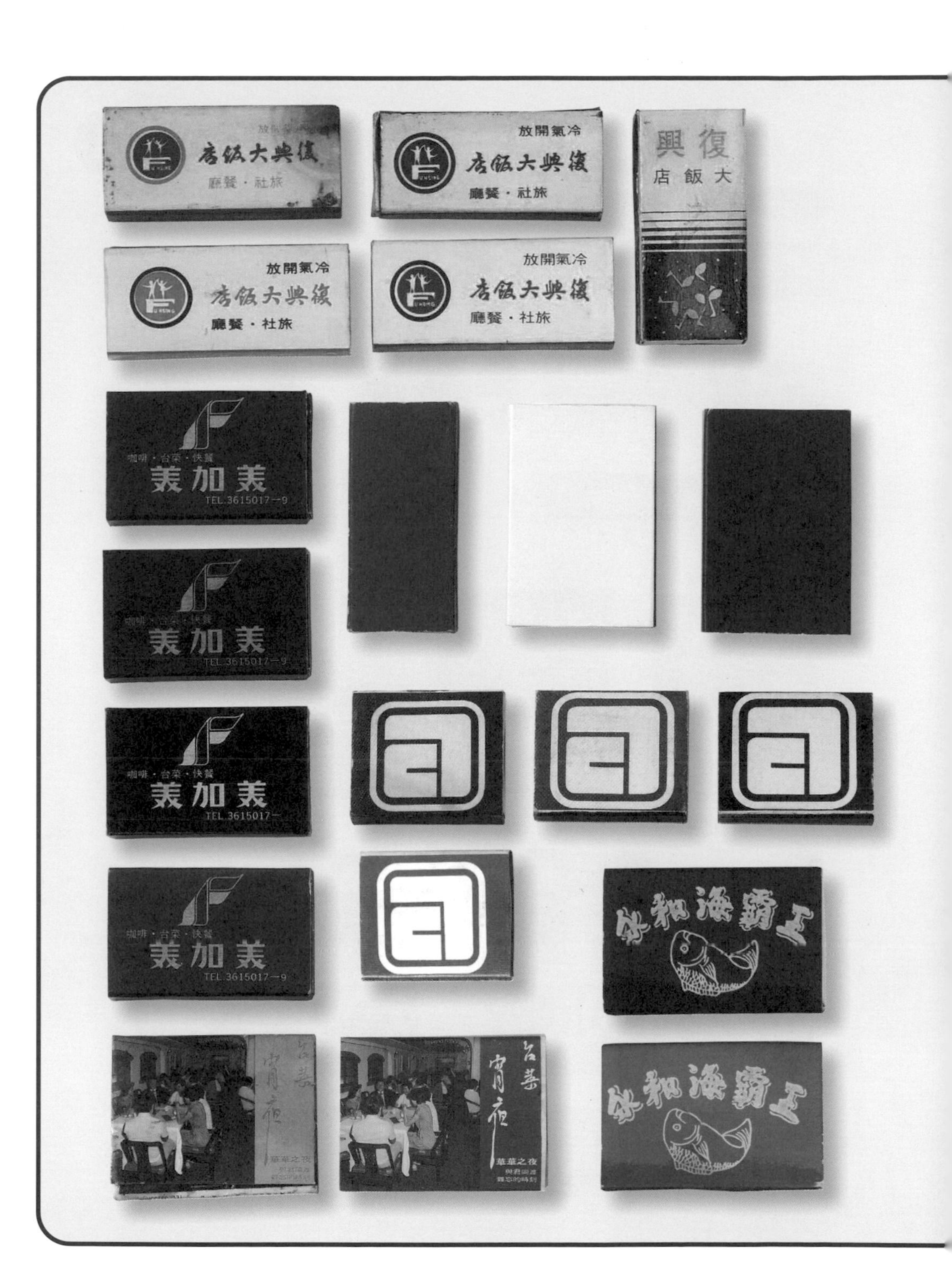
冷氣開放
復興大飯店
旅社・餐廳
咖啡・台菜・快餐
美加美
TEL.3615017—9
台菜
宵夜
華華之夜
與君同渡
難忘的時刻

4

內文差異；

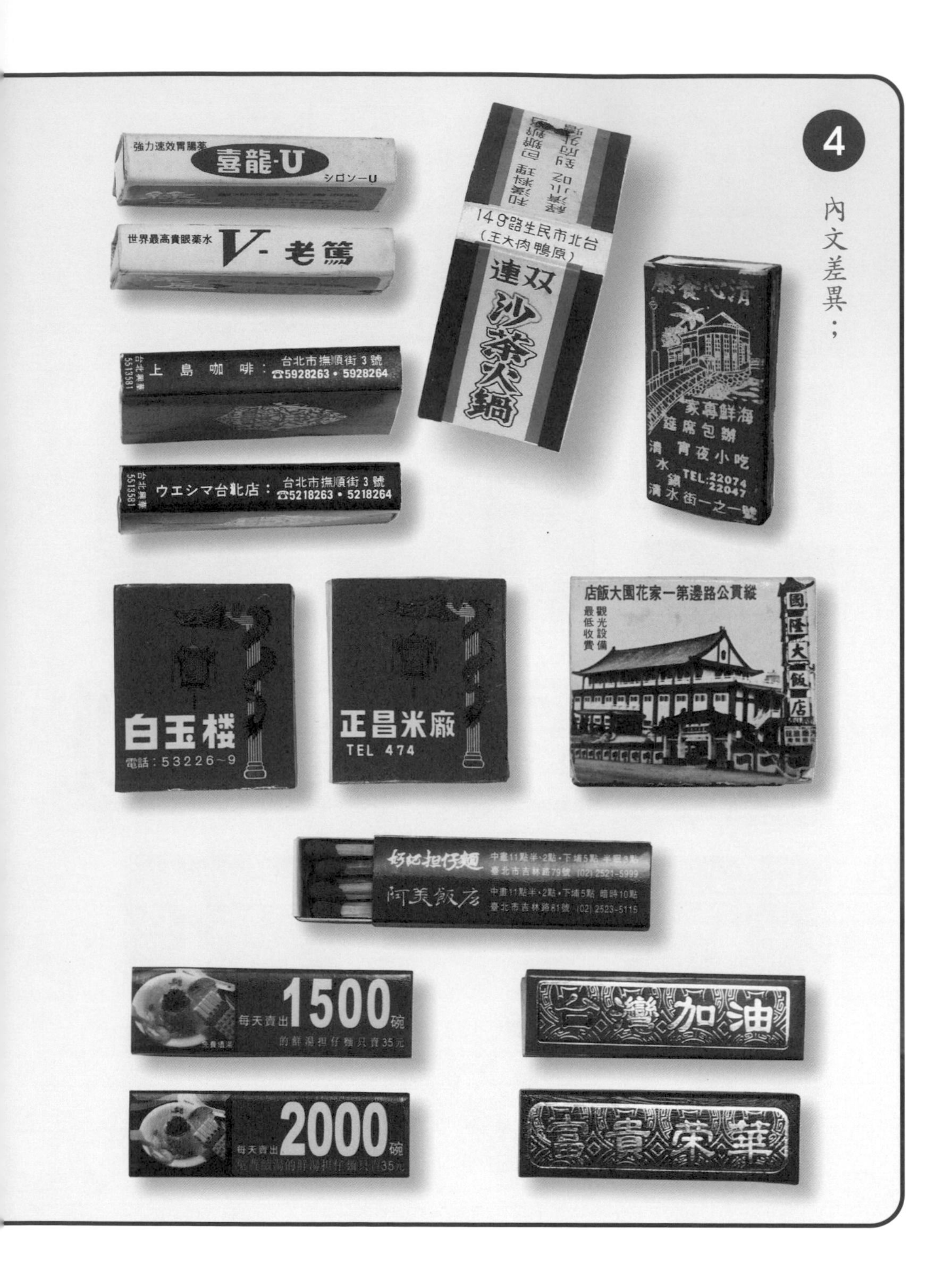

強力速效胃腸藥
喜龍-U
シロソ-U
世界最高貴眼藥水
V-老篤
台北市民生路149號
(原鴨肉大王)
双連
沙茶火鍋
上島咖啡：台北市撫順街3號
☎5928263・5928264
台北興業 551358
ウエシマ台北店：台北市撫順街3號
☎5218263・5218264
台北興業 551358
清心養樂
海鮮專家
辦包席筵
清水鎮
吃小夜宵
TEL:22074 22047
清水街一之一號
縱貫公路邊第一家花園大飯店
觀光設備
最低收費
國隆大飯店
白玉樓
電話：53226~9
正昌米廠
TEL 474
好記担仔麵
中晝11點半・2點・下埔5點
臺北市吉林路79號 (02) 2521-5999
阿美飯店
中晝11點半・2點・下埔5點 暗時10點
臺北市吉林路81號 (02) 2523-5115
每天賣出1500碗
的鮮湯担仔麵只賣35元
台灣加油
每天賣出2000碗
富貴榮華

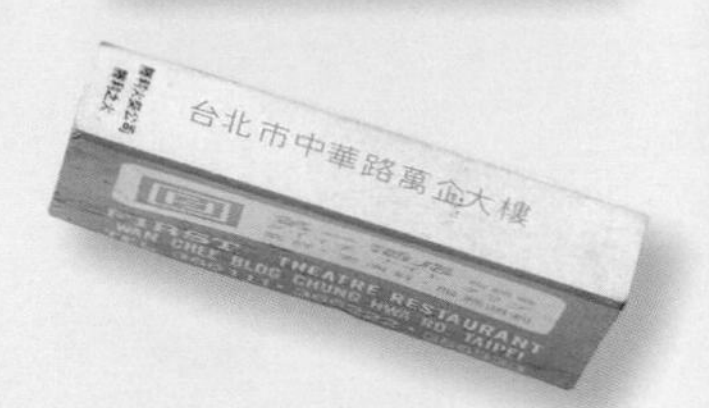

▲這四盒火柴的地址並非以明確的門牌號碼顯示，而是以較為人所熟知的地標來標明。

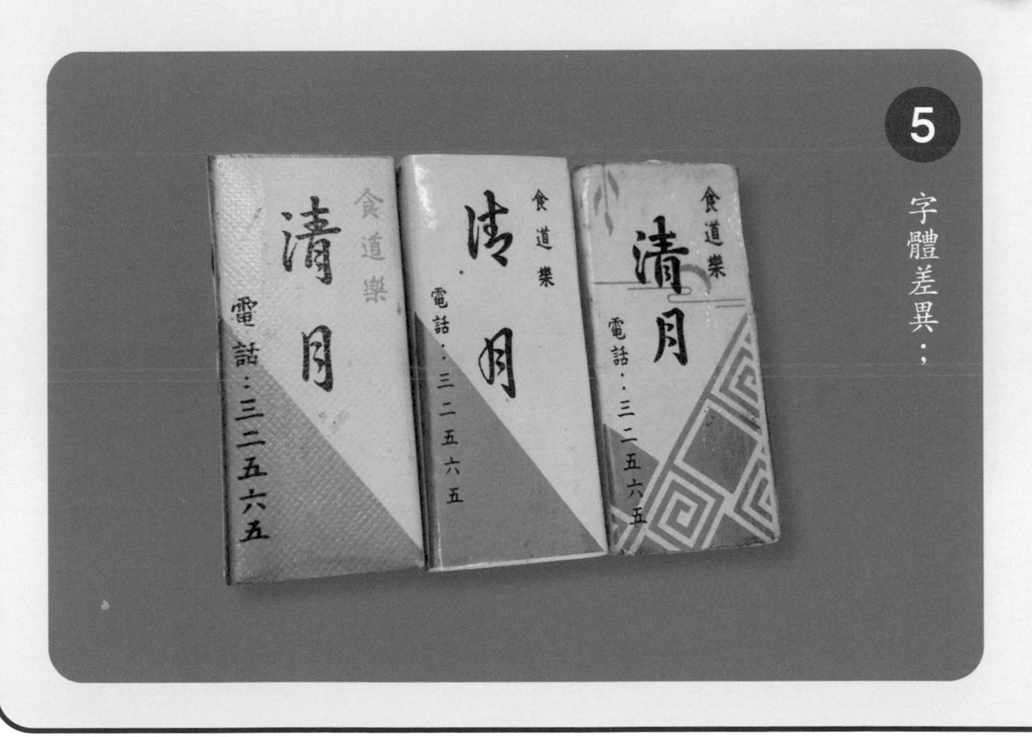

6 造型差異；

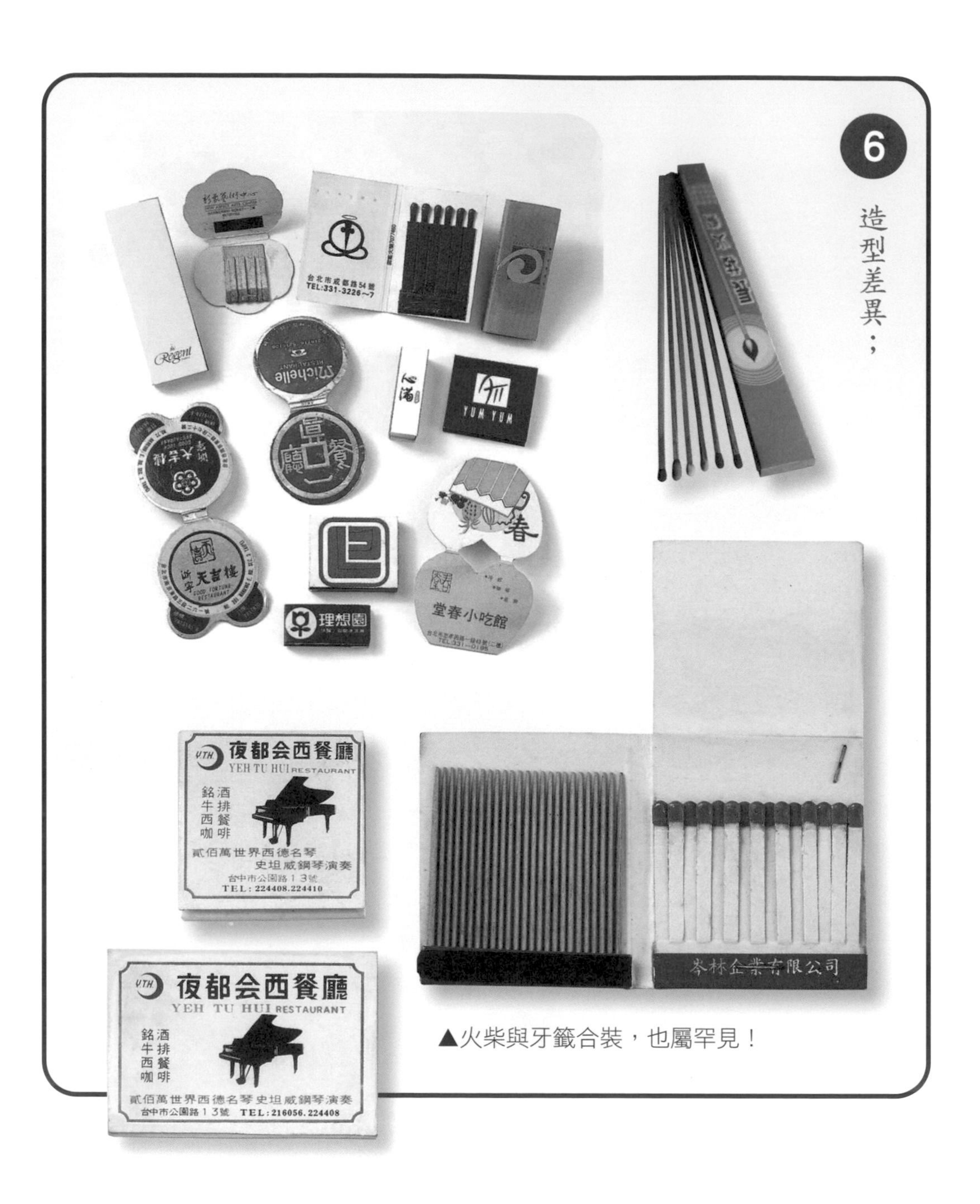

▲火柴與牙籤合裝，也屬罕見！

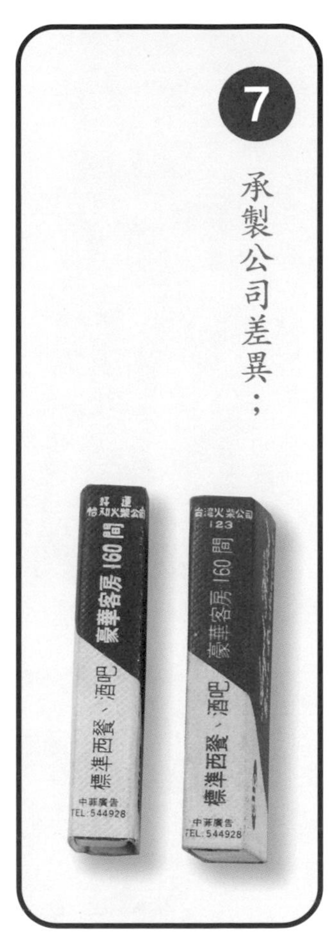

7 承製公司差異；

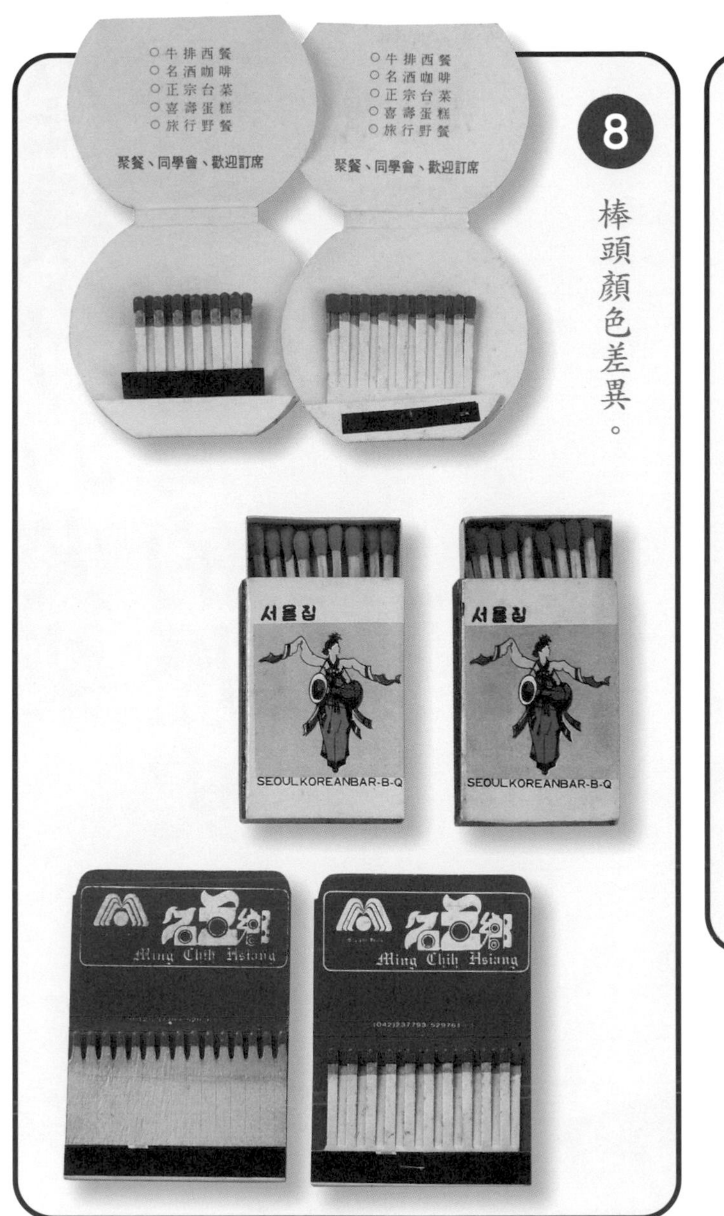

8 棒頭顏色差異。

註2：政府遷台初期，政經未穩，電話並未開放，1952年底台北市電話改為5碼，後政局穩定及電話需求日增，於1956年開放1200號，造成一時人潮排隊申請。1958年升為6碼，1975年升為7碼，1998年升為8碼。高雄最早是5碼，台中、台南4碼，基隆、嘉義3碼。偏鄉地區都是經由大區轉接又號數不多，所以電話號碼有個位數或兩位數。從火柴盒上的電話號碼數，就可略知哪個年代、時段印製。

玖

從繽紛的火柴點亮台灣的歷史

一、火柴盒與「公部門」（註1）的情緣

台灣光復後不久，國共對峙，除了在軍事裝備上較量之外，對內為了鞏固軍心與民心，在政治文宣上著墨，更是不餘遺力，除報章媒體外，連火柴也不遺漏（註2），以下逐一介紹。

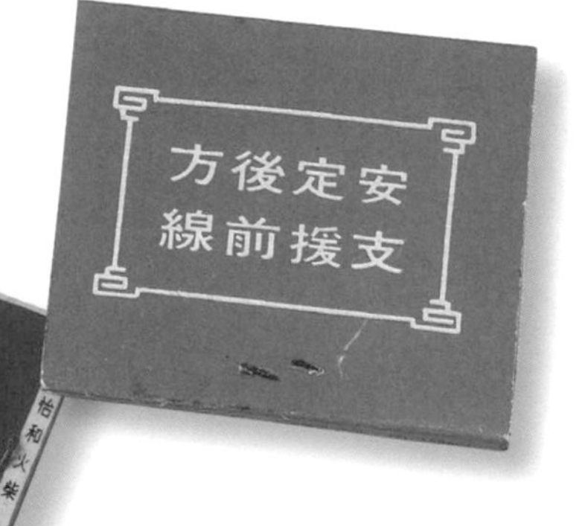

總統府

總統府是台灣最高的行政單位，該建築始自日治時期做為總督府，建於一九一九年，光復初期於一九四六年更名為介壽館，至一九五〇年始定名為總統府，成為政權的重心，也是安定全台軍心、民心的表徵所在，舉凡國家慶典、閱兵、總統演說等都以此為中心。

巴洛克式的建築，外觀華麗，展現出典雅、莊嚴的氣勢，現今仍為總統辦公處所，也列為古蹟，更是國外觀光客來台參訪的景點之一。

台灣光復
廿五週年
紀念火柴
恭祝
總統八秩晉七華誕
警備總司令部恭製
慶祝國慶
總統訓詞
國父的開國精誠，是「有志竟成」，我們所持以復國的精誠，亦就是「有志竟成」。
台北市教育會理事長
張建邦恭錄
總統萬歲
總統訓詞
民生所日用必需不可或缺者，莫過於食、衣、住、行、育、樂六者，故國父特以此六者科學化之建設，爲使民富且壽之張本也。
台北市教育會理事長
張建邦恭錄
www.obian.net
陳水扁
總統
慶祝開國六十週年紀念
司麥脫皮鞋公司敬賀
總統暨夫人茶會
中華民國五十六年五月一日
第五任總統副總統就職紀念
中華民國六十一年五月二十日

總統 蔣公
逝世週年紀念
中華民國六十五年四月五日
中華民國六十五年・1976
六月・June
1 2 3 4 5
6 7 8 9 10 11 12
13 14 15 16 17 18 19
20 21 22 23 24 25 26
27 28 29 30
總統 蔣公
逝世週年紀念
中華民國六十五年四月五日

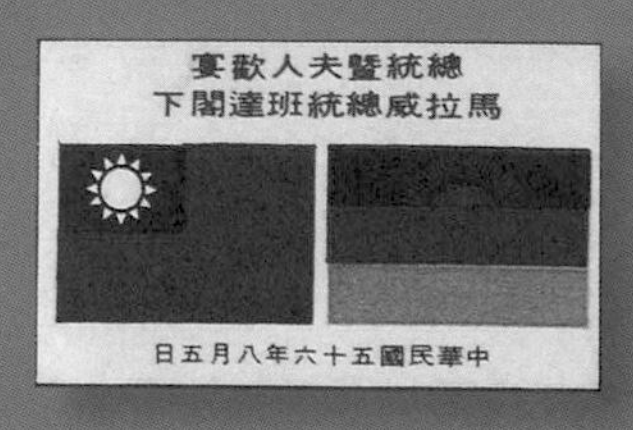

總統暨夫人歡宴
馬拉威總統班達閣下
中華民國五十六年八月五日

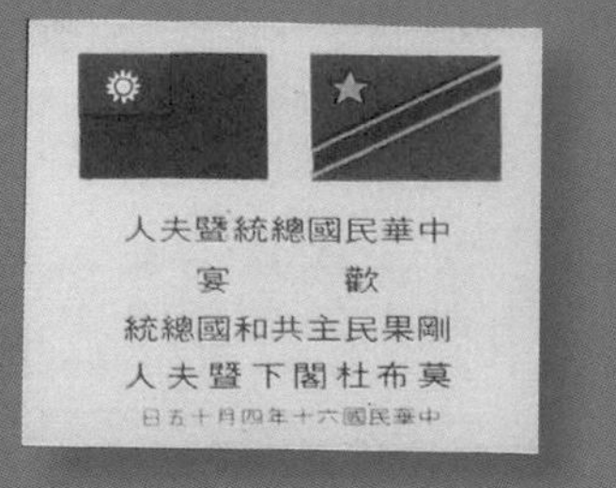

中華民國總統暨夫人
歡宴
剛果民主共和國總統
莫布杜閣下暨夫人
中華民國六十年四月十五日

歡迎
越南共和國總統
阮文紹閣下暨夫人訪華
中華民國五十八年五月卅日至六月三日

歡迎
沙烏地阿拉伯王國
國王費瑟陛下訪華
中華民國六十年五月

歡迎
中非共和國總統
卜卡薩閣下訪華
中華民國五十九年十月八日至十七日

中華民國總統
歡宴
哥斯大黎加共和國
孟赫總統閣下
中華民國七十四年五月廿八日

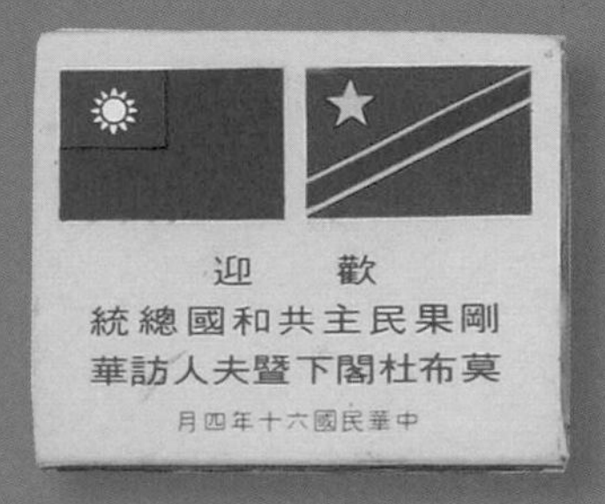

歡迎
沙烏地阿拉伯王國
國王費瑟陛下訪華
中華民國六十年五月

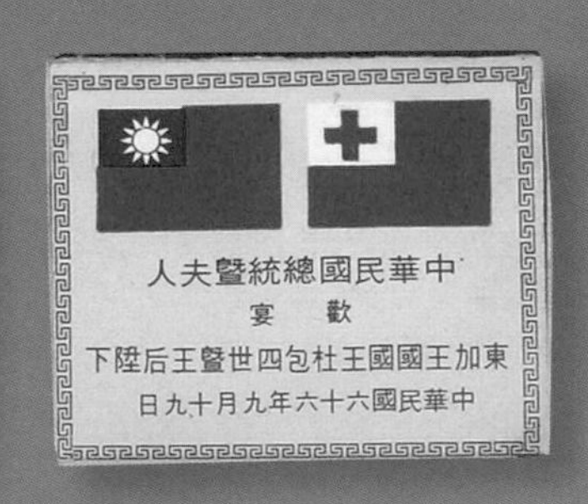

中華民國總統暨夫人
歡宴
東加王國國王杜包四世暨王后陛下
中華民國六十六年九月十九日

歡迎
越南共和國總統
阮文紹閣下暨夫人訪華
中華民國五十八年五月卅日至六月三日

▲在當時凡有邦交國元首來訪，除了盛情款待外，也會製作一些物品留念宣傳，火柴就是其中之一。

在黨政軍為首的一九五〇至七〇年代，以軍事來說，除軍事競爭外，各有關單位也會各自印製火柴或販售或贈與。內容除以各單位標籤、特色為主圖外，當然少不了各式文宣標語。

國民黨

在以黨領政的時代，黨的政策即是政府的政策，當時總統也兼任黨主席，所以黨內會議則顯得格外重要。

裕台公司中華印刷廠

即裕華彩藝股份有限公司，成立於一九五〇年，屬於黨營事業。

陸海空單位

在軍備組織中，陸、海、空屬於第一線，三軍各單位除自家宣傳外，在各自福利社單位，也會印製火柴隨香菸附贈給官兵。此外，國家為了讓官兵有獨立的聚會場所，紛紛設置軍士官俱樂部，一則防止官兵在民間餐廳因喝酒發生衝突，另則防止軍情外洩。現在因時空改變，有些俱樂部早已關閉，部分採委外經營仍持續對外開放營業。

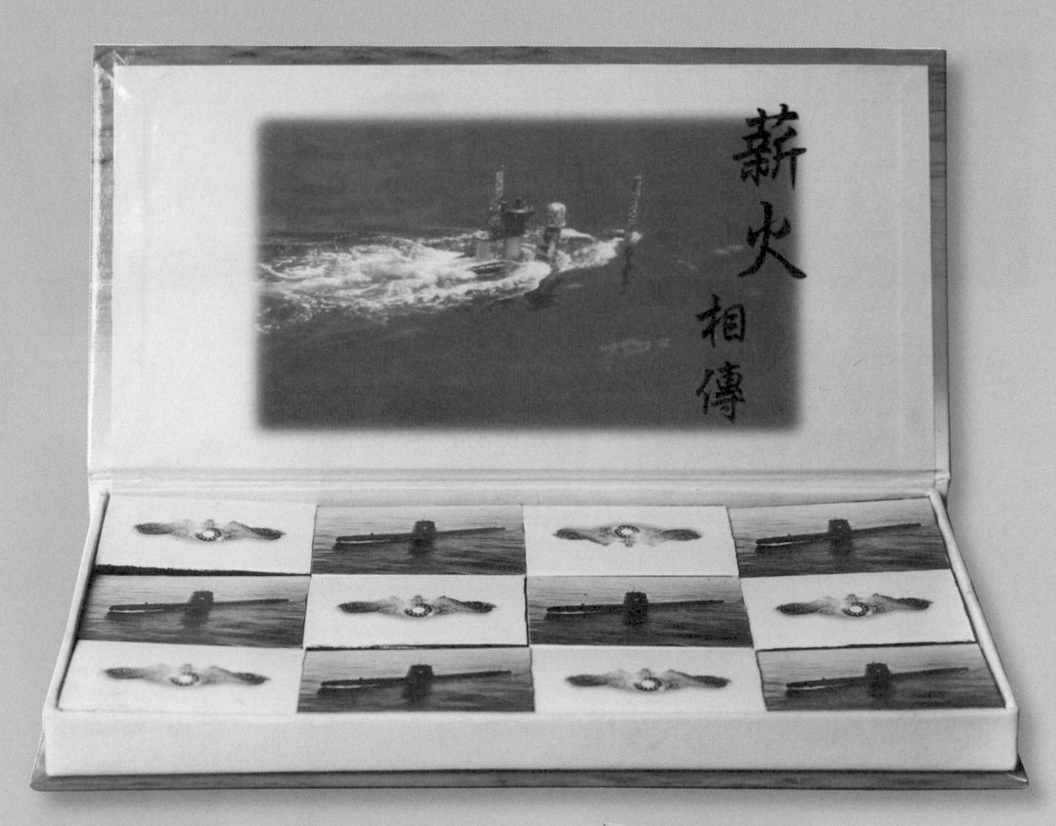
薪火
相傳

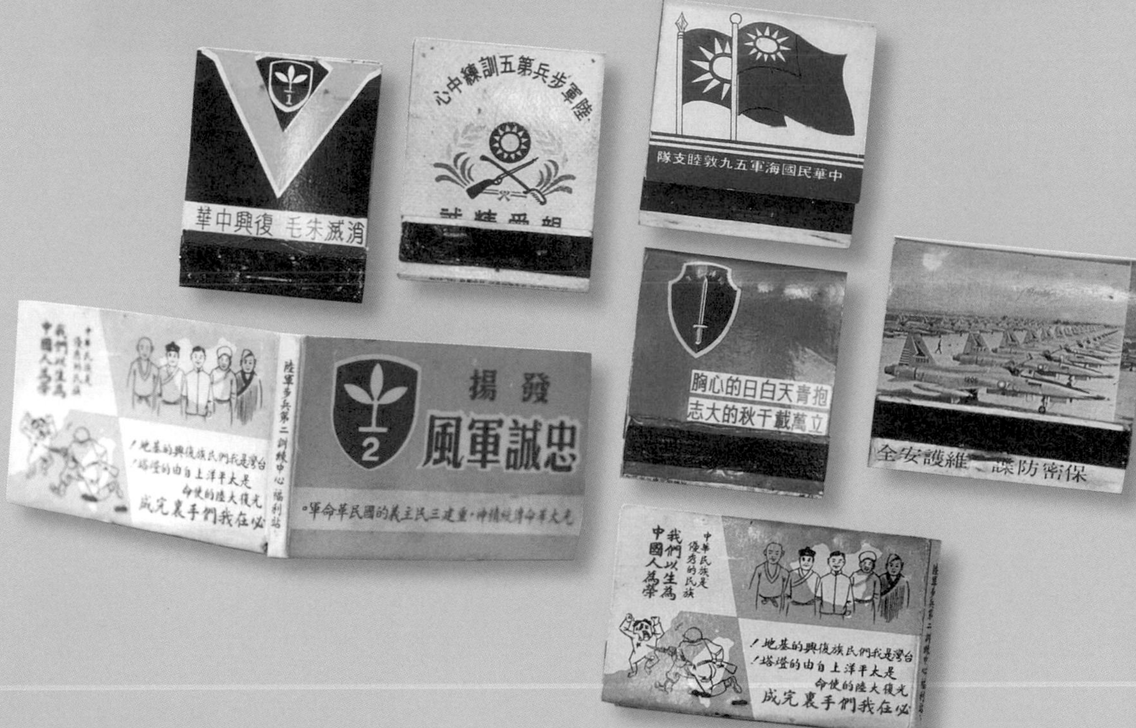
陸軍步兵第五訓練中心
中華民國海軍五九敦睦支隊
消滅朱毛 復興中華
抱青天白日的心胸
立萬載千秋的大志
保密防諜 維護安全
中華民族是優秀的民族
我們以生為中國人為榮
台灣是我們民族復興的基地!
是太平洋上自由的燈塔!
光復大陸的使命
必在我們手裏完成
陸軍步兵第二訓練中心福利站
發揚
忠誠軍風
光大革命傳統精神 重建三民主義的國民革命軍

軍公教福利餐廳
•歡迎光臨•
TEL: 7715250
台北市濟南路三段底

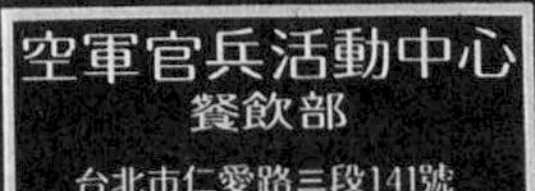

台北市仁愛路三段141號
(復興南路口)
☎752-4725～6
731-2047～8

☎
餐飲部—自動 5812087
南海 4008・4009
差假中心—自動 5828206
5828209
南海 4010・4011
4012

餐飲部—5871953
訂席專線—5812087
南海—782173・782174
住宿部—5874359・5874367
南海—782175・782177

成功嶺

日治時期此地是訓練日本兵騎馬的軍事基地，光復後改為成功嶺訓練中心，是陸軍新訓與大專集訓的所在。

「國旗在飛揚，聲威浩壯，我們在成功嶺上……」，成功嶺是台灣三、四、五、六年級生的大專集訓共同回憶的地方（註3）。每當晚點名唱軍歌、喊口號，整個成功嶺軍歌到處此起彼落，好不熱鬧！當然酸甜苦辣也在不言中！

聯勤

聯勤單位，可說是整個軍方後勤支援的主力，舉凡彈藥、武器、軍裝、食品等，無所不包，從火柴的圖案中便可略知一二。

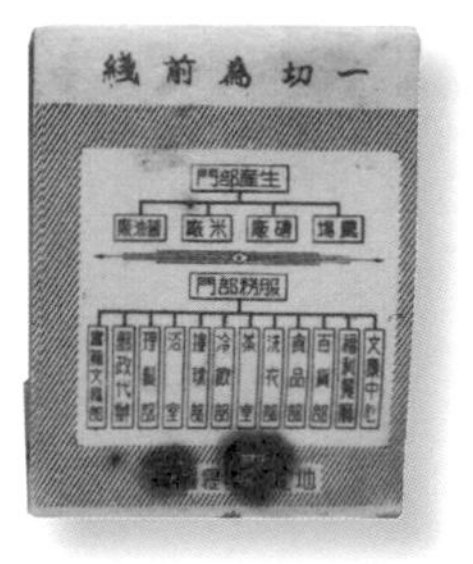

行政院新聞局

簡稱新聞局，負責政府的公共關係、政策宣傳、形象推廣、政府發言等工作，也兼負協助大眾傳播產業發展的任務。

臺灣省政資料館

一九六五年設館於南投縣中興新村（註4），內有歷年省政建設介紹與圖片，台灣史蹟文物資料及模型陳列，現在是中部觀光景點之一。

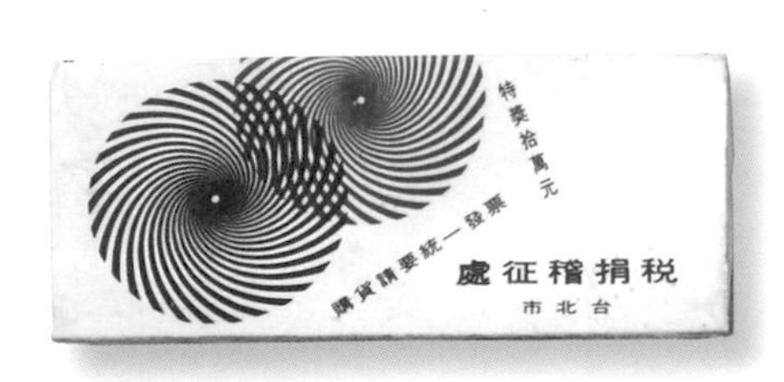

臺灣省議會

光復初期，臺灣省參議會設於台北，一九五八年遷至台中霧峰現址，一九五九年正式名為臺灣省議會，至一九九八年配合「精省」政策，省議會被裁撤，改為不具民意機關性質的「諮議會」。現設有紀念園區，為中部觀光景點之一（註5）。

稅捐稽徵處

政府的財源主要靠稅收，其機構就是稅捐處。為了確保稅源及鼓勵消費者向商家索取發票收據，於一九五一年發行統一發票，並訂定給獎辦法，實行至今。當時除在媒體上宣傳，火柴也沒缺席。

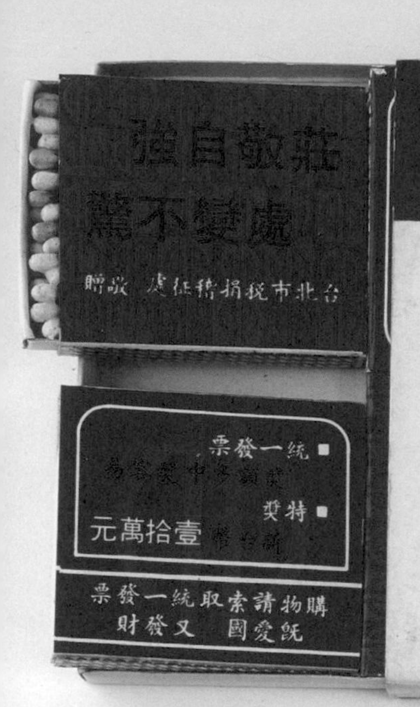

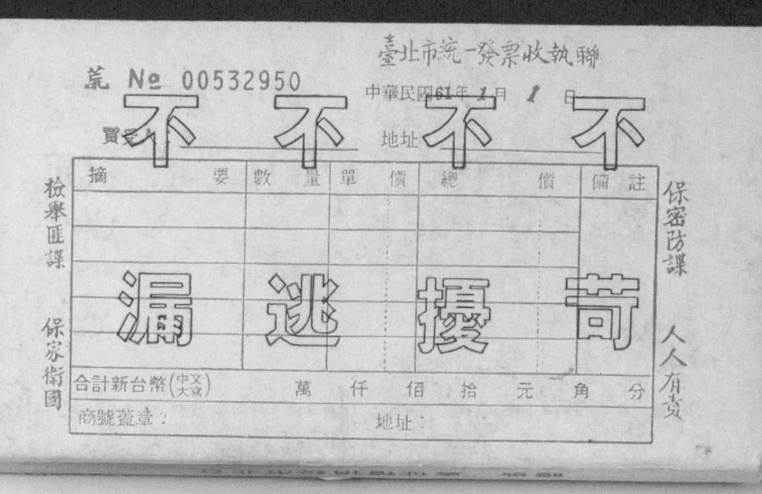

購物請索取統一發票
特獎每個十五萬元
獎額多　中獎容易

購物請索取統一發票
既愛國　又發財

郵政總局

郵局為了提高信函分揀及傳遞的效率，而實施「郵遞區號」書寫措施，始自一九七〇年，起先為三碼，自一九八五年七月起改為五碼。當時利用媒體宣傳外，也印製火柴贈送宣傳。

公賣局

日治時期菸、酒、鴉片、火柴、鹽、樟腦、石油、度量衡等八項民生用品，屬於專賣制度。光復後，政府接管並改組名為「台灣省專賣局」。一九四七年改為「台灣省菸酒公賣局」，二〇〇二年廢止專賣制度，改採公辦民營，更名為「台灣菸酒股份有限公司」。

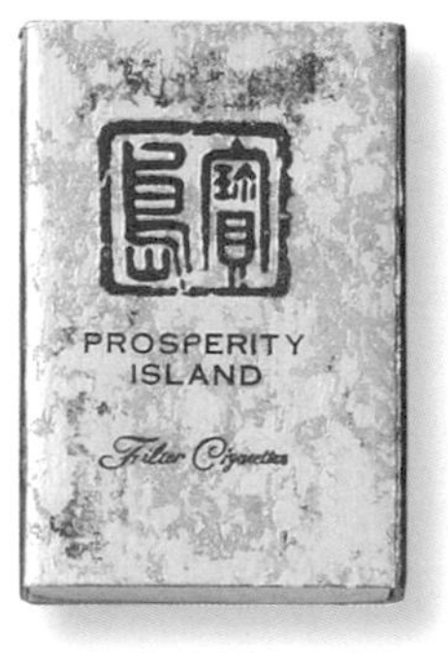

▲好酒！不醉不歸！菸酒公賣局以「明人五王醉歸圖」為火柴套盒封面（右上），是最名符其實！

台糖

政府接收合併日治時期的製糖會社，於一九四六年成立「台灣糖業股份有限公司」，至一九六〇年代初期，台灣的砂糖出口始終佔外銷第一位。台糖可說是台灣最大的地主，因其農地、農場遍佈全台，在主要產品甘蔗之外，也延伸出一些相關事業，如：畜殖、合板等。它又以酵母粉做成保健糖果「健素糖」，在一九五〇、六〇年代是小朋友最佳的營養零食。

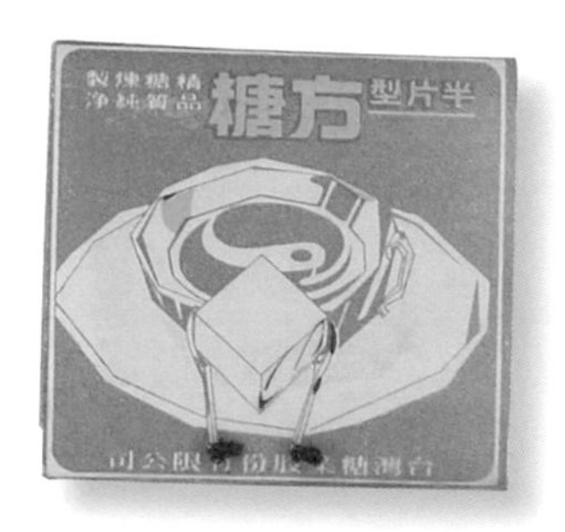

請參加巡迴車X光檢查。
人人重防癆，個個保健康。

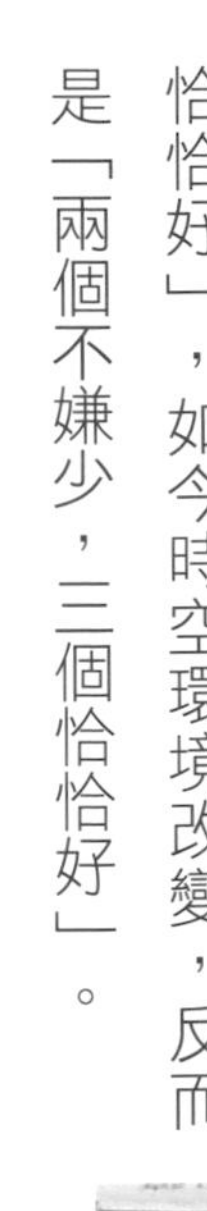

衛生署

一九六八年為因應人口激增的壓力，行政院轄下的衛生署提出家庭計畫政策，口號為「一個不算少，兩個恰恰好」，如今時空環境改變，反而是「兩個不嫌少，三個恰恰好」。

防癆

肺癆就是肺結核病，二戰前因抗生素不足，生活環境衛生差及營養不良等，導致民眾容易感染此病，尤其到病症後期患者更會因咯血而亡。二戰後，政府頗致力於推動防癆業務，不僅有醫療巡防車關懷民眾健康，也印製郵票（一九五四年開始）募集基金。火柴盒也摻一腳喔！

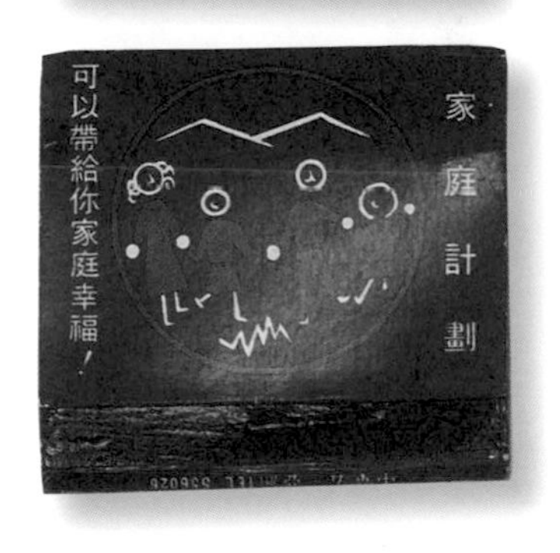

世界反共聯盟

簡稱世盟，它是一個國際右派組織，於一九六六年成立於台北，發起人為時任總統的蔣介石，一九六七年推舉谷正綱擔任第一屆主席，一九九〇年更名為「世界自由民主聯盟」。

聯合國

創立於一九四五年十月，當時中華民國為常任理事國之一，後因大陸淪陷，政府遷台，加上整個世界政治環境的改變，於一九七一年退出聯合國，由中共取而代之。政府為安定民心，於一九七二年提出「莊敬自強，處變不驚」口號，日後該口號更是沿用甚廣（不限定是政治性）。

中山堂

該址原為清朝布政使司衙門，日治時期被拆除後，於一九三六年建築成現貌，名為「台北公會堂」，四層樓鋼骨建築，是當時最牢固的結構體，其樣式具有西班牙回教式建築風格，外牆磁磚由當時頗負盛名的北投窯所生產。一九四五年，台北公會堂做為國民政府接受日本投降的會所。光復後，更名為「中山堂」，初期做為召開國民大會的場所（後來遷往陽明山中山樓），並做為政府接待外賓及各界舉辦重大集會的空間。中華民國第二、三、四任總統、副總統就職大典，也都在此處舉行。一九九二年列為國家二級古蹟，專辦文藝展演活動。

愛國藝人與反共義士

鄧麗君本名鄧麗筠，一九五三年出生於台灣雲林，是軍眷子弟。十四歲出道。一九七〇、八〇年代歌聲紅遍全台、東南亞、日本，甚至傾倒對岸同胞，本來其歌在對岸是禁歌（政治立場），後遇中國改革開放，其歌也獲解凍，而有謂「白天聽老鄧，晚上聽小鄧」。

鄧麗君多次參與勞軍活動，由於歌聲甜美，甚獲軍官士兵喜愛，獲有「永遠軍中情人」、「愛國歌手」等封號。她也是第一個提點子，將中國古詩詞化作歌曲的藝人。總出唱片二百餘張，所唱歌曲三千餘曲。後因氣喘病，病逝泰國（一九九五年），葬於台灣金山鄉金寶山筠園。

1983年駕機投奔自由的孫天勳 王學成與歌唱家鄧麗君合影

由於鄧麗君的愛國情操及演藝成就，獲國旗、黨旗覆棺，並追贈「華夏一等獎章」，在當前演藝界辭世人士中，能獲此殊榮者，可謂第一人。

反共義士是中華民國政府對中華人民共和國所管轄的區域軍人及人民，所採取自願投誠行動者的稱呼。當時對投誠者不但以黃金計價獎勵，還授給官職，甚至為反共義士舉行遊街

慶賀。這些措施在一九九一年終止動員勘亂時期而告中止，其間共有十三架飛機，十六名軍人投誠。其中，孫天勤與王學誠義士分別在一九八三年八月及十一月駕駛米格機來台。

美軍顧問團

英文名為MAAG，起因於一九五〇年韓戰爆發，美國以台灣做為支援基地，從一九五一年至一九七八年間美國駐軍於台灣，最高達二千三百餘人，後期又做為越戰期間的美軍度假之地。有關單位包括：MAAG、華美聯誼社、軍官住宅、AAFES（美國國防部代辦處），從火柴上可略知一二。

商展

一九五九年商品展覽會，是台灣正式走出戰後景氣蕭條，所做的第一次民生產品展覽會，也帶出首次的「商展小姐」（類似現在的SHOW GIRL），地點位在台北市新公園（現在的台北二二八和平紀念公園）。會場除了展示國家工業發展外，另一方面就是提倡「愛用國貨」運動，藉以刺激國內經濟的活絡。在政治方面，則是建立中華民國在台灣的正統性。

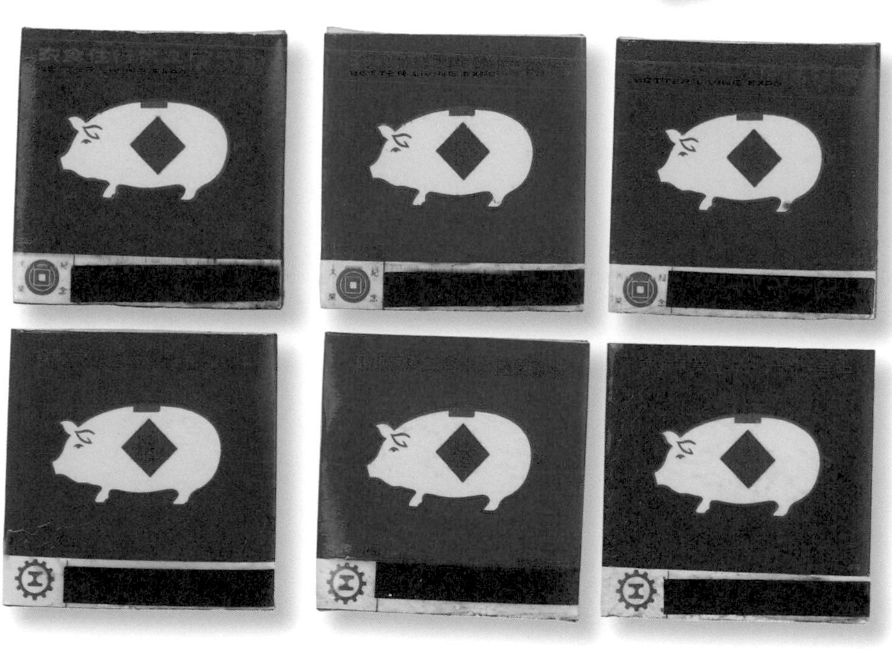

其他公部門

▲不二價運動是經濟部為讓工商業界養成誠實標價的風氣，所推行的運動。

石油、天然氣

瓦斯公司、石油公司不都是「嚴禁烟火」，怎麼還送你「一根火柴」？

台灣造船公司

一九四六年政府接手日治時期的台灣船渠株式會社，定名為台灣機械造船公司，屬省營事業機構，一九四八年再度改組，名為台灣造船公司，一九七八年與中船公司合併，以中船之名營運，二〇〇一年公司再改組，更名為台灣國際造船公司。

中國石油股份有限公司
高雄煉油總廠
TEL:5824141

金融機構

光復後，政府接管日治時期的金融機構，繼續留存經營者，共計有：台銀（註6）、一銀、彰銀、華銀、台灣土地銀行、合庫、台灣中小企銀（台灣合會儲蓄公司）等，即所謂的省屬七行庫。

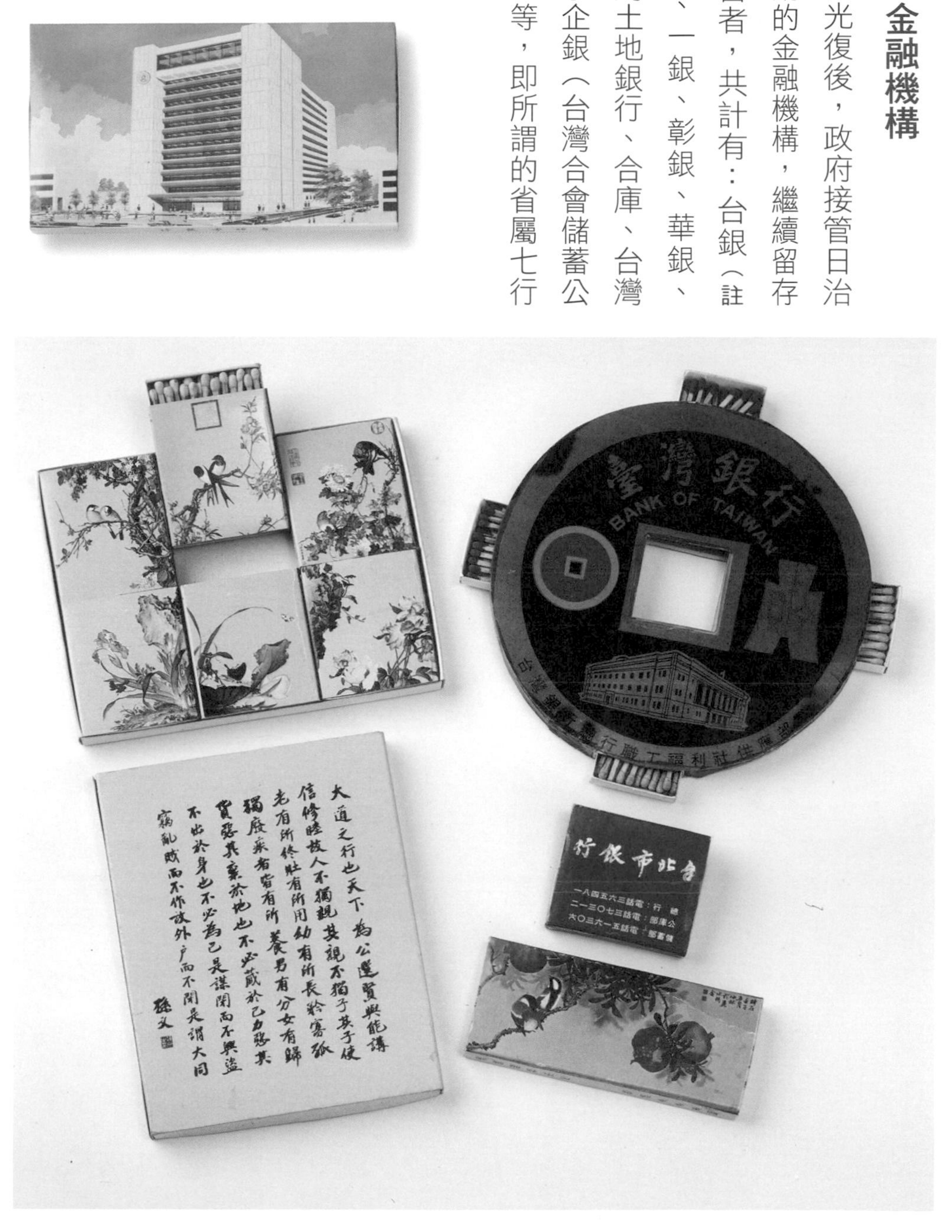

又，大陸金融機構隨政府來台復業的有：上海商銀、中國商銀、交通銀行、中國農民銀行、中央信託局、中華郵政公司、中央銀行。海外華僑投資設立的銀行有：華僑銀行、世華銀行（現已合併為國泰世華）。

因升格院轄市特許設立的銀行有：台北市銀行、高雄市銀行。

為加速產業升級暨拓展對外貿易而設立的銀行有：中國輸出入銀行。

在民間方面，基層金融機構有：信用合作社、農漁會信用部。

另因合會制度規範所產生的地區合會儲蓄公司。

為提供企業所需中長期資金，在一九七一年至一九七二年間共核准六家民營、二家公營信託投資公司。

以上金融體制至一九九〇年才修訂，全面開放新銀行設立。外商銀行於光復後，最先來台設立的是日本勸業銀行，次為美商花旗銀行。由於銀行是服務業，面對廣大群眾，在年節或社慶都會印製火柴相贈，直到打火機普遍，才改以其他禮品代替，故火柴留存甚多。

1905——1965
創立六十週年
彰化銀行

CHANG HWA BANK

彰化銀行

彰化銀行

一貫為大眾精誠服務
創立六十五週年紀念
彰化銀行

彰化銀行

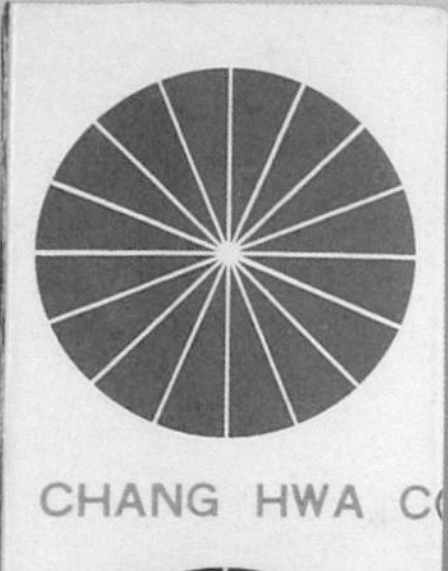

CHANG HWA CO

和合致祥
壹團和氣
和合致祥（蘇州年畫）
行政院文化建設委員會提供

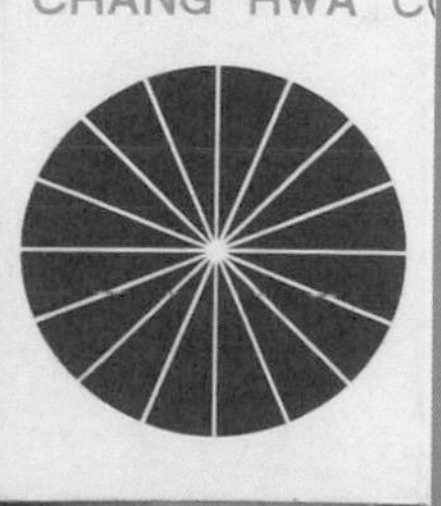

興建中的彰銀大樓
為您提供最佳服務
彰化銀行
贈

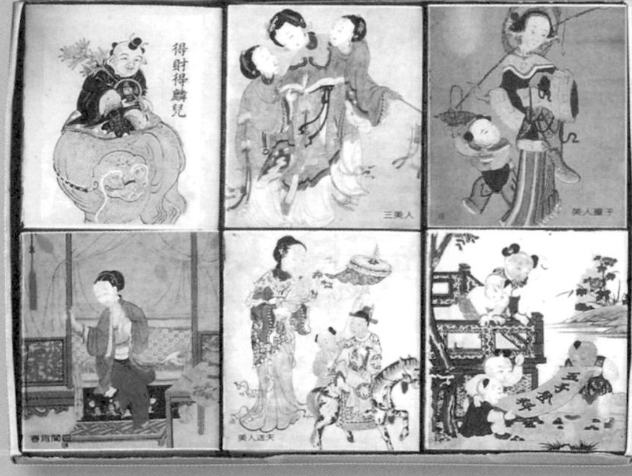

得財得麟兒
三美人

▲銀行在春節或週年慶大都會印製火柴饋贈客戶，因財力雄厚，都是以印製大型盒或套盒來做贈品，實惠又受歡迎。

臺灣土地銀行
土地金融債券
LAND BANK OF TAIWAN
臺灣土地銀行
土地銀行
LAND BANK OF TAIWAN KU TING BRANCH
合作金庫
竭誠爲您服務的銀行
合作金庫
COOPERATIVE BANK OF TAIWAN

▼第一銀行的六角型火柴盒造型是首創，據聞是當時一位杜姓員工所設計，實屬難得！

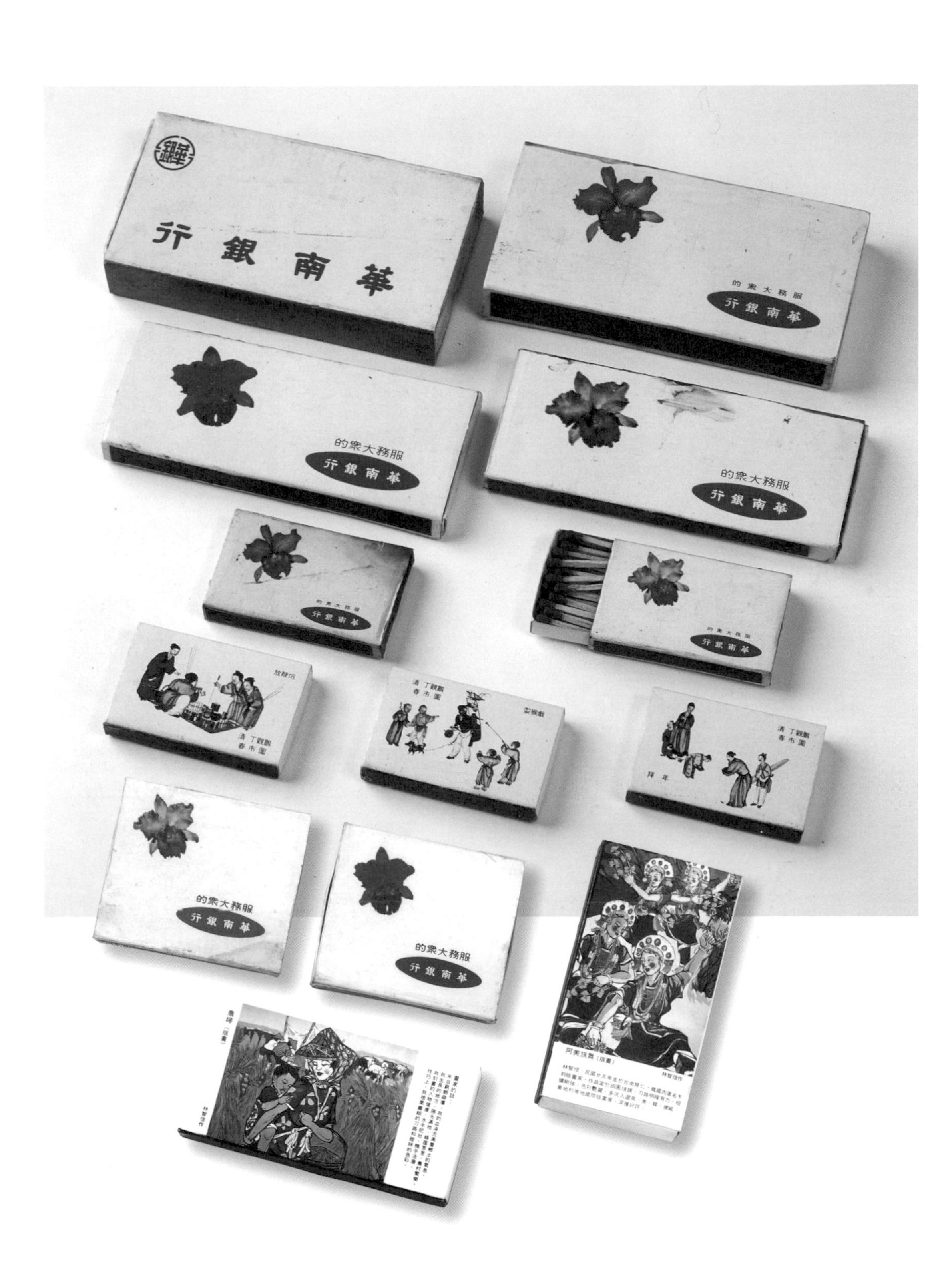
華南銀行
服務大眾的
清 丁觀鵬
春市圖
拜年
阿美族舞（版畫）
林智信作

活期儲蓄存款
隨時存提
利息優厚
臺灣合會儲蓄公司
到府收款
複利計息
零存整付儲蓄存款
NT$ 237.06 × 36個月 = NT$ 10,000
臺灣合會儲蓄公司
吉祥
臺灣合會儲蓄公司
活期儲蓄存款
隨時存提・利息優厚
臺灣合會儲蓄公司
臺灣合會儲蓄公司
台北區合會儲蓄公司
台北區合會儲蓄公司
交趾瓷像 高僧
交趾瓷像 書生
交趾瓷像 書僮
誠摯的
台北區合會儲蓄公司
台中區合會儲蓄公司
服務週到
手續簡便

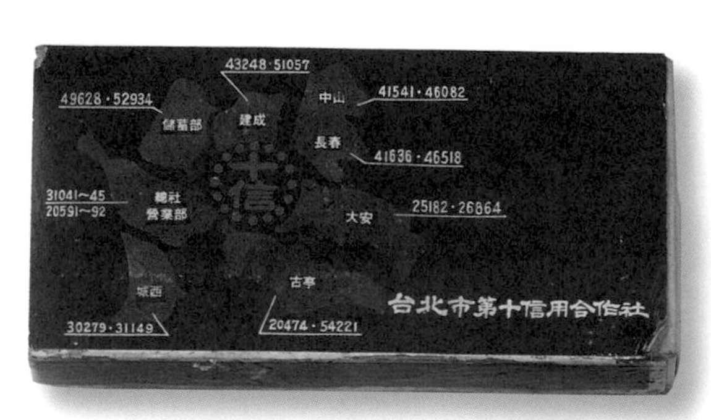

▲保險業雙巨頭（產壽險）也都曾印製過火柴。

台中市第三信用合作社
台中市第二信用合作社
台中市第一信用合作社
台中市第三信用合作社
台中市第六信用合作社
台中市第五信用合作社
存款滙款●手續簡便
利息優厚●服務週到
總社 台中市中區繼光街83號
TEL:23091～23094
台中市第八信用合作社
台中市第八信用合作社
台中市第九信用合作社
台中市第九信用合作社
南區合作社
南區民生路20號
TEL 22263
社員至上・服務週到
台中市
中區合作社

▲田中農會以農產品做為圖案套盒，非常名符其實。

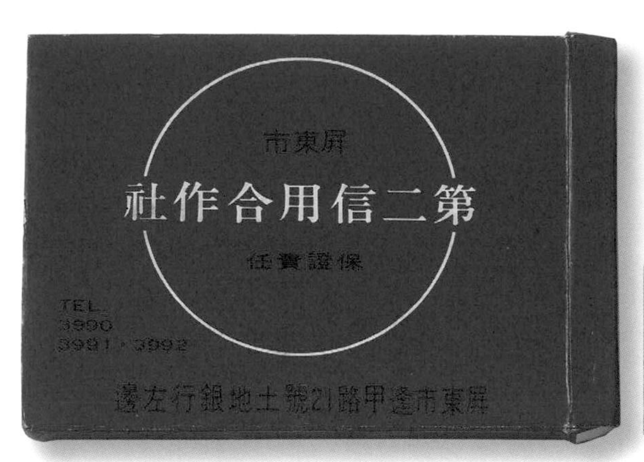
市東屏
社作合用信二第
任責證保
TEL.
3990
3991・3992
邊左行銀地土號21路甲邊市東屏

信二・東屏

信二・東屏

如果您還希望我們爲您做什麼？
請蒞臨二信指教
謝謝！

銘謝惠顧
高雄市
第五信用合作社
總社 總機
558271～0(十線)

儲蓄部成立
開辦各種
儲蓄存款
台南區合會儲蓄公司

第一信用
儲蓄部新廈

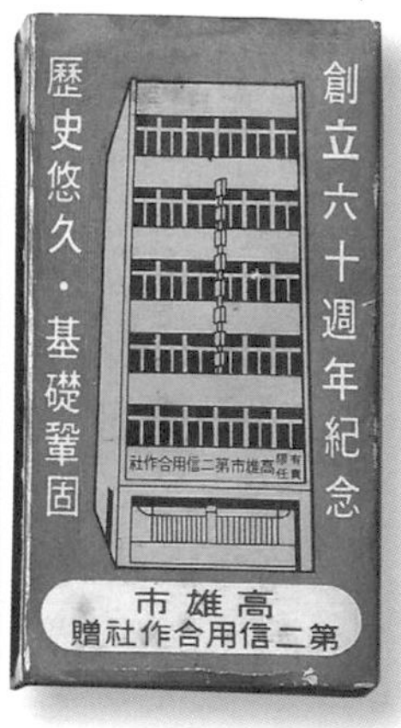
創立六十週年紀念
歷史悠久・基礎鞏固
市雄高
贈社作合用信二第

社作合用信山明陽
士林總社：TEL. 2365・3142・2270・2344
北投分社：TEL. 2863・2508・2588

市中台
社作合用信三第

台中市第四信用合作社
慶祝45屆國際合作節
TEL.5031—4

顧惠謝銘
社作合用信一第市雄高
念紀年週九十五立創

行設點首創首國全
行分生新銀華
TEL:393-4211(10線)
台南赤崁樓
臺南企業銀行

一弟務服 上至客顧
會農鄉間名 縣投南
TEL 南投 56

大鳳蝶

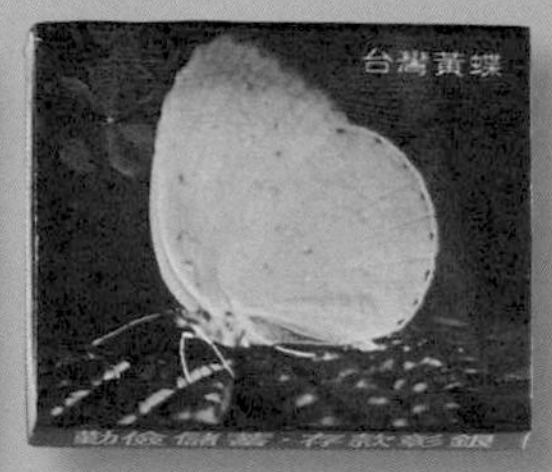
台灣黃蝶

日本勧業銀行

曙鳳蝶

木葉蝶

謝謝
十五年來的
愛顧

青斑鳳蝶

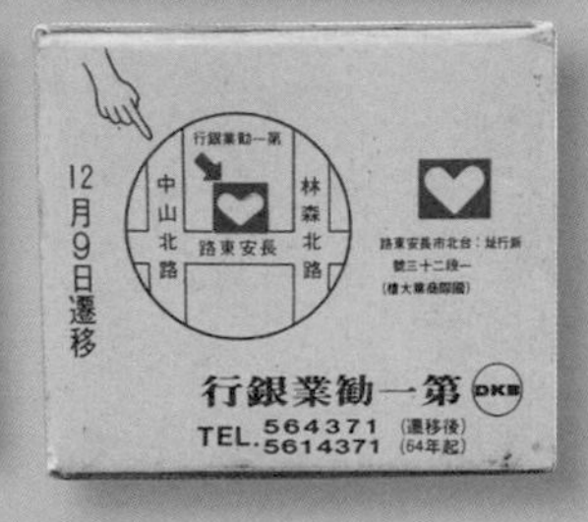
12月9日遷移
第一勧業銀行
中山北路
林森北路
長安東路
新行址：台北市長安東路一段二十三號
(大業商業大樓)
第一勧業銀行 DKB
TEL. 564371 (遷移後)
5614371 (64年起)

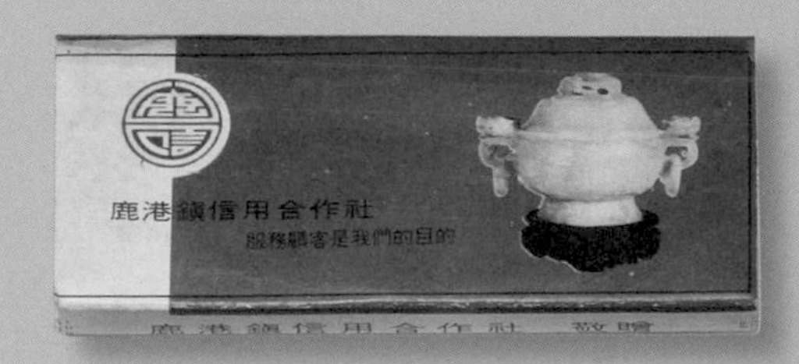
鹿港鎮信用合作社
服務顧客是我們的目的
鹿港鎮信用合作社 敬贈

服務顧客是我們的目的
鹿港鎮信用合作社
鹿港鎮信用合作社 敬贈

推行社員福利是我們的宗旨
鹿港鎮信用合作社

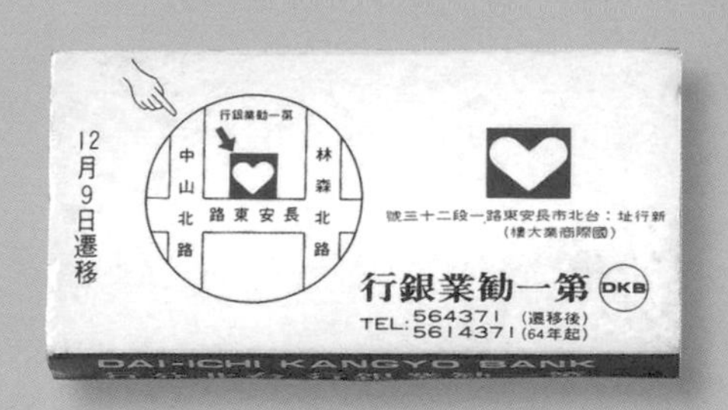
12月9日遷移
第一勧業銀行
中山北路
林森北路
長安東路
新行址：台北市長安東路一段二十三號
(大業商業大樓)
第一勧業銀行 DKB
TEL: 564371 (遷移後)
5614371 (64年起)
DAI-ICHI KANGYO BANK

歷史悠久・信用可靠
本社附設幼稚園
歡迎光臨・服務週到
板橋鎮信用合作社

北斗鎮農會
總幹事室 信用部 推廣股 供銷部
TEL. 232 2 122 52

鹿港信用合作社

台灣第一信託投資股份有限公司
台北市館前路18號 TEL. 381730-4

ITC
中國信託投資公司

創立
10
彰化市第四信用合作社
TEL:22505.22585.22595.24885
彰化市第一信用合作社
總社: 2513·2555 2813·4137
儲蓄部: 2466·3100
社屋擴建紀念
CHANG-HWA
THE FOURTH CREDIT CO-OPERATIVE
社屋擴建紀念
彰化市第四信用合作社
TEL: 29221-5線

臺南區合會儲蓄公司
合會
TAINAN MUTUAL LOAN & SAVINGS CO. LTD.

嘉義市
第三信用
合作社

埔墩分社
開幕紀念

臺中區中小企業銀行
中 小 企 銀
THE TAICHUNG
BUSINESS BANK

大溪鎮農會
信用部
有錢寄農會
缺錢借農會

註1：本篇所列機關單位包含未民營化前的公家單位。

註2：一九六〇年代以前，政府口號以「反共抗俄、殺朱拔毛」、「檢舉匪諜、人人有責」、「保密防諜、人人有責」、「消滅萬惡共匪、解救苦難（大陸）同胞」、「增產報國、反共抗俄」等為主。一九六〇至八〇年代，則以「中華民國萬歲、三民主義萬歲」、「國家至上、民族至上」、「三民主義統一中國」、「莊敬自強、處變不驚」、「國家興亡、匹夫有責」等為主。一九八〇年以後的火柴則甚少印製口號。

註3：一九五四年至一九七一年舉辦大專聯招，一九七二年至一九八三年辦理大學聯招，與專科聯招分開。這些年代的男大專生都需要上成功嶺集訓，而大專集訓始於一九五八年至一九九九年結束。

註4：中興新村完成於一九五七年，採仿英國新市鎮模式所打造，是當時台灣省政府所在地，也是辦公與住宅結為一體的行政社區。

註5：省議會議事大樓圓形屋頂設計是仿自美國國會山莊。

註6：台灣銀行成立於民國三十五年，光復後，政府接收日治時期銀行「株式會社台灣銀行」、「三和銀行」、「台灣貯蓄銀行」等三家銀行合併而成。

二、火柴盒與「食」的味味相投

【食篇】

中華民族一向是「民以食為天」，「吃」在華夏地區相當被重視，加上中國大陸幅員廣大，吃的文化包羅萬象，從宮廷料理到小吃更是千變萬化，故做為饕客實在是非常享福的。三百六十行中，餐飲界可說是更迭最頻繁的行業，看它樓起樓塌或浴火重生，是歲月？亦或時勢？就讓火柴來重拾這些回憶吧！

政府遷台，隨之而來的百萬大陸人士進入台灣，無形中也引進了中國大陸各省名菜佳餚。這些料理後來在台灣也與庶民料理相融合，形成一股飲食革命。

前總統蔣介石父子執政台灣五十年餘，其家族喜愛的江浙菜，在當時蔚為主流，有「官菜」之稱；軍隊中以湘籍人士較多，故湘菜有「軍菜」之稱（非軍中伙食）。又國共對戰時，國民黨政府轉進四川重慶，其子弟兵出身黃埔軍校居多，所以川菜、粵菜也頗受歡迎。幾位曾為蔣氏父子煮食或其料理獲得青睞的廚師，常會被冠上「御廚」之稱。（註1）

中式料理

早年政府官員及軍隊，大都是隨政府自大陸來台，因思念家鄉口味，造就出不少名店、名廚。在飲食文化和宴客方面，台北地區因位居首都，宴會菜餚都以中式料理為主，並且多在室內、包廂用餐居多，甚至進駐在大飯店裡。然而，中式料理制式、刻板的烹調手法，隨著時代演變日顯沒落，不少當年名店如今都吹了熄燈號。十年河東十年河西，令不少老饕唏噓不已。

華人一般以紅色為喜慶代表色，所以在火柴的圖案上以紅、金色為多，反而在圖案的設計則少變化。此一現象在日本料理店的火柴設計上，也呈現類似的表達。

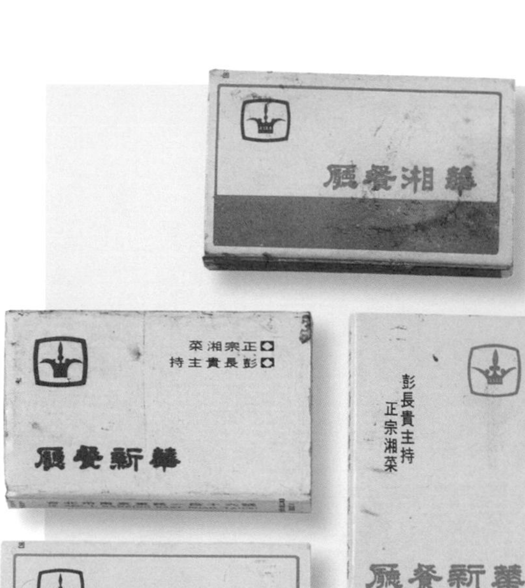

華湘餐廳
正宗湘菜
彭長貴主持
華新餐廳
彭長貴主持
正宗湘菜
華新餐廳

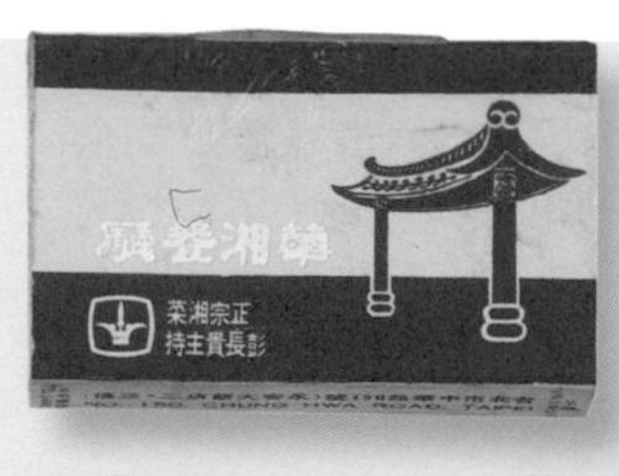

華湘餐廳
正宗湘菜
彭長貴主持

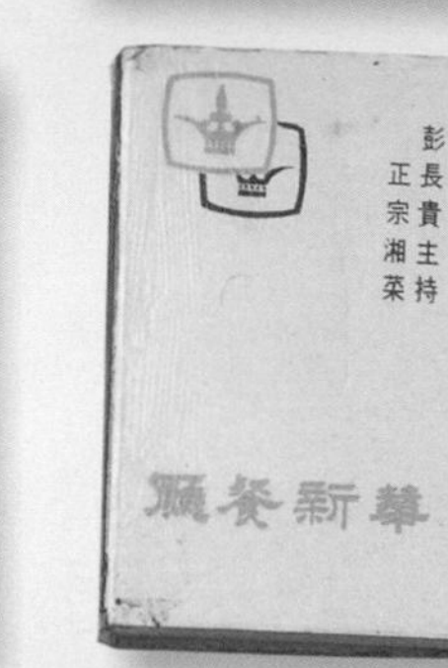

彭長貴主持
正宗湘菜
華新餐廳

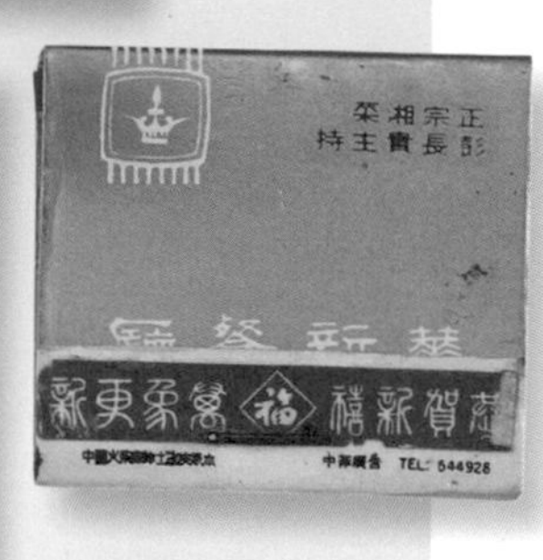

正宗湘菜
彭長貴主持
華新餐廳
TEL: 644928

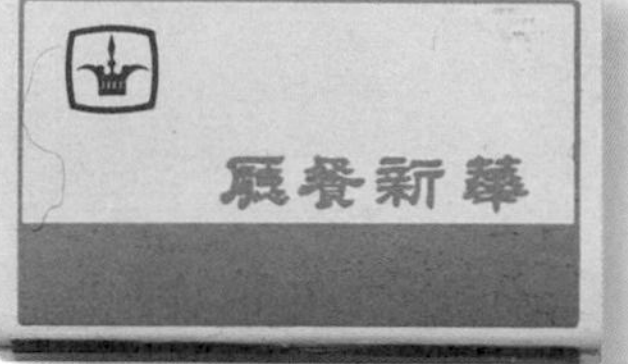

華新餐廳

華新餐廳
正宗湘菜
Mandarin
RESTAURANT
總機：TEL: 7521330-3
專線：TEL: 7523289 • 7314242

PENG YANG RESTAURANT

台北市延吉街153巷8號
電話：7729839

合家歡渡假俱樂部
VICTORS RESORT INT'L CLUB
彭園湘菜館
PENG YANG RESTAURANT
台北市安和路27號17F
訂席專線：781-5949

彭園湘菜館

彭園湘菜館

正宗湘菜
彭長貴主持
華湘餐廳

【彭園湘菜館】
PENG YANG RESTAURANT
【彭園湘菜館】
PENG YANG RESTAURANT

華湘餐廳
正宗湘菜
彭長貴主持
Mandarin
RESTAURANT
總機 333536-9
訂席 332829

正宗湘菜
彭長貴主持
華湘餐廳

①彭園湘菜：

主人公彭長貴先生，幼年曾學藝於「譚廚」曹藎臣（註2），光復後隨政府來台，於一九五三年創立彭園，並推出新菜「左宗棠雞」，在一九六〇年代晚期再開設華新、華湘餐廳，後來一度轉戰美國，雖敗興而回，卻更打響名號（註3）。一九八三年回台重建彭園，現已聲名遠播，並由其子掌盤，另開五星級婚宴餐廳——彭園會館，吸引新一代客群。

②隆記上海菜：

創於一九五三年，甚獲蔣氏父子及政府高層喜愛，因其菜色口味道地，可一解食客的思鄉情懷。

③銀翼餐廳：

創立於一九四七年，原為空軍俱樂部新生飲食部，專責接待空軍軍官及高級將領，兩蔣總統都曾為座上賓，口味以川、揚為主。餐廳名字「銀翼」，指的就是戰機的機翼。

④南京板鴨：

創立於一九五七年，是台北市永康商圈的知名老店，其獨家調製的滷汁所研製出來的食品系列，口味道地，讓消費者讚不絕口。其手藝的傳承更是傳徒不傳子，目前已傳至第三代，讓人津津樂道。

⑤山西餐廳：

原本開設於台北中山堂旁，後因改建歇業，員工只好於林森南路另開北平上園樓餐廳。原老闆更將山西招牌讓與員工，故該店在廣告招牌上仍會附上一行「原山西餐廳」。

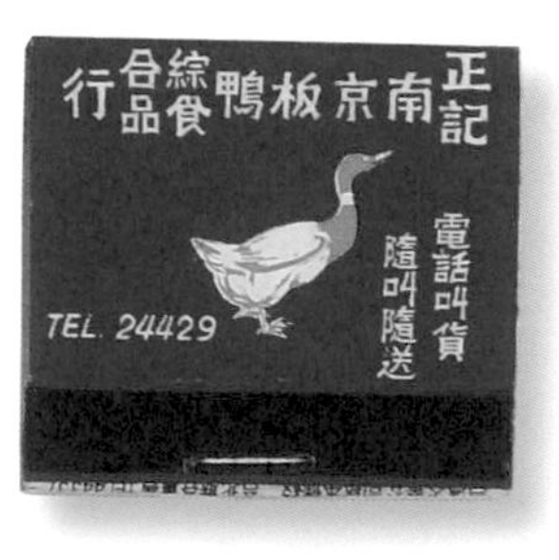

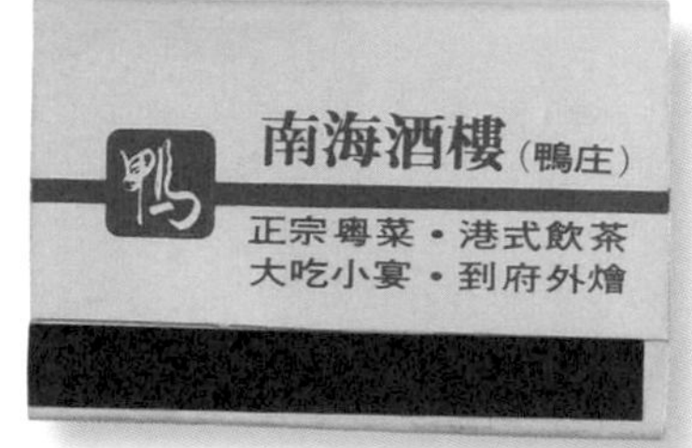

沁園春餐廳
TEL. 516671・540982

沁園春
台中市中正路七十一號
訂席專線(04)2224141
2200735(二線)

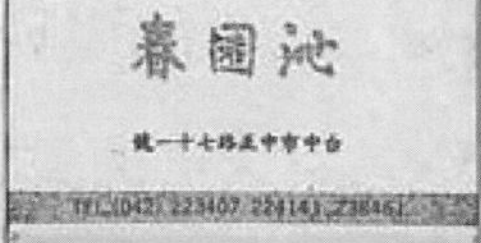
沁園春
台中市中正路七十一號

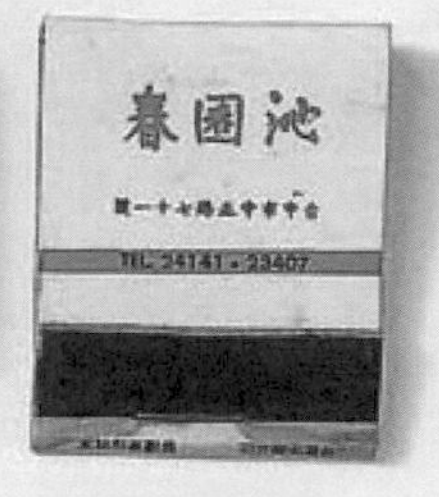
沁園春
台中市中正路七十一號
TEL 24141・23407

WONDERFUL
RESTAURANT
大宴小酌・喜慶婚宴・
設備新穎・服務親切・
自備停車場・

北平 正陽春鴨子樓
PEI-PING ROAST DUCK
最豪華氣派的餐廳
最經濟實惠的餐廳
電 話:240174・232802・238160號

WONDERFUL
RESTAURANT
大宴小酌・喜慶婚宴・
設備新穎・服務親切・
自備停車場・

北平大飯店

江浙
敘香園餐廳
地址・台北市仁愛路4段27巷6號
電話・7718866

江浙 敘香園餐廳
大宴小酌・到府外燴
台北市仁愛路四段27巷6號
TEL:7718866～8

江浙
敘香園餐廳
訂菜專線7712277

電子琴演奏 鴨子樓
TEL:236811～2

上海 鄉園餐廳
上海家鄉口味
名師主廚/歡迎外燴
台北市敦化南路二段57號

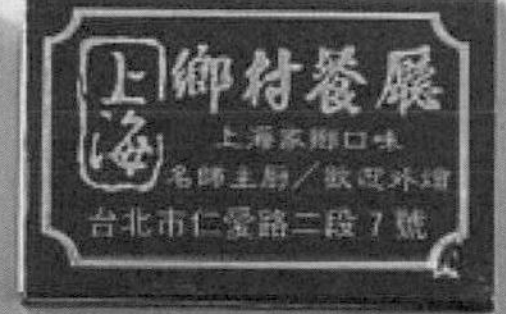
上海 鄉村餐廳
上海家鄉口味
名師主廚/歡迎外燴
台北市仁愛路二段7號

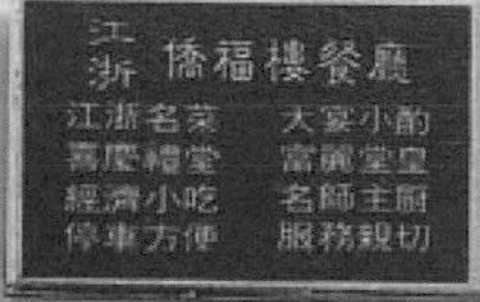
江浙 僑福樓餐廳
江浙名菜 大宴小酌
喜慶禮堂 富麗堂皇
經濟小吃 名師主廚
停車方便 服務親切

上海 大慶園 餐廳
TEL:3110895・3117638

京華樓
京華樓餐廳

北平 天福樓
各式小菜 經濟小吃
喜慶宴會 餡餅粥
訂席專線:2015347
TEL:2515256-7

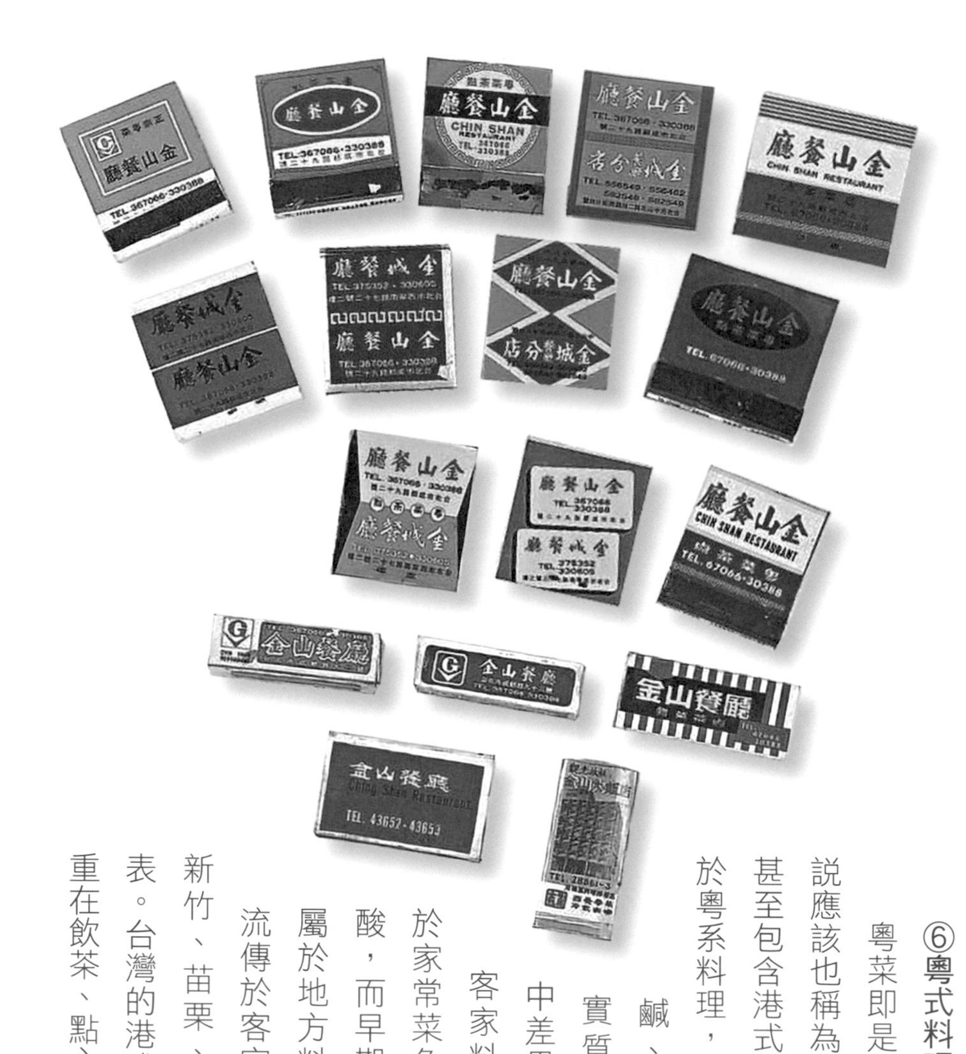

⑥粵式料理：

粵菜即是廣東菜，照説應該也稱為客家料理，甚至包含港式料理，都屬於粵系料理，口味以酸、鹹、辣為主，實質上卻有箇中差異。台灣的客家料理較偏向於家常菜色，口味較酸，而早期客家料理屬於地方料理，大都流傳於客家區域，以新竹、苗栗、美濃為代表。台灣的港式料理則偏重在飲茶、點心模式。

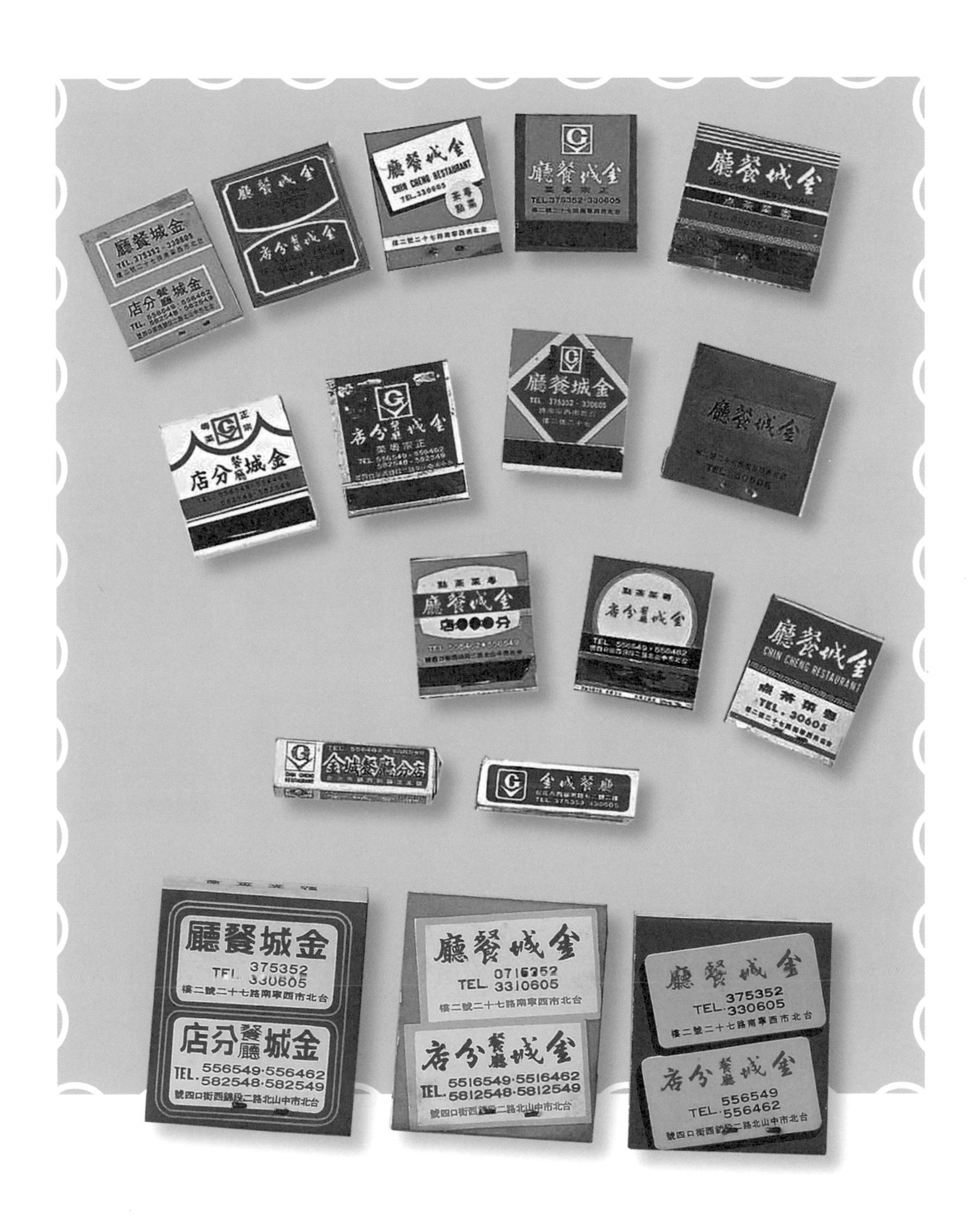

廳餐城金
TEL. 375352 330605
樓二號二十七路南寧西市北台
店分餐廳城金
TEL. 556549·556462 582548·582549
號四口街西鎮段二路北山中市北台
廳餐城金
TEL. 0716352 3310605
樓二號二十七路南寧西市北台
店分餐廳城金
TEL. 5516549·5516462 5812548·5812549
號四口街西鎮段二路北山中市北台
廳餐城金
TEL. 375352 330605
樓二號二十七路南寧西市北台
店分餐廳城金
TEL. 556549 556462
號四口街西鎮段二路北山中市北台
CHIN CHENG RESTAURANT

梅東樓酒店
TEL. 535884・535840

香港大酒樓

福 金 樓

千夜餐廳
正宗粵菜

冷氣開放
愛群飯店
廣東
TEL. 221758

丹陽小館

紅寶石酒樓
RUBY RESTAURANT

紅寶石酒樓
RUBY RESTAURANT

紅寶石酒樓
RUBY RESTAURANT

紅寶石大酒樓

龍鳳茶樓

龍鳳茶樓

春相逢酒樓
台北市中山北路三段59號
NO. 59 SEC. 3 CHUNG SHAN N. RD. TAIPEI

安樂園大酒樓

On Lok Yuen Restaurant

RESTAURANT
Wonderful
港式飲茶
中式自助餐

正宗粵菜　港式茶點
DIM SUM CANTONESE FOOD
台北市南京東路一段二十三號
23, NANKING E. RD. SEC. 1 TAIWAN
歡迎外燴
540330
553291~3

國光樓
大宴小酌・全日供應
台中市公園路19號之2
TEL:(042)215577・216677

國光樓
大宴小酌・全日供應

民國十年開業
原日廣州
著名燒腊
歷史悠久

陸海通
CANTONESE FOOD
TEL.22616

冷氣 老 開放
館菜芳陶新 廣東
TEL 555069

芳陶新

館菜芳陶新
鵝燜鹽名著

館菜粵芳陶新
SIN TAO FONG RESTAURANT
TEL. 22311

雞肥焗鹽 菜名東廣
芳陶新
館菜
SIN TAO FONG RESTAURANT

芳 陶 新
館 菜
TEL. 3786-6205

廣東
館菜芳陶小

廣東陶芳菜館
TEL: 3314366・3714925

新陶芳餐廳
創業廿七年
金牌塩焗鷄

新陶芳菜館
承辦外燴
623145
634356
大宴小酌・歡迎惠顧

廣東
欣陶芳餐廳
名菜
塩焗鷄

館菜粵國萬
TEL. 330535・363370

萬國粵菜館
Wan-Kuo Restaurant

都新
館菜粵

館菜粵都新
市北台

店飯州廣
CANTON RESTAURANT
TEL 544964

明明樓
粵菜 第一流

粵菜正宗
店飯園龍
TEL. 373800

鳳凰茶樓
今日世界育樂中心六樓
TEL. 3115421-2

鳳凰茶樓
今日世界育樂中心六樓
TEL.315421-2

店飯州廣小 老牌
TEL 882258

廣東
梅花鴨店
TEL:042-298224

粵菜正宗
廳餐林松
六〇八二三三：話電

廳餐城國
TEL 232702

店飯寓統
TEL 23411

店飯州廣小 老牌
經濟和菜 名師主廚
包辦筵席 隨意小食
TEL 882258

新陶芳餐廳
Shin Tou Fon
海鮮總滙・經濟小吃
TEL. 7 8 2 3 2 6

廣東
小陶芳菜館
山珍 海產 竹雞 斑鳩
燒酒土雞 穿山甲
TEL 329784・370123

冷氣 老 開放
館菜芳陶新東廣
55069

金獅樓
TEL:3122675~7(3線)

來來茶樓
港式飲茶
正宗粵菜
生猛海鮮
喜慶宴會

來來茶樓
港式飲茶
正宗粵菜
生猛海鮮
喜慶宴會

中信茶樓
中信公司三樓

廣東
三元鴨庄
TEL:721-8689

香港皇家酒樓

正宗港式粵菜茶點
春風如意樓

廣東
茘園小館

港式飲茶
廣州
萬利樓
正宗粵菜
361—1262
351—1263

龍翔大酒樓

香港
翠亨邨

宴客聚餐・賓主盡歡

吉星
LUCKYSTAR 24HR RESTAURANT

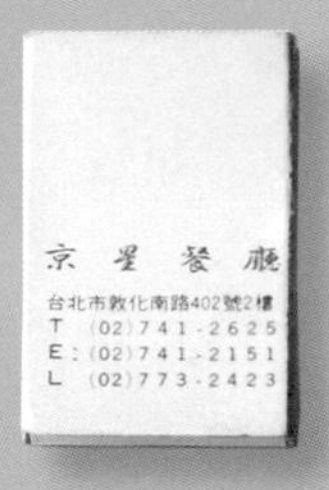
京星餐廳
台北市敦化南路402號2樓
T (02)741-2625
E (02)741-2151
L (02)773-2423

京星
CITY STAR
24HR RESTAURANT
港・式・餐・廳
台北市敦化南路402-2號二樓
台北市南京東路一段92號二樓
電話：567-9237（代表號）

萬禧大酒樓
粵菜＊美點
大大酒樓
KING'S RESTAURANT
歡迎光臨
統一大飯店
喜慶宴會 大宴小酌 承辦外燴 禮堂夏閣
桃源
桃源小館
台北市松江路103號
TEL:5116707・5518270
遠東百貨公司八樓
鑽石樓餐廳
TEL:43553.43535
三和樓餐廳
TEL:315982・334750
368696・379917
百合大酒樓
PAI HO RESTAURANT
正宗粵菜、港式飲茶
粥品麵點、晚飯宵夜
TEL: 5117302・5514092
榕園
川菜小館
山西館
新翠亨村粵菜海鮮酒樓
港式飲茶
台北市民生東路46號3樓(靠中山北路)
TEL 5316770・5317078・5419370
廣東餐廳
冷氣開放
3007
台中市光復路五○號
北平烤鴨
鴻運樓
餐廳
TEL:(049)338249
千大川菜餐廳
電話：710655 710656
華隆餐廳
平津
同福飯莊
筵席包辦
經濟實惠
喜相逢
TEL:38469
榮一川菜餐廳
正宗川菜：大宴小酌
TEL:713-3828
大松
北平 明湖春鴨子樓
浙寧 福順樓
FAIR LUCK
RESTAURANT
訂席專線 7810687
金福樓
四川飯店
股份有限公司
TEL:(04)2227191・2228544
南北合菜
馬來西亞粵菜餐廳
正宗粵菜・精美點心・全日供應
大小宴酌・觀光設備・小吃價格
喜慶筵席・承接外燴
TEL: 5514812-3
四海大飯店
澎湖縣馬公鎮建國路三號
MAKUNG PENG-HU TAIWAN
TEL.960-2
金山餐廳
TEL.3617066・3310388
金城餐飲公司
TEL.5516549・5516462
5812548・5812549
TEL:7154929
港式海鮮
特殊烤肉
福樺樓餐廳
聚豐園
CHU FENG YUAN
RESTAURANT
金華餐廳
正宗川菜
TEL:(042)201178, 209123
育樂餐廳
北平名菜・附設海鮮
羊肉涮鍋・雅座小吃
TEL:(04)2334385・2324217・2346490
電話：四二六四

粵東名菜
新陶芳菜館
SIN TAO FONG RESTAURANT
TEL:3786・6205
台中市自由路二段九號

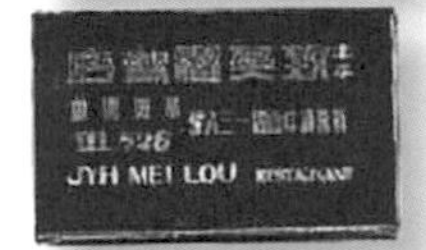

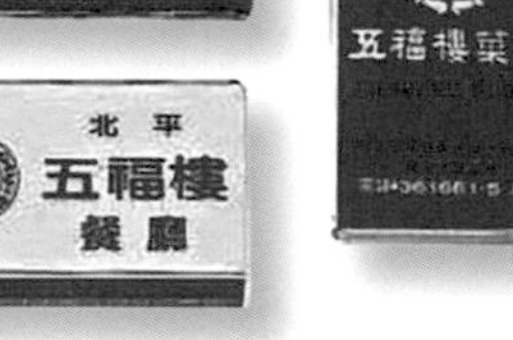

▲復興園在大廚老闆退休後，其員工弟子合作重起爐灶，名為「紅豆食府」。

寧波
永福樓菜館

天成樓餐廳

上海
福興園菜館

南京
六華春餐廳

江浙 順利園
SUNNY GARDEN RESTAURANT

江浙
欣福樓

味坊

家福餐廳

天吉樓

滿福樓
大餐廳

三和園餐廳

江浙 順利園
SUNNY GARDEN RESTAURANT

江浙
享福樓餐廳

江浙 鴻興園餐廳

江浙
家鄉樓餐廳

豐祥樓

采芝樓飯店
TEL:7614333

浙
富貴樓餐廳
定席專線 7078922

長沙王樓東餐廳

正宗湘菜
長沙 曲園餐廳
TEL. 22821. 24281

江浙 壽星樓
SHANG HAI Restaurant
喜慶壽宴・大宴小酌

正宗滬浙名菜
豪華套房
包辦喜慶
歡迎外燴
福祿壽餐廳
台北市漢口街二段54號
(西門六福大樓十樓)
電話：3811755~8

浙寧
利豐園餐廳
江浙名菜
經濟小吃
喜慶宴會
豪華套房
到府外燴
台北市仁愛路四段二十六號
電話：701-2260 702-5555

葡京潮州酒樓
Lisboa Chiu Chow Restaurant
台北市長春路二十六號三樓
電　話：551-2888
537-5533

永福樓

北平烤鴨
鴻運樓
餐廳
TEL:(049)338249

石家飯店
蘇州名菜

榮華園 湘菜館
正宗湘菜・大宴小酌

寧浙
大東園菜館
寧波名菜

寧浙
大東園菜館
寧波名菜
TEL.33491-39013

石家飯店
TEL: 3313377・3614477
3611695・3611696
台北市西寧南路70號八樓
NO.70 HSINING SOUTH RD TAIPEI

香港大酒樓

紅棉

瓊華樓
餐廳

六國大飯店
TEL.34366
浙寧名菜

寧浙
天香樓菜館
TEL.61010・67220

寧浙
天香樓

華新餐廳
正宗湘菜
Mandarin
RESTAURANT

廣東
小陶芳菜館

北平 陶然亭 餐廳
TEL:7114015・7817738

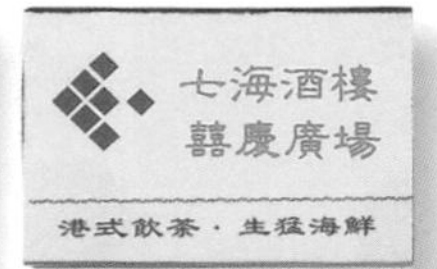

七海酒樓
囍慶廣場
港式飲茶・生猛海鮮

陶園
喜慶廣場

港式飲茶
富臨天下

石家飯店

寧浙
大東園菜館
寧波名菜
電話 33491
39013

寧浙
大東園菜館
寧波名菜

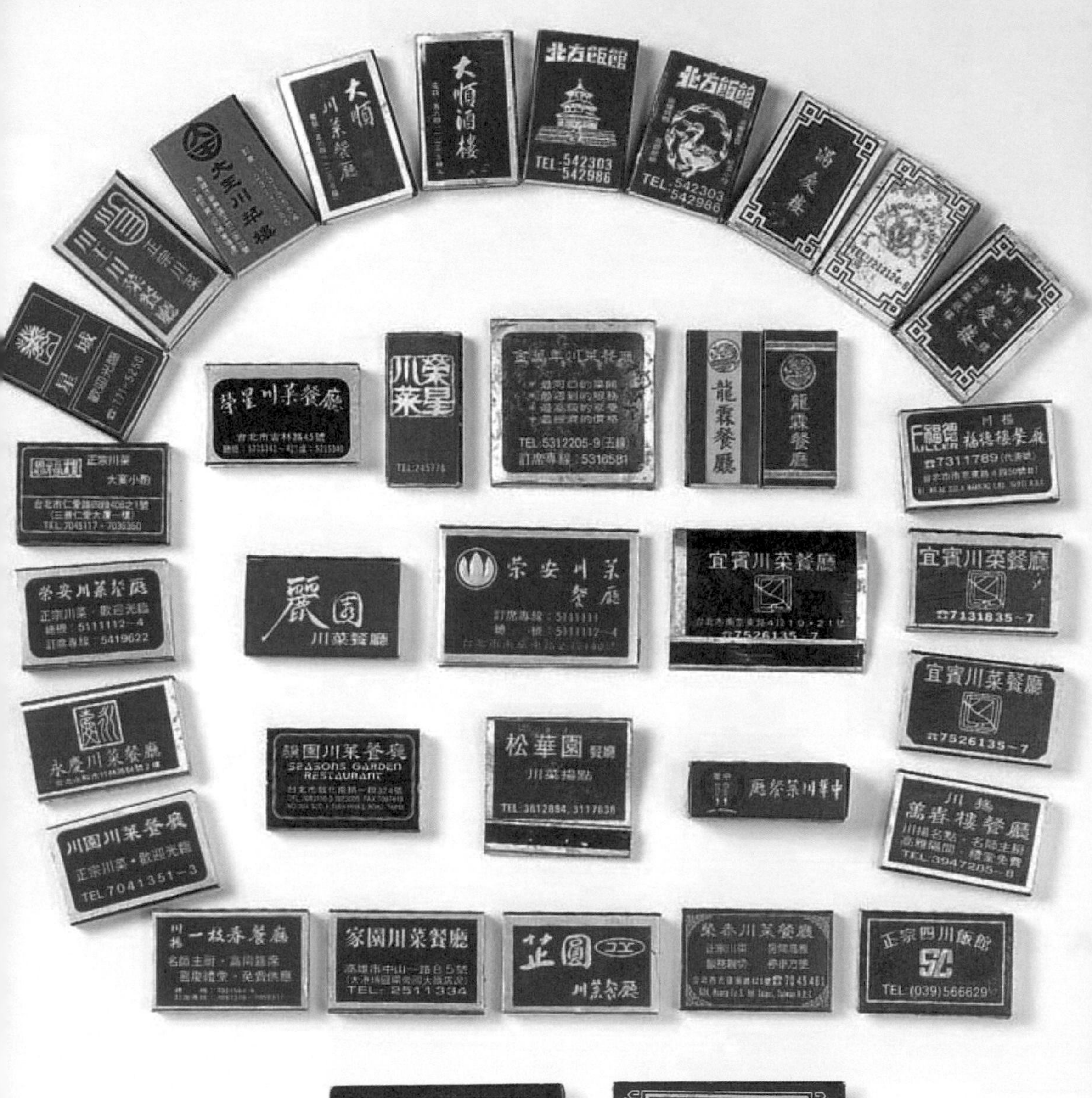
北方飯館
TEL:542303
542986
大順酒樓
大順
川菜餐廳
北方飯館
TEL:542303
542986
龍霖餐廳
龍霖餐廳
福德樓餐廳
☎7311789
榮安川菜餐廳
正宗川菜．歡迎光臨
總機：5111112~4
訂席專線：5419622
川菜餐廳
榮安川菜餐廳
宜賓川菜餐廳
☎7526135-7
宜賓川菜餐廳
☎7131835~7
宜賓川菜餐廳
☎7526135-7
永慶川菜餐廳
SEASONS GARDEN RESTAURANT
松華園餐廳
TEL:3812884, 3117638
中華川菜餐廳
萬春樓餐廳
TEL:3947205~8
川園川菜餐廳
正宗川菜．歡迎光臨
TEL 7041351-3
一枝香餐廳
家園川菜餐廳
高雄市中山一路85號
TEL: 2511334
芷園
川菜餐廳
正宗四川飯館
TEL (039)566629

廳餐菜川園芷
☎ 510138．561629

芷園
川菜餐廳

小川
飯店
23042

樓運鴻
館菜
TEL.33342

DOUBLE LUCKY
RESTAURANT
喜相逢大酒樓
TEL:5619017-9

莊飯樓興鴻
TEL 23334・25033

鴻興樓飯店
TEL:223334.225033
冷暖氣設備

川味小吃
大千:555221-3
川味:276883・244838

繼光大餐廳
喜慶宴會・到府外燴
大宴小酌・經濟和菜
川菜・附設活海鮮
TEL.258696
258697
256959

正宗川菜
中港
川菜餐廳
TEL:256959
258696
258697

廳餐
園怡

金國川菜館
電話・3711982・3610815・3815017

北屋大茶樓
喜慶宴會
優雅房間
服務保證
TEL:(042)298131 2

九如
TEL.727777

南北合
高雄市中山一路278號(中山/八德路口)
(07)2519089・2115323

北平天福齋
福

金門菜館
TEL: 483

粵菜・港式茶點・咖啡・名酒・宵夜
圓環城
電子琴演奏
5112571・5112573

館菜粵城金
CHIN CHENG

府天
TEL.55604

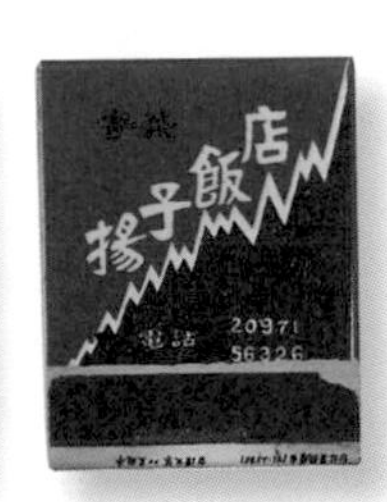

揚子飯店
電話
20971
56326

滿福樓
大餐廳

石頭火鍋
韓頭樓餐廳
海鮮・烤鴨
中興樓飯店

康熙苑
K'ang-Hsi Garden
台北市敦化北路207號地下樓
7175668・7175669

靜園
粵菜海鮮樓

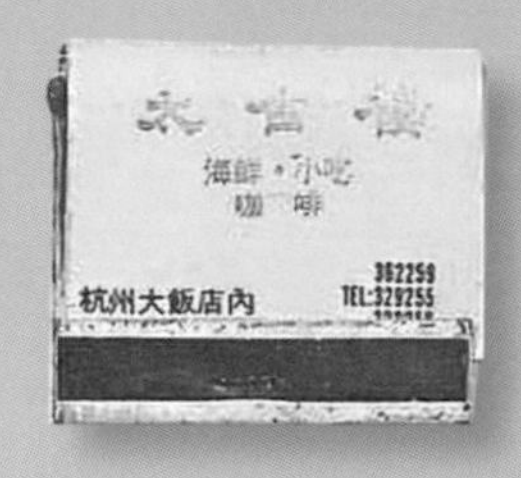
海鮮・小吃
咖啡
杭州大飯店內
362259
TEL:329255

小春園

僑園宴會廣場
CHIAO YUAN RESTAURANT

常州
綠楊飯店

The President

The President

靜園餐廳
JING YUAN Restaurant
套餐・海鮮・宴席・飲茶

靜園

常州
綠楊飯店

Creative Japanese Cuisine Restaurant
和・創作料理

滿福樓
大餐廳
TEL:(042)204133~4

富瑤
鐵板燒
鋼琴酒廊

富瑤
海鮮大酒樓
西餐牛排館

滿福樓
大餐廳
TEL:(04)2204151-4

金玉滿堂
湘菜館

王和園

湘園餐廳

乾隆坊

正宗湘菜
港式海鮮
蓮園餐廳

明星湘菜餐廳

蓮園餐廳
正宗湘菜
港式海鮮

▲以國寶大師張大千的畫作為火柴盒圖案，還真是難得！

台灣・高雄
厚德福飯店
TEL: 21552, 21554, 22462

厚德福飯店

明故宮餐廳
江浙一流名菜館

明故宮餐廳

明故宮餐廳

北平厚德福飯店

大利菜館
DAR LEA RESTAURANT
3117055

北平鹿鳴春
冷暖設備

淮揚樓大飯店

同福飯莊
TEL.2580
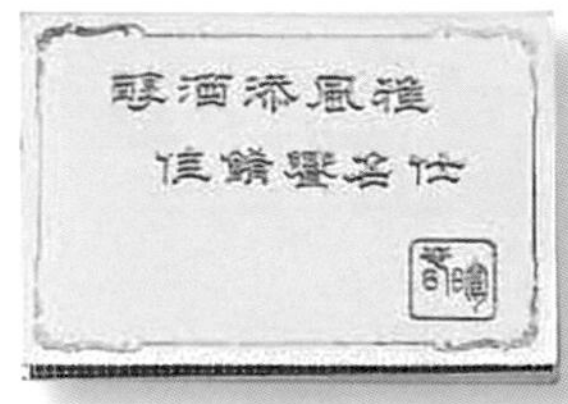

浙江
三狀元
24236

真正老牌・浙江名菜
狀元樓餐廳
台北市中華路152號8～11樓(成都路轉角)
訂席電話：314222・388101・333381

長風萬里樓餐廳

TEL.22750
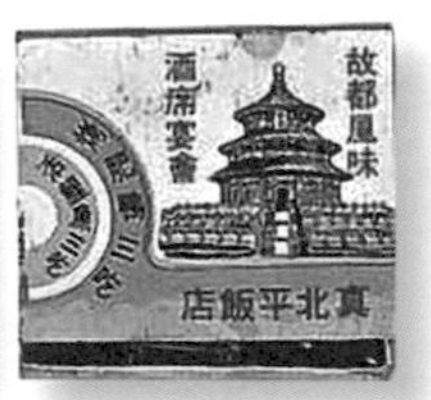
故都風味
酒席宴會
真北平飯店

都城餐廳
TEL.20647

豪華飯店

浙寧東方餐廳

大利菜館
27055
TEL.337185・367565
335306・368433

大利菜館
TEL.27055-37185-35306

大利菜館

GOOD HOUSE
73, PO AI ROAD, TAIPEI

寧東方餐廳
東方大飯店二樓

明故宮餐廳

憶鄉園飯店
TEL.420

京滬餐廳

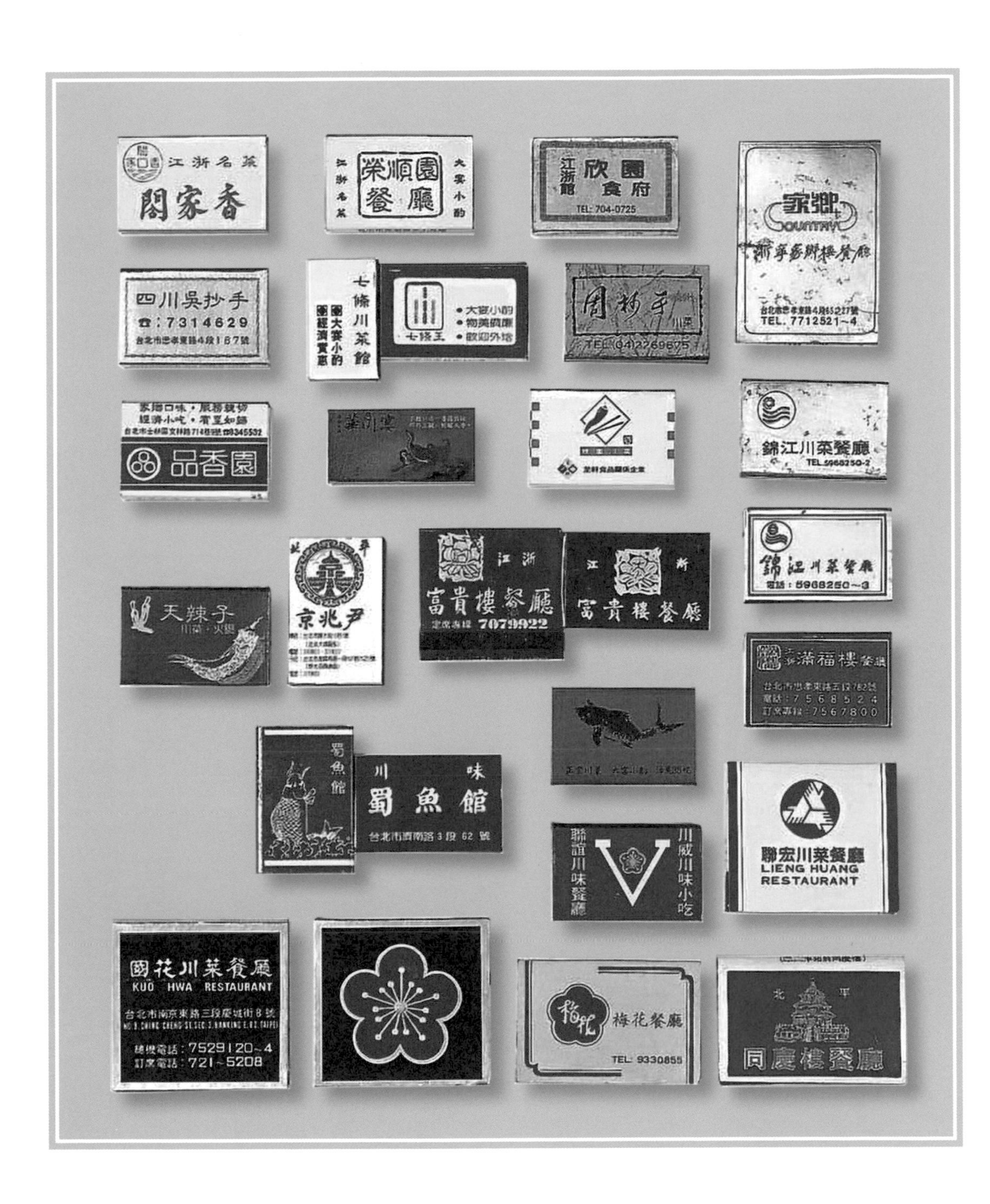
江浙名菜
閻家香
園順
榮餐廳
江浙名菜
大宴小酌
江浙館
欣園食府
TEL: 704-0725
家鄉
新亭家鄉樓餐廳
TEL. 7712521~4
四川吳抄手
☎:7314629
台北市忠孝東路4段187號
七條川菜館
七條王
大宴小酌
物美價廉
歡迎外燴
TEL:(04)2269675
品香園
錦江川菜餐廳
錦江川菜餐廳
電話:5968250~3
天辣子
京兆尹
江浙
富貴樓餐廳
7079922
江浙
富貴樓餐廳
滿福樓
台北市忠孝東路五段762號
電話:7568524
訂席專線:7567800
蜀魚館
川味
蜀魚館
台北市濟南路3段62號
聯誼川味餐廳
川威川味小吃
聯宏川菜餐廳
LIENG HUANG
RESTAURANT
國花川菜餐廳
KUO HWA RESTAURANT
台北市南京東路三段慶城街8號
總機電話:7529120~4
訂席電話:721~5208
梅花
梅花餐廳
TEL: 9330855
北平
同慶樓餐廳

大利
RESTAURANT
大利菜館
地址：台北市博愛路73號

正宗粵菜
港式飲茶
花式點心
海鮮料理
我您把吃酒
52879

復興餐廳
TEL: 236289. 272556
（中華大飯店一樓）

洛陽賓館
四週年紀念
1969

廳餐菜川園金

西門
九福
大酒樓
3319802 · 3119032
3319430 · 3713064

名師主持
大宴小酌
光禧酒樓

名師主持
大宴小酌
光禧酒樓

King Hwa Lou
瓊華樓

店飯大宮豪

Omei
RESTAURANT
廳餐菜川嵋峨
宵夜 表演 歌唱 音樂
TEL.53055

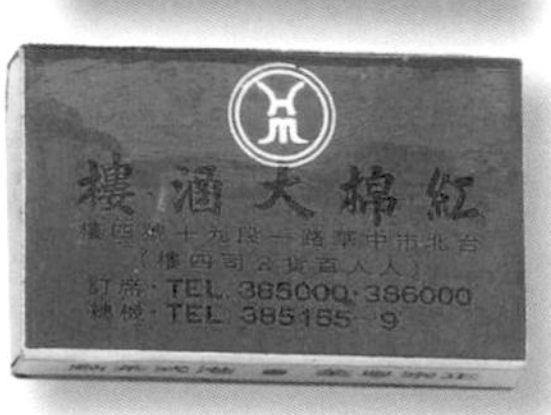
樓酒大棉紅
訂席 · TEL. 385000 · 386000
櫃檯 · TEL. 385165～9

金舫
TEL. 577462

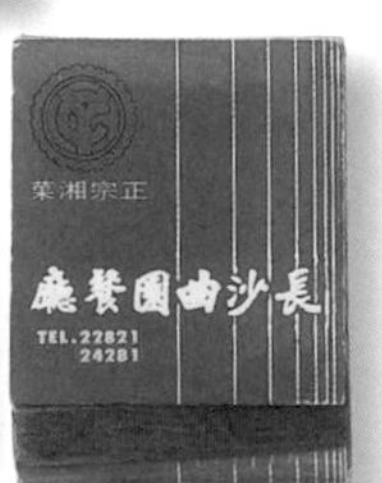
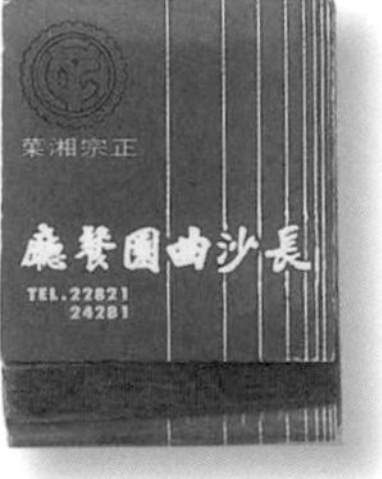
菜湘宗正
廳餐園曲沙長
TEL. 22821
24281

喜萬年大酒樓
電子琴演奏
正宗粵菜
港式飲茶
大宴小酌
星期美點
台菜宵夜
TEL: 257381
257382

北屋大茶樓
全國規模最大
專辦：大宴小酌、喜慶宴客
特設高雅房間、名菜供應
台中市中正路80號（北屋百貨公司9樓）

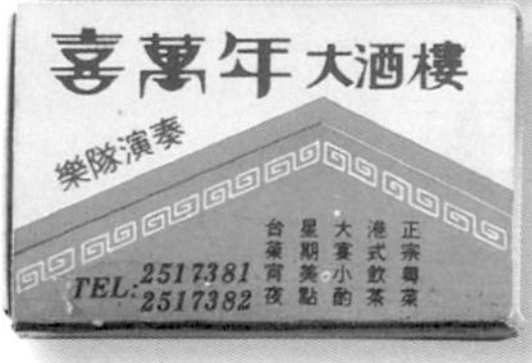
喜萬年大酒樓
樂隊演奏
正宗粵菜
港式飲茶
大宴小酌
星期美點
台菜宵夜
TEL: 2517381
2517382

浙
寧
館菜樓香天
TEL. 61010 · 62220

溪荊大海上
鴨水塩花桂 · 鴨烤炉掛
TEL.55315

健樂園
TEL.23631・375886

蜀一
川菜餐廳

CHIA LING
RESTAURANT
四川
嘉陵飯店

HOOVER CHIA YI
RESTAURANT.
豪華大餐廳
TEL:2141·2142·3455

大時代餐廳

大時代
餐廳
正宗川菜

名師主廚
正宗川菜

豐祥
浙寧
豐祥樓
訂席專線：5111198
TEL：5111195-7

鳳凰餐廳
台北市南京西路一之二號
電話：二五三五〇五(五線)

浙寧
泰豐樓餐廳
TEL:7312564~6

桃源
桃源小館
訂席專線：5116707・5112020
總機TEL：5624116-7

福祿壽餐廳
一流廚師/酒席包辦
TEL 966

浙江
滿吉樓
訂席專線：5215753

蘭苑小館
正宗湘菜
蘭苑小館
ORCHID RESTAURANT
TEL.721-1904

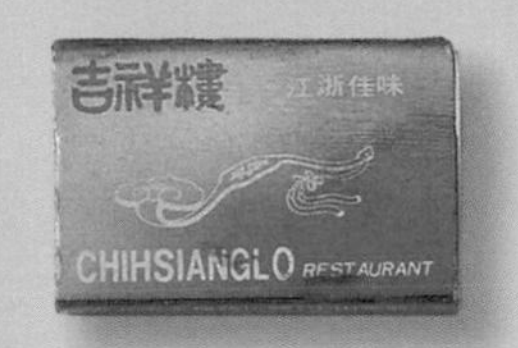
吉祥樓
江浙佳味
CHIHSIANGLO RESTAURANT

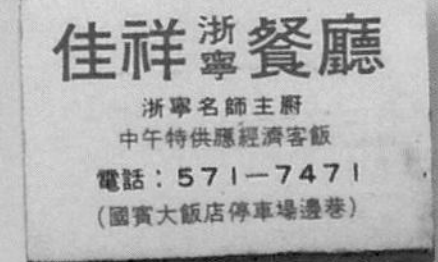
佳祥浙寧餐廳
浙寧名師主廚
中午特供應經濟客飯
電話：571-7471
(國賓大飯店停車場邊巷)

會賓樓菜館

正宗江浙
豐年餐廳

寧波飯店
TEL 54334

會賓樓菜館
台北市西寧南路一二二號
TEL.32555・32666

豐年餐廳

TSD
大時代餐廳
TEL.347780.347807

北平
一條龍餃子館
台北市峨眉街十二號
市話：三四七四三號

錦家牛肉餐廳

鳳凰餐廳
台北市南京西路一之二號
電話：五二三〇五(五線)

豪華川菜
惠實濟經•吃小•會宴慶喜

鳳儀川菜餐廳
台北市南京西路一之二號

正宗川菜
富都餐廳

錦江川菜餐廳
TEL.5618250-2

華懋樓
川湘餐廳

冷氣開放
天府川味小吃
電話：六八八六八

浙寧
滿慶樓
＊一流名厨 ＊場地寬大
＊港式飲茶 ＊價廉物美
TEL:7212124-6

四川飯店
嘉義市中山路551號
☎25254

麒麟川菜餐廳
☎:21662

廣州大飯店
CAN CHOW RESTAURANT
TEL. 3070

福
江浙
寧福樓餐廳
台北市金山南路2段2號3樓
(信義路口)
TEL:3519690-2(3線)

峨嵋
峨嵋川菜餐廳

易牙居餐廳
廣東料理
港式點心
喜慶宴會
信義店：台北市信義路二段27號
電話：3944466•3944477
新店一店：新店市順安街20號
電話：9150727•9150729

天橋飯店
TEL.554703

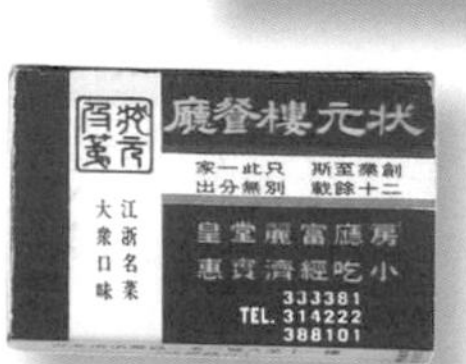

狀元樓餐廳
333381
TEL. 314222
388101

聚豐園
CHU FENG YUAN
RESTAURANT
TEL.379211-5(5線)

廣東新園飯店
冷氣開放
TEL.3547

太原樓
北方口味 山西名菜
TAI YUAN LOU
RESTAURANT
TEL. 587551~3

寶樹餐館
TEL.36866

廣東
悅君樓菜館
著名
TEL.517426

西湖咖啡廳
TEL.3348

金山餐廳

大東園菜館
寧波名菜
33491
39013

四川
唐矮子担担麵館
TEL.54106

楓林小館
TEL 5118504
5118582

泰安餐廳

天香樓菜館
TEL.61010・62220

新同樂
海鮮樓
TEL:7715065-7

上海谷蘭飯店
TEL 51669

欣欣餐廳
RETSER
RESTAURANT
22NANKING E.ROAD SEC.2
TAIPEI TAIWAN

TAIPEI HONGKONG
FUNG LUM
RESTAURANT
CANTONES FOOD
72 LINSEN ROAD (N.)
TAIPEI
TEL:518504・518582

敦美齋大飯店

中央樓

中央樓
TEL 56665
二樓 55552

金陵飯店
TEL・540950・540500

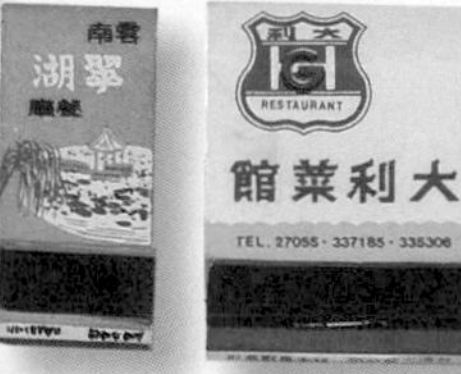
大利菜館
TEL. 27055・337185・338306

上海
福興園菜館
TEL・5577・3070

長沙玉樓東餐廳

湖南
桃源小館

GIN LIN
RESTAURANT
金陵飯店

三元菜館
TEL 556665・555552

百樂滙大飯店
BROAD-WAY HOTEL
95-2161 2163
2162 2164

汕頭
玉樓東酒樓

廣東
敘香園餐廳
TEL.522740

樂融餐廳
LUCKY RESTAURANT
26880・26890

中信茶樓
電話:9217755・9218855

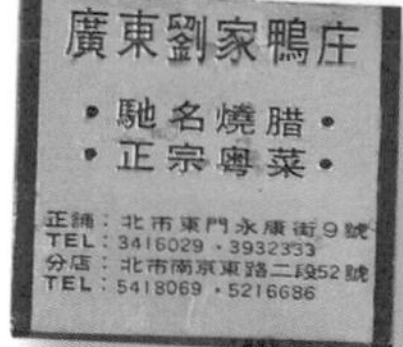
廣東劉家鴨庄
・馳名燒腊・
・正宗粵菜・
正舖:北市東門永康街9號
TEL:3416029・3932333
分店:北市南京東路二段52號
TEL:5418069・5216686

廣東劉家鴨庄
・馳名燒腊・
・正宗粵菜・
正舖:北市東門永康街9號
TEL:3416029・3932333
分店:北市南京東路二段52號
TEL:5418069・5216686

樂融餐廳
TEL.26880 26090

李達飯店
TEL.54334

北平
悅賓樓餐廳
電話:3212801—5(6線)

葡苑

三十年的老店
北平同慶樓
PEI PING TUNG CHING LOU
TEL: 3934907

新陶芳菜館
TEL.25858
25852
今項
川菜飧廳
TEL:3921154-6

北平名菜
RESTAURANT
CELESTIAL
天廚
TEL:5632380-3
訂座專線5632171-2

香港北園海鮮館

富年華港式大茶樓
☎：5318151～3

永慶大酒樓
ETERNAL BLISS RESTAURANT

鳳凰茶樓
電話：7412657(代表號三線)

廣東
小陶芳菜館
山珍 海產 竹鷄 班鳩
燒酒土鷄 穿山甲
TEL 329784 · 370123

皇上皇港式茶樓
港式飲茶・金牌燒臘
正宗粵菜・結婚喜宴
TEL:2116091, 2517109

香港
金陵菜館
瑞源店

粵鄉樓餐館
正宗粵菜・港式小吃
TEL:2613638

二樓
江山樓
大餐廳
TEL.537610

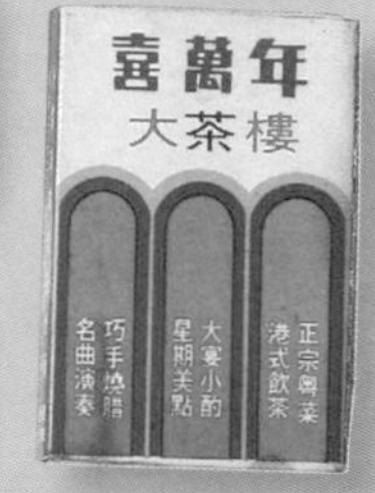
喜萬年
大茶樓
正宗粵菜
港式飲茶
大寒小酌
星期美點
巧手燒臘
名曲演奏

中央大飯店
CENTRAL HOTEL

大漢川菜
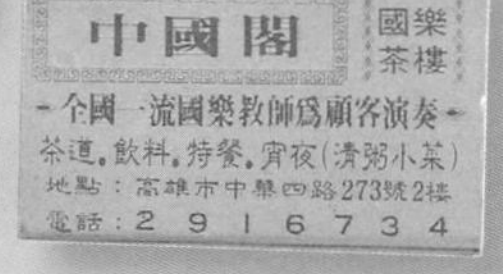
中國閣
國樂茶樓
全國一流國樂教師爲顧客演奏
茶道.飲料.特餐.宵夜(清粥小菜)
地點：高雄市中華四路273號2樓
電話：2916734

江浙
聚豐園餐廳
TEL 282-3961～2
261-6701

榕園川菜廳
正宗川菜
名師掌廚

MANDARIN
RESTAURANT
滿翠樓
大酒家
台北市南京西路131號
TEL.559277, 559278, 542377

久福
牛肉麵
專門店
小菜・生啤酒

錦家牛肉麵
TEL.2813

都城餐廳
TEL:20647 369128

都城餐廳
TEL:20647 369128

都城餐廳
TEL:20647 · 369128

都城餐廳
TEL.20647

都城餐廳
TEL:20647

20647

⑦素食餐廳：

素食原本屬於佛門修心養性的餐食，近年由於「養生」概念興起，開始受到一般人士所喜愛。「全省素食」於一九八三年在高雄首創，後來開設分店於台北市、新北市永和區，其素食料理數度獲獎，高雄旗艦店更是媲美五星級飯店。

⑧蒙古烤肉：

台灣的蒙古烤肉，據傳其取菜拌炒方式確實源自蒙古，後傳至北京，成為北京烤肉，但因「北京」兩字在當時涉及政治敏感問題，而改以蒙古烤肉之名，在烤鍋上也以「加大」創新來呈現。

台式料理

從日治時期到光復初期，台菜很少出現具有規模排場的餐廳，大都以小吃、飯館、食堂等小店經營，以及承辦喜宴外燴居多，反而是在風月場所裡藏有名廚、經典名菜（即近年有人研究的「酒家菜」）。台式料理在製作方面，以家常菜居多，在菜色排場上較中式料理略遜一籌。

但在一九八〇年代之後，台式料理歷經改革，朝向精緻化，加上善用豐富的海產食材，使菜色愈來愈發有多樣化表現，與中式料理相較，毫不遜色。前總統陳水扁執政時，更首開先例，讓台菜躍上國宴檯面，招待來訪的外國賓客。

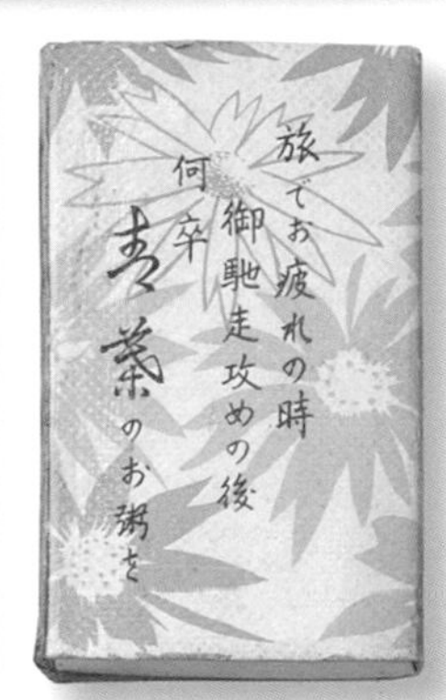

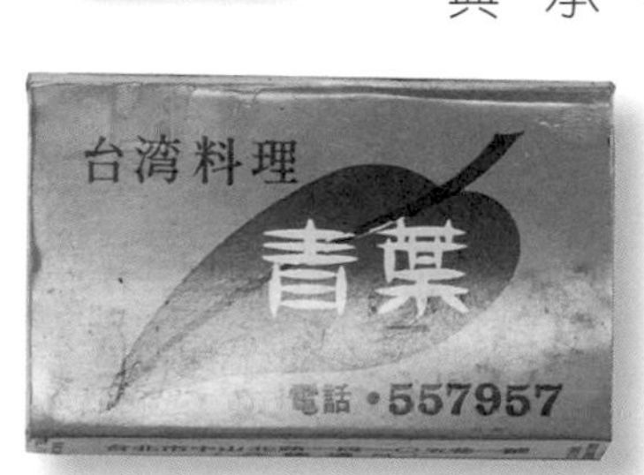

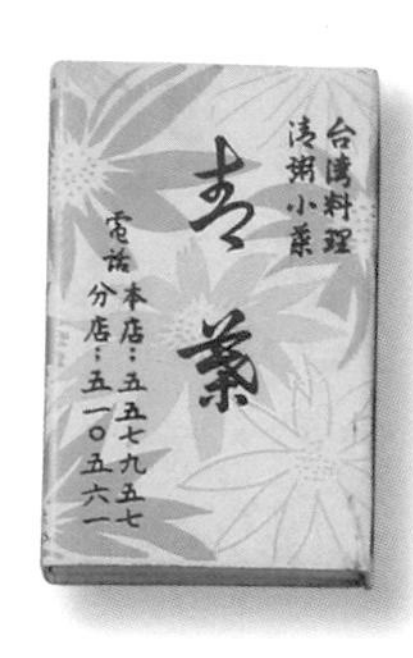

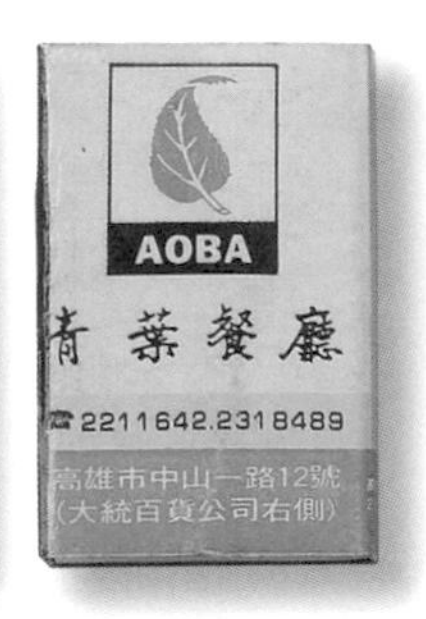

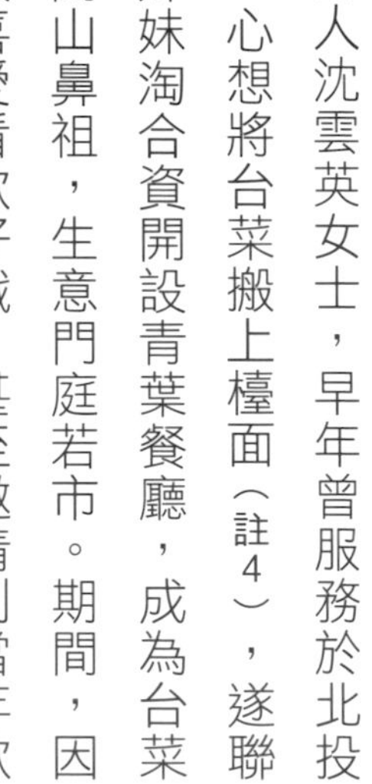

①青葉餐廳：

創辦人沈雲英女士，早年曾服務於北投酒店，一心想將台菜搬上檯面（註4），遂聯合幾位姊妹淘合資開設青葉餐廳，成為台菜餐廳的開山鼻祖，生意門庭若市。期間，因老闆家人喜愛看歌仔戲，甚至邀請到當年歌仔戲巨星楊麗花入股，一時更是聲名大噪。另外一位股東李秀英則參與分店的經營，之後退股在雙城街自立門戶，開設欣葉餐廳。

②欣葉餐廳：

第一家將台菜帶入筵席的餐廳，用心經營並致力於台灣料理的高度專業，是第一家獲得政府邀請

補助，遠赴日本推廣台灣美食的餐廳業者。目前旗下有多種不同餐飲品牌，甚得消費者好評。

③梅子餐廳：

創於一九六五年，位於台北市林森北路六條通。由於是純台式口味，甚獲好評，盛名也一度讓多位日、港、韓巨星光臨品嚐。

梅子餐廳
UMEKO RESTAURANT
梅園餐廳
MAY GARDEN RESTAURANT
台灣料理 海鮮總匯

④大三元餐廳：

以個人肖像印製成廣告，在火柴盒上實屬不多見，尤其能取得歌仔戲天王小生楊麗花的玉照來刊製，極為難得。

附圖中同樣出現楊麗花肖像的長型火柴盒，則是建南茗茶所製作的廣告火柴。

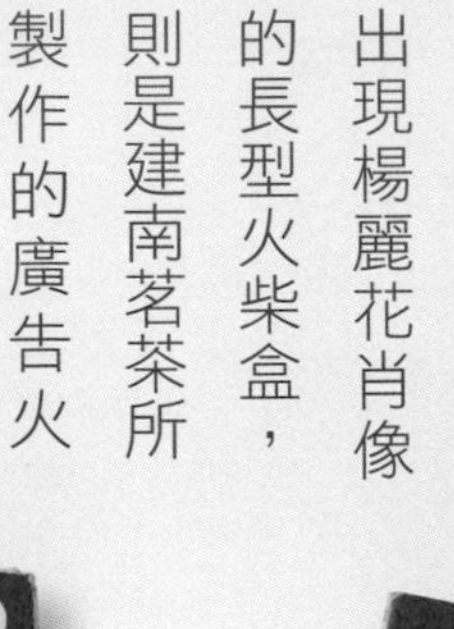

⑤新天地餐廳：

發生在中部梧棲漁港的傳奇，從小吃（新天地食堂）到外燴（曾創下二千三百桌辦桌紀錄，享有「辦桌大王」封號），從高級海鮮餐廳到成為上市公司，令人嘖嘖稱奇！

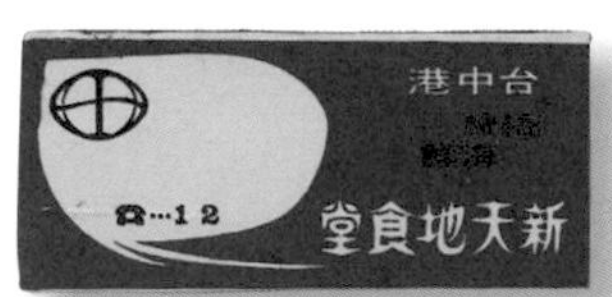

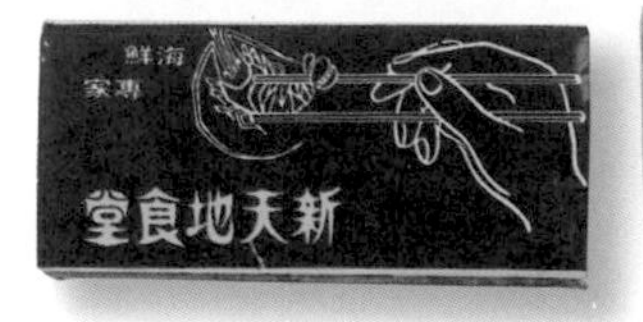

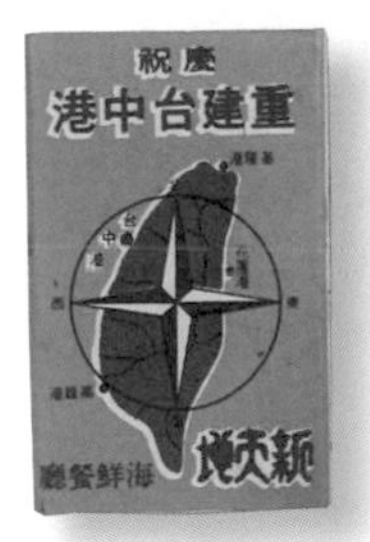

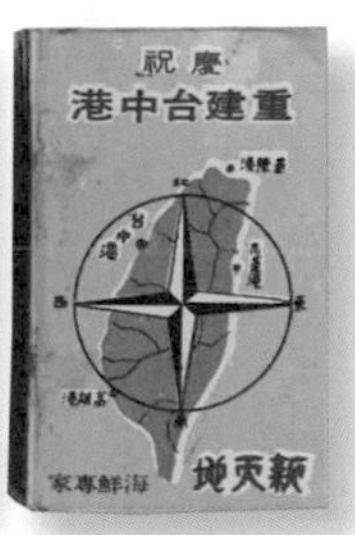

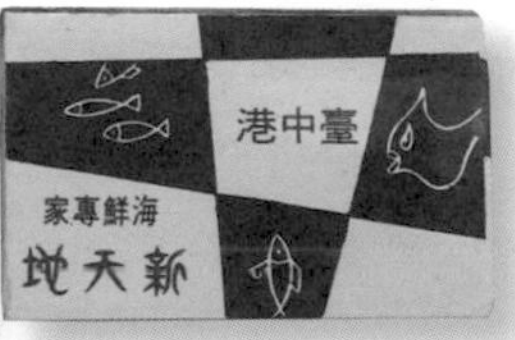

台北京華城雅悅會館
梧棲店
崇德店
東區店

HODALA 啤酒屋

Sunfish
新天地餐飲系列
全國最大・場地最齊
展品最多・菜色最優
Wedding Reception
New Palace Since 1945

新天地
海鮮餐廳
祝慶
重建台中港
基隆港
台中港
花蓮港
高雄港

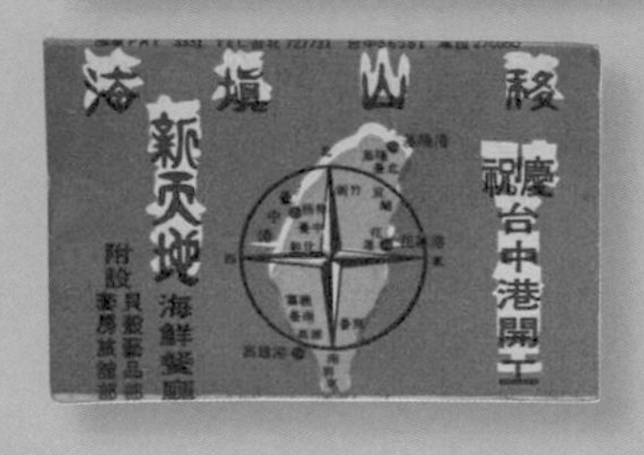
移山填海
新天地
海鮮餐廳
祝慶
台中港開工

NEW PALACE
SEA FOOD RESTAURANT
梧棲 TEL:22814・22212

台中港配置圖
新天地
梧棲鎮
NEW PALACE
SEA FOOD RESTAURANT
梧棲 TEL:22814.22212

凌霄閣旋轉餐廳
MOONPALACE REVOLVING LOUNGE
新天地
HOTEL PARADISE

凌霄閣
旋轉廳
新天地大飯店
台中……TEL: 33155

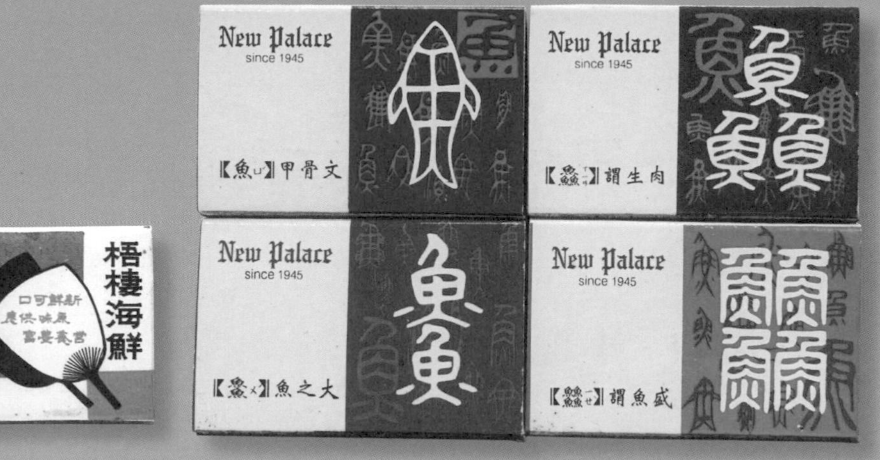

專文
新天地
食堂
梧棲海鮮
台中港名產
有盡有惠
New Palace
since 1945
【魚ㄩ】甲骨文
New Palace
since 1945
【鱻】謂生肉
New Palace
since 1945
【鱻】魚之大
New Palace
since 1945
【鱻】謂魚盛

New Palace
地球只有一個，鯨魚還有幾隻？
New Palace
地球只有一個，鯨魚還有幾隻？
New Palace
地球只有一個，鯨魚還有幾隻？
New Palace
地球只有一個，鯨魚還有幾隻？

HOTEL PARADISE
NO. 15 LANE 175 CHUNG SHAN RD., TAICHUNG, TAIWAN
CABLE: "PARADISE" TAICHUNG

新天地餐飲系列
纏
ZEN CURRY
廣三咖哩店
2326-3188
東興咖哩店
2310-9222
健行咖哩店
2230-5222

新天地餐飲系列
異國風味・非常料理
Cookery's Magician

羅東
新天地 餐廳
TEL：(039)542613・562789

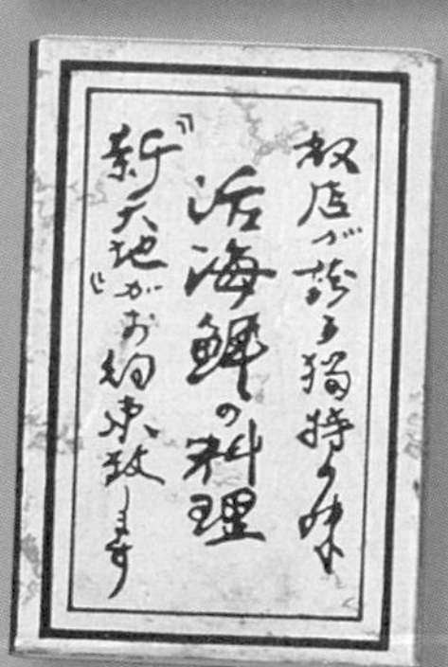

敝店が誇る獨特の味
近海鮮の料理
『新天地』がお約束致します

⑥海霸王餐廳：

南部港都高雄可說是台式海鮮料理的大本營，仗著地利之便，水產豐富且新鮮，近年更是開設不少中、高檔海鮮餐廳名店。海霸王連鎖餐廳即是一例。

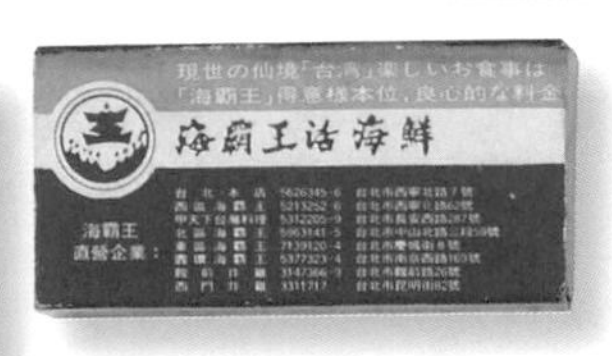

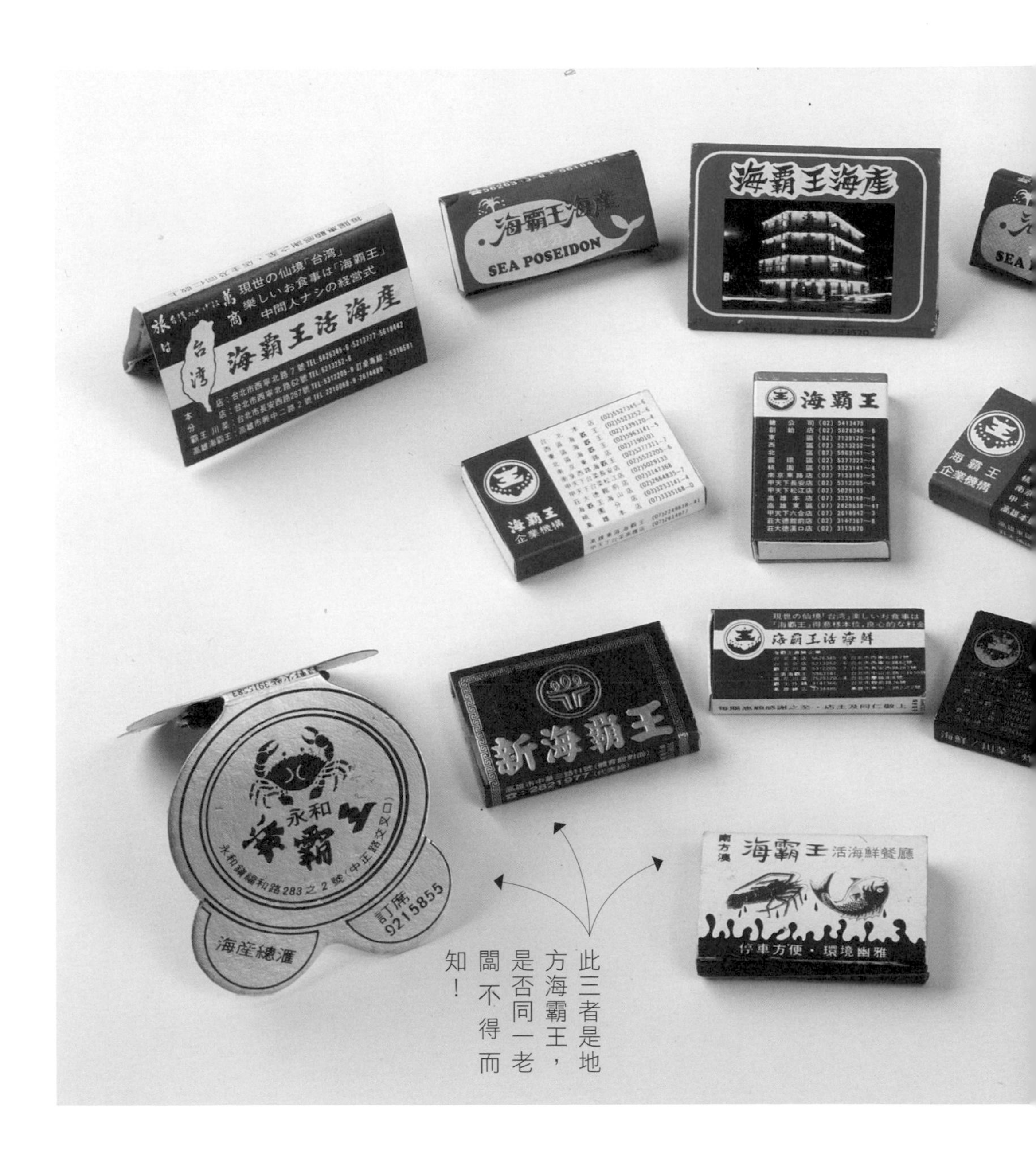

此三者是地方海霸王，是否同一老闆不得而知！

⑦華西街台南擔仔麵：

位於台北市華西街觀光夜市內，臨近萬華龍山寺。創業於一九五八年，至今已超過一甲子，並於二〇一九年獲得米其林一星的殊榮。以名廚手藝、食材新鮮、裝潢富麗堂皇，媲美歐洲宮廷，餐盤均使用歐洲名牌，價格當然也高檔。火柴盒製作花費也高人一著，如用塑膠外盒內附鏡面等。

▶右圖是兩個同名不同址的火柴？！

台北市華西街三十一号
電話：六八三六四
HWA SHI ST
Flour Meal Of Tainan
TAIPEI
台南
担仔麵
TEL. 368364
臺北市華西街31號
台北・華西街
台南担仔麵
TEL. 3618364
Flour Meal of Tainan
TAIPEI HWA SHI ST
台南担麵
北市華西街31號
TEL 368364
HWA SHI ST. TAIPEI TAIWAN R.O.C.
TEL:(02)3081123-5
SEA FOOD
SEA FOOD
SEA FOOD
ANNIVERSARY 31
台南担仔麵
tel 04-22208899
tel 07-2296899
台南担仔麵
☎3464－0494
台中 台南担仔麵

冷氣開放
活魚海產
丸吉食堂
排骨飯、快餐、壽司

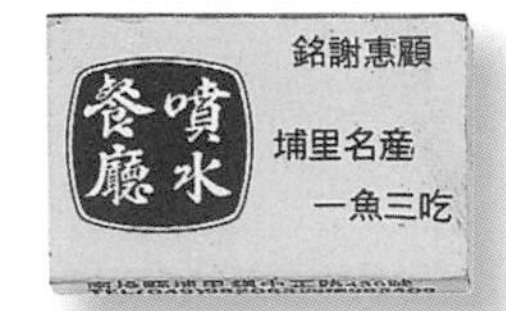
銘謝惠顧
噴水
餐廳
埔里名產
一魚三吃

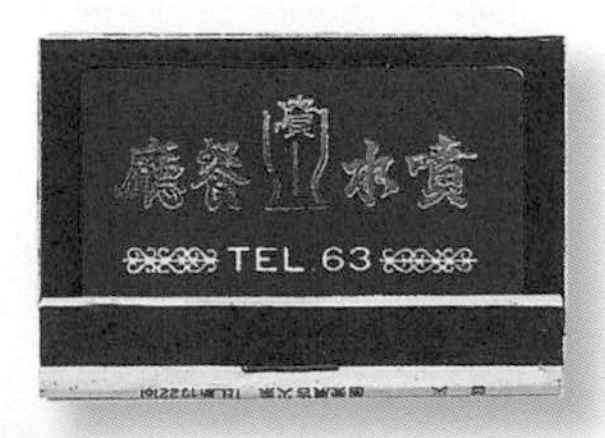
噴水餐廳
TEL 63

高華花園餐廳

双連
沙茶火鍋

文昌餐廳
冷氣開放
TEL:23176

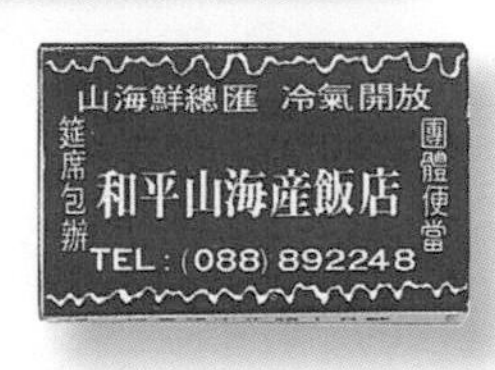
山海鮮總匯 冷氣開放
筵席包辦
和平山海產飯店
團體便當
TEL:(088)892248

觀光 デストラン
石松
stone RESTAURANT
台北市長春路42號 TEL: 547919 373869
NO.42. CHANG CHUN RD. TAIPEI

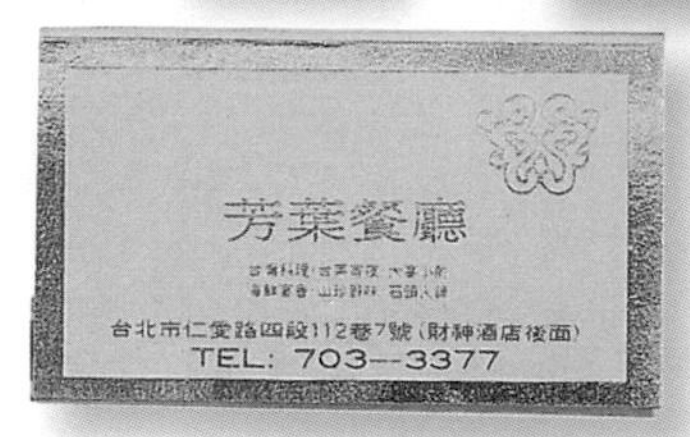
芳菜餐廳
台北市仁愛路四段112巷7號(財神酒店後面)
TEL: 703--3377

金屋大飯店
TEL. 513813
台北市撫順街16號

早安粥・宵夜
正台菜・清粥
活海產・小菜
正統餐廳
TEL:5819746・5819749
5819750

迷你
100
台北市光復南路180巷11號
TEL:7 5 2 - 4 5 6 5

正宗台菜
大酌小吃
台菜城
TEL:778731.778301

GENTLEMAN
吃
客
RESTAURANT

滿舒福
台菜/生啤酒/各式酒類
FULL COMFORT
RESTAURANT

鵝鷄谷
永式餐廳關係企業
臺中市大坑青山社區前光明橋邊(附設免費洗車服務)

香蘭海產村
供應活海產・價格大衆化
府城担担麵・宵夜
TEL:5710636・5613798

金鑫餐廳
台灣料理・清粥小菜
餐音電子琴演奏
TEL:5712992

台灣
大碗公
酒菜
®

海鮮園餐廳
台北市中山北路1段135巷4號
(八條通口)
TEL.517637

双喜餐廳
囍

特設宵夜
價錢公道
海鮮總滙
碧山海產鱉大王

雲海樓
活海鮮餐廳
台中市十甲路一七O之一號

興中沙茶店
TEL:228221

西北食堂
TEL. 5118065
5713905

日本料理
海鮮活魚
王將
TEL.572218
松丸飯店

新記
沁園
TEL 62294

冷氣開放
品芳食堂

幸福
沙茶火鍋
各種料理
TEL.378086

幸福
食堂

三福飯店
水晶宮
海鮮樓
TEL:(042)296391-5

壽
壽
餐廳

黎明餐廳
TEL:(042) 514538

香苑
沙茶牛肉火鍋

夜西門
COFFEE MUSIC
NIGHT SEAMAN

健康
活海產園

華南
大餐廳

活海鮮之家
TEL.29207

平等海產小吃

550706
TEL. 516788
545493

東亞食堂

真好味
TEL.3385

真好味

双葉餐廳

西北食堂
TEL.518065 · 373905

西北食堂

太三元焱餐廳
TEL. 628
日本料理
金屋
TEL. 21525
RESTAURANT
TEL 1210
遠東大飯店
TEL. 3210
海龍
菊軒
大衆食堂
TEL. 25285
財神飯店
電話:(036)673813-4
意財飯店
筵席包辦
經濟小吃
好吃担仔麵
台灣味・人情味・古早味・山珍海味

欣欣餐廳

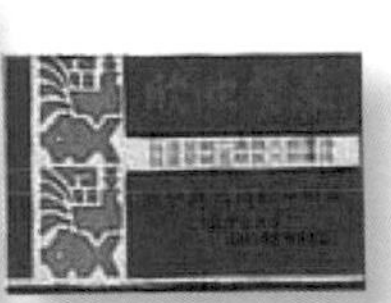

欣欣餐廳
台北 TEL. 550505
台中 TEL. 7050

欣欣餐廳
TEL. 550505

欣欣餐廳

欣欣餐廳

欣欣餐廳
TEL. 3348136-8

欣欣餐廳

活活海鮮餐廳
歡迎光臨
在這兒
有新鮮的海產
TEL. 5
西嶼龍
海園餐廳
福吉
海產
沙茶
TEL.234005
貴賓餐廳
花園餐廳
TEL.893403
海鮮園餐廳
幸福
HAE SHAN LOU
CANTONESE
RESTAURANT
TEL.537879
海
仙
城
水
鄉
SUIGO
545720
海產大王
海鮮樓
水晶宮
海鮮樓
活海鮮
海宮
3919823 3919824
海園餐廳
FLESH SEA FOOD
HAE WEY JEN
HAI WEI JEN
良春園沙茶火鍋
TEL.536962
全家福加油站

府城
海鮮總匯
台北市天津街六十八號
TEL:5819985

ウメダ
梅田餐廳

ウメダ
梅田
台灣料理
活海鮮宵夜

三十年前的料理
六十年前的音樂
一百年前的民藝
二百年前的建築

臺灣小調大餐廳
臺灣小調

台灣料理
名酒
宵夜
中餐快餐
梅田餐廳
TEL.514660 572749

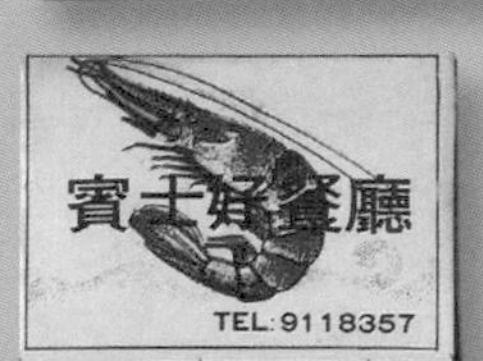
賓士好餐廳
TEL:9118357

南東西
餐廳
TEL. 69

北海漁村

龍都
經濟午餐・宵夜
和漢料理・名酒
電話：五四九七三三

松葉
TEL.54917

東港
興亞大飯店

美
餐廳

松竹餐廳
TEL:542078・524504

淡水
萬熹
飯店
餐廳
應時海鮮・喜慶宴會
經濟實惠・豪華設備
TEL:(02)6213281-7

田園小館
(阿田伯)海產總滙
TEL: 7815137・7815312
7762923・7817487

城都 餐廳
各種和菜
經濟快餐
點心麵類
(國賓大戲院對面)
TEL. 3312292
3318281

金門
GOLDEN GATE
金門大飯店
台北市中山北路二段175號

松竹餐廳
電話
5412078
5214504

松山入船亭
和料
漢理
筵席
包辦

九如樓
庭園餐廳
・台菜粵菜・生猛海鮮

梅湖
活魚・山產・海產
☎861-3078・861-0878

各種料理
松山鴨肉店
TEL:718827

蝴蝶蘭
餐廳
TEL: 5627565
5211530

南川
餐廳

各種料理
松山鴨肉店
TEL.718827

各種料理
松山鴨肉店
TEL.718827

滿意飲食店
TEL.2854
中壢市延平路五六六号

南太平洋
ISLANDER'S
LOBSTER HOUSE
红毛港海鮮餐廳
KiKi Restaurant Since1991
KIKI
餐厅
Restaurant
tel:27814250~27814357
tel:27002777~27002778
謝籃
Utopia Island
理想島
寒舍食譜
My Humble House

銀河小吃部
TEL.42303
海鮮飯店
(水底寮)
(088)
784355
鹿港
新海鮮大餐廳
TEL.2073
TEL.8511
永興 飯店
TEL 088 752360
淡水活海鮮
TEL:(038) 326576
322732
TEL.456.1101
活海產
TEL.230389
海鮮屋大餐廳
飯店
海鮮樓
名師主廚/包辦筵席
TEL: 8862
海鮮總匯
女朋友 食堂
TEL.269138
吉里餐廳
TEL.622871
上林
新鮮海產
TEL.22958
青峰園
CHING FENG
TEL.43139
澎湖料理
大衆餐飲
TEL:(049)981450
知高俱樂部
高雄 西子灣餐廳
888

⑧台式啤酒屋：

炎炎夏日，飯前來杯啤酒，好暢快喔！台式啤酒屋就因此盛行於七〇年代。

海中天餐廳一九八七年開幕，由知名藝人張菲與檢場分任董事長、總經理，盛名遠播，紅極一時，營運近三十年，於二〇一六年熄燈。

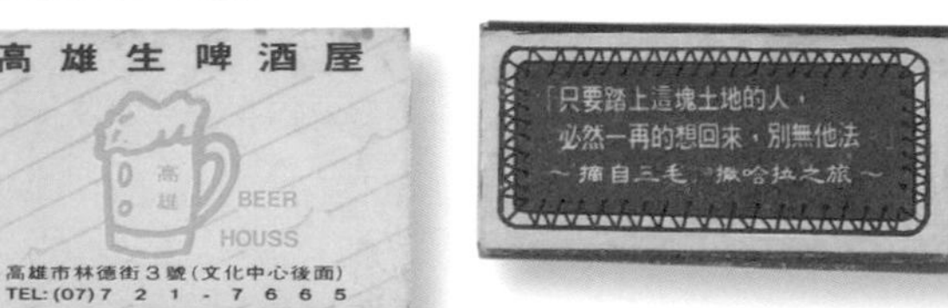

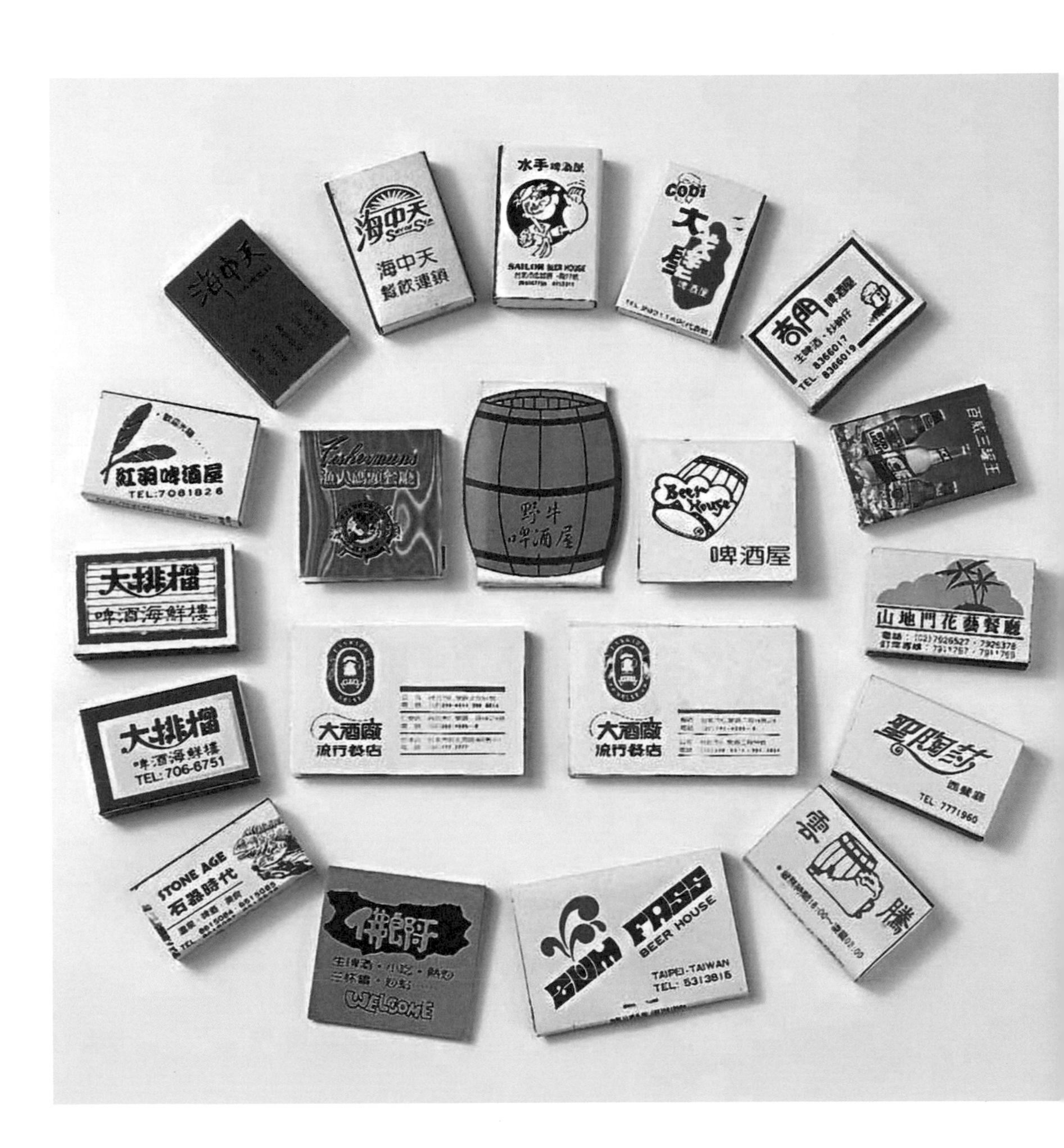

海中天
海中天
餐飲連鎖
水手
SAILOR BEER HOUSE
Cobi
8366017
8366019
紅羽啤酒屋
TEL:7081826
野牛
啤酒屋
Beer House
啤酒屋
大排檔
啤酒海鮮樓
山地門花藝餐廳
大排檔
啤酒海鮮樓
TEL: 706-6751
大酒廠
流行餐店
大酒廠
流行餐店
TEL: 7771960
STONE AGE
石器時代
WELCOME
BEER HOUSE
TAIPEI-TAIWAN
TEL: 5313816

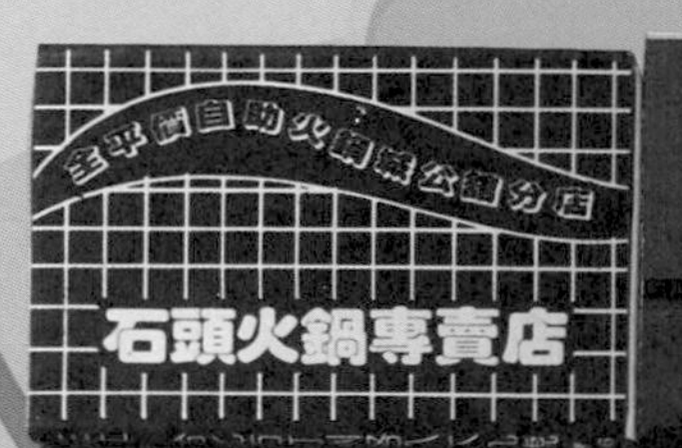
全平價自助火鍋城公館分店
石頭火鍋專賣店
首創全國第一家
自助火鍋城
台北市成都路151 153號 TEL:3120475 3116585

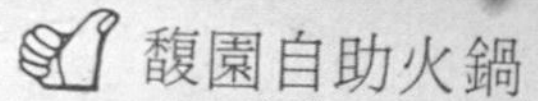
馥園自助火鍋

精緻美食
盡在馥園
銘謝光臨惠顧
麒麟 自助火鍋城
台北市成都路159號 TEL:3810255
熱滾滾自助火鍋城
東區分店：台北市南京東路五段64號
電話：761-5435・765-5988
松江分店：台北市松江路192號
電話：522-2817

138 火鍋城
台北市新生南路一段138號
TEL:3515393・3939066（地下樓）
一加一
平價火鍋城
石頭火鍋・沙茶火鍋・韓國烤肉

日本料理

台灣年輕一代對於美食的口味，逐漸變得多元化，使得異國料理乘勢興起，日式、美式，甚至泰式、法式、義式等料理都得到不少人氣。台灣曾經歷過日治時期的影響，對於日本料理接受程度較高，長久以來對日式料理不減喜愛。但在一九四〇、五〇年代，一般人的薪資水準尚低，而日本料理製作考究，食材衛生要求較嚴，在當時而言，屬於中高檔料理；另一方面，多少受到戰前抗日思想影響，日本料理店顯得低調且規模小（註5）。

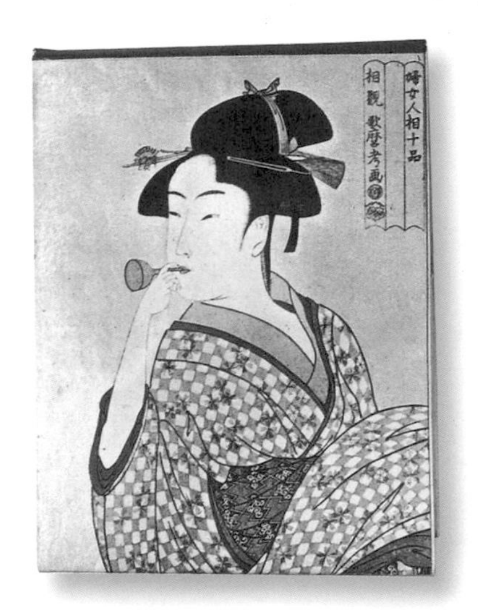

宮本の
自慢料理?
高雄市前金區自強一路14號
TEL:(07)2717067.2726712(市議會旁邊)

▲麗都日本料理店（1943年～迄今）是在同一地點經營最久的餐館。

MALUHACH
RESTAURANT
八
TEL:323458

八
日本料理
TEL:23458

八
日本料理
壽司
☎ 1458

千鶴
ちづる
TEL. 52461
純日本料理

割烹
千鳥
和漢料理
TEL:42739

八
割烹料理
河合食堂

割烹
千草

酒
和食
豐源飯店
壽司
TEL:2522.3722.

食道楽
神洲
電話

日本料理
小春
台東
TEL 4725

東京
壽司
電話：四六五一

酒
和食
豐源飯店

日本料理
八
食堂

八
TEL
318
和食堂

食堂
東洋
電話 3746

日本料理
神洲
TEL. 2423 · 2210

日本料理
大園

日本料理
地下喫茶
網元
あみもと

壽司
小春

理料本日

銀鍋

園祇
理料本日

涼風
酢飯店
TEL.
55612

東亞食堂

割烹
千歳
TEL.552044
579931

朝鶴
大衆化
日本料理

千草

富山
日本料理
TEL 26827

江の島

江は島
割烹料理

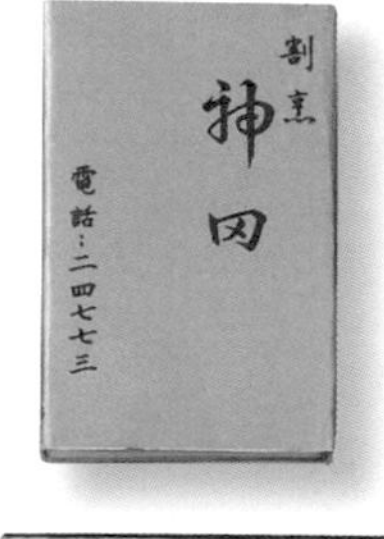
割烹
神田
電話：二四七七三

割烹料理
銀座

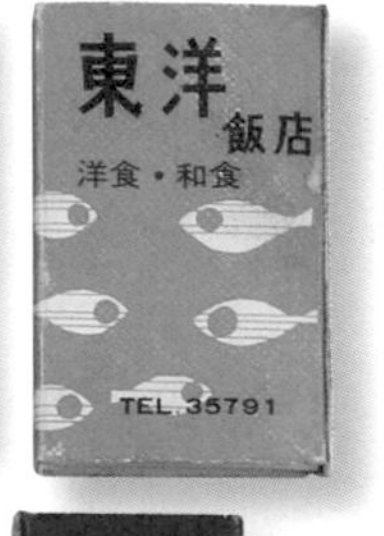
東洋飯店
洋食・和食
TEL.35791

割烹料理
江の島

美か楽
RESTAURANT
和洋料理
電話 3728

割烹・寿し
南風

麗都
日本料理
TEL. 27649・334793

城
丸城食堂

宜祿
ぎろく
日本料理

懷石料理

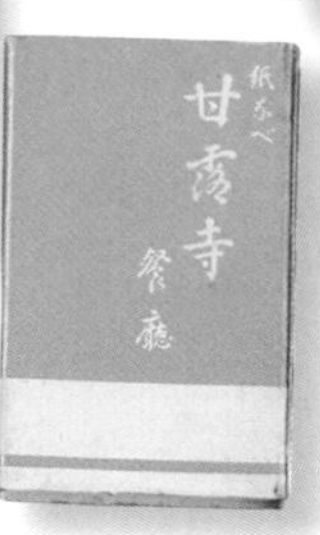
甘露寺
餐廳

日本料理
大園

關西料理
車屋

小料理 御多福
TEL.61338

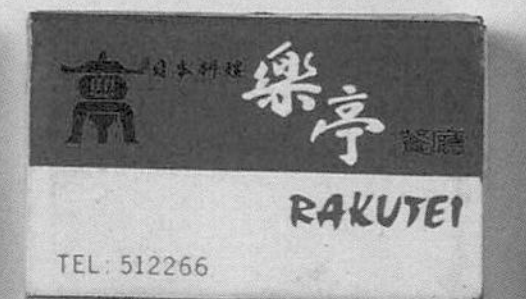
日本料理
樂亭
餐廳
RAKUTEI
TEL: 512266

松阪
松阪鐵板燒餐廳
MATSUSAKA TEPPANYAKI

料亭
ふるみやこ
古都
純日本・大阪風味
古都鍋・壽司・便當
大宴小酌・風格高雅

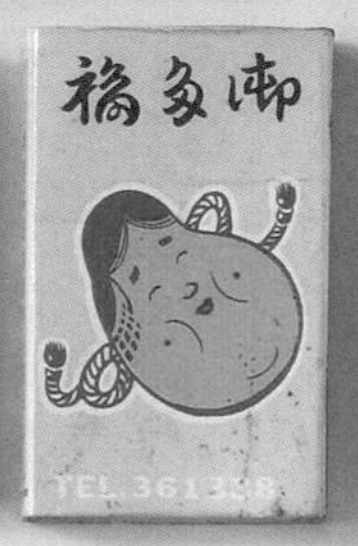
御多福

日本料理
樂亭
RAKUTEI
TEL.512266

天野日本料理
高雄市新田路145號
/2018587-8

上野
高雄市六合二路190號
(市議會後面)
2113876-7

古川
ふるかわ
日本料理

日本料理
圓
まどか

元帥閣
げんすいかく
日本料理

日本料理
三代

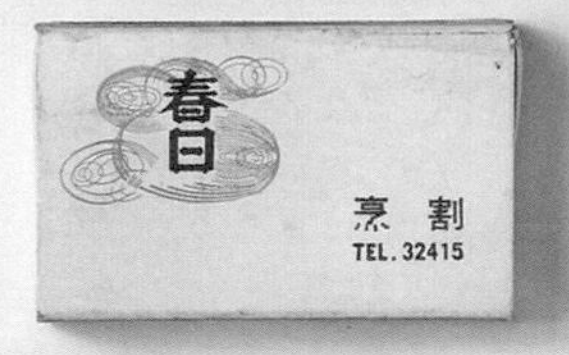
春日
割烹
TEL.32415

大八日本料亭

秋吉亭

上格迷你火鍋
日式香香鍋
TEL:2314008

冷氣開放
東京館
割烹

日本料理
千歲

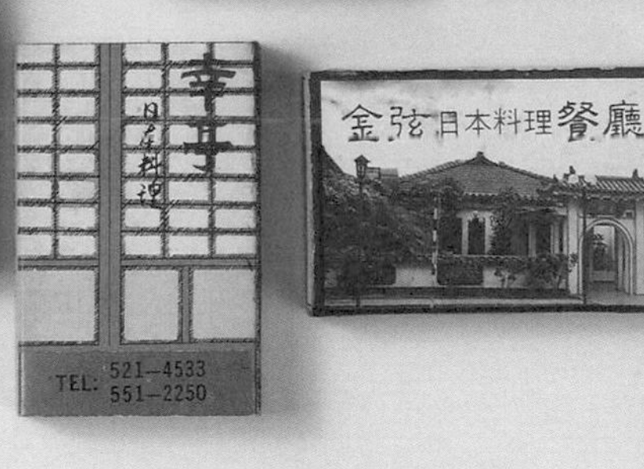
幸亭
日本料理
TEL: 521-4533
551-2250
金弦日本料理餐廳

吉兆亭

吉兆亭

日本料理
うなぎ
辨慶
台北市錦州街四巷5號 台泥大樓
TEL:5616480
鰻
烤鰻之家
TEL. 549567

冷暖氣開放
割烹
銀河
大衆價格：觀光設備

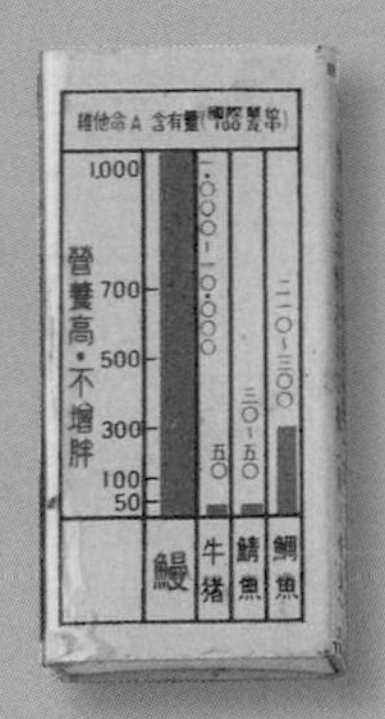

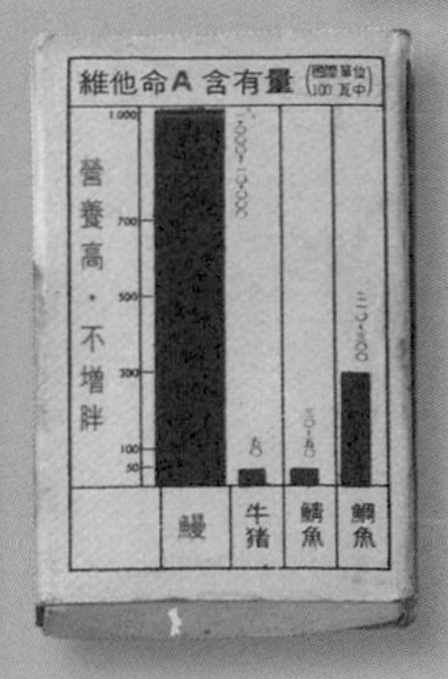

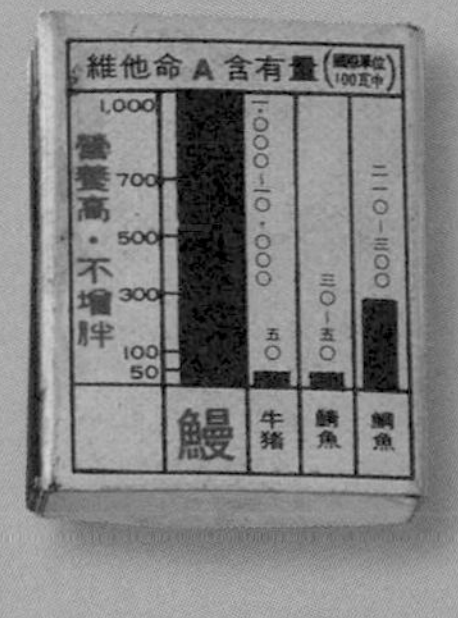

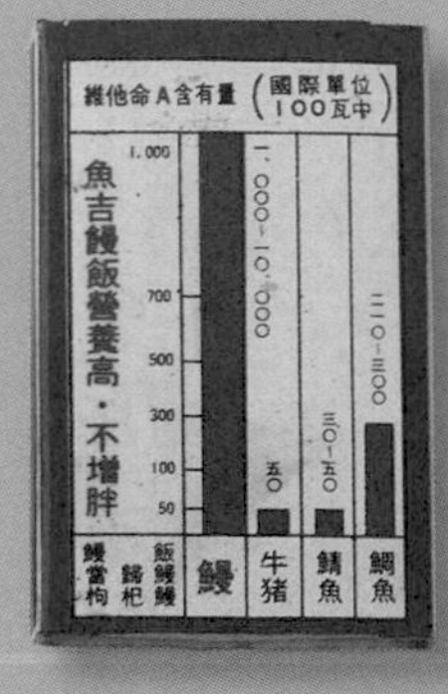

RESTAURANT VUSHI
武士
冷氣開放

江の島
割烹
料理
54088

華
屋

武藏
食道樂

江の島
日本料理

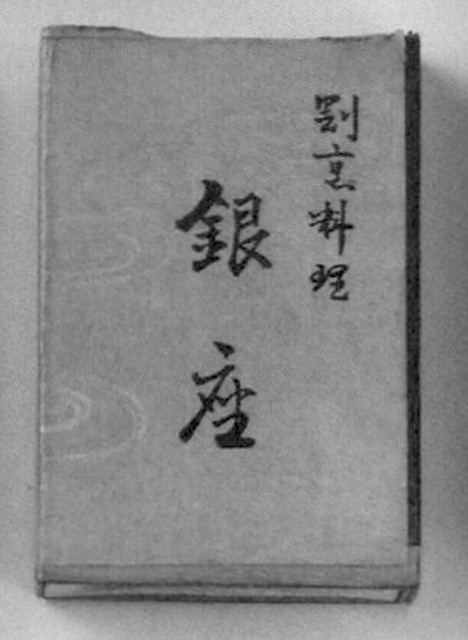
割烹料理
銀座

割烹
料理
元祿
GEN LOKU
台北市長春路九号
TEL..552044

食道樂
清月
和式料理
清月
電話：三二五六五

日本料理
三平

食道樂
日本料理
大洲
食堂

天龍閣
日本料亭
Tien Lung Ko Restaurant

味の店
涼風

純日本料理
一二三
ひふみ
TEL.549253

割烹寿し
小園

西
しず
子
TEL:50006

◀懷念台南的沙卡里巴（日語：盛場）棺材板，沙卡里巴即現在的康樂市場。

TOKYO
廣
壽司
HIRO sushi
Tainan shop
TEL: 7099005-6
園その
日本料理 台北店
北海の味覚
ここに在り
その
園
その
料亭
宝船
小園
日本料理
柳屋
柳屋
釜飯
TEL. 51377
台北市中山北路一段105巷12之4號
日本料理
車屋
関西料理
車屋
関西料理
車屋
日本料理
添財食堂
みうし
割烹
三平日華料理
本田
日本料理
日本料理
春日
7083052
TEL: 7081805
7067394
鮨
TEL: 594-8657
595-5634
梅村
寿司屋
梅村
寿司屋
忠孝東路分店
富都
日本料理
TEL. 3716519
富阪
日本料理
日本料理
寿
ことぶき

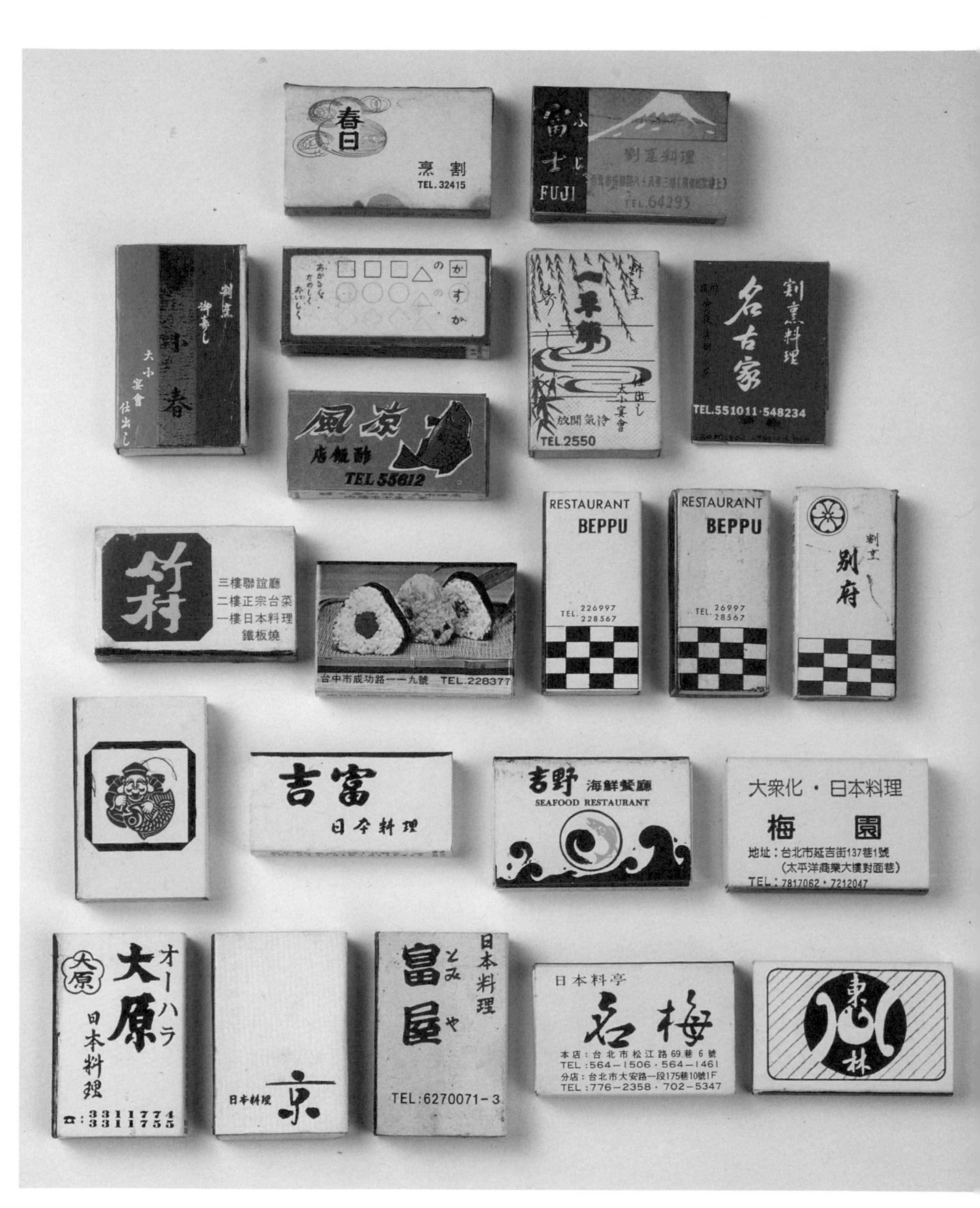
春日
割烹
TEL. 32415
富士
FUJI
割烹料理
TEL.64293
割烹
御寿し
小春
大小宴會
仕出し
かすが
料理
仕出し
大小宴會
冷気開放
TEL.2550
名古家
割烹料理
TEL.551011·548234
竹村
三樓聯誼廳
二樓正宗台菜
一樓日本料理
鐵板燒
台中市成功路一一九號 TEL.228377
RESTAURANT
BEPPU
TEL. 226997
228567
RESTAURANT
BEPPU
TEL. 26997
28567
割烹
別府
吉富
日本料理
吉野 海鮮餐廳
SEAFOOD RESTAURANT
大衆化・日本料理
梅園
地址：台北市延吉街137巷1號
（太平洋商業大樓對面巷）
TEL：7817062・7212047
大原
オーハラ
大原
日本料理
3311774
3311755
日本料理
京
とみや
富屋
日本料理
TEL:6270071-3
日本料亭
名梅
本店：台北市松江路69巷6號
TEL:564-1506・564-1461
分店：台北市大安路一段175巷10號1F
TEL:776-2358・702-5347

松丸
食道楽

川都
TEL 3252
定食
寿し
丼類

TEL: 44112 · 44113

名古屋
TEL. 558309.
(口路四國建)

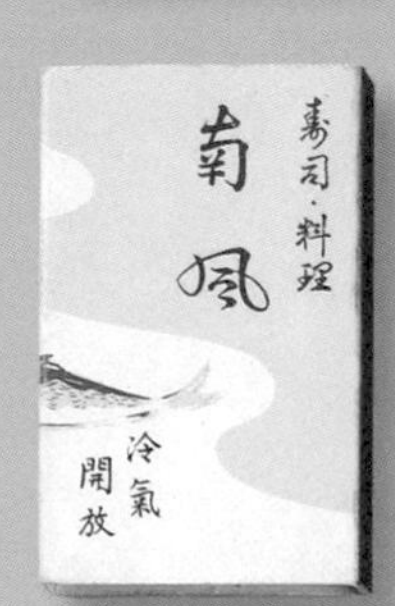
南風
壽司·料理
冷氣開放

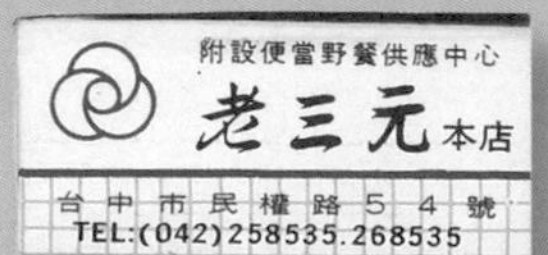
附設便當野餐供應中心
老三元本店
台中市民權路54號
TEL:(042)258535.268535

神田
號三七七四二話電

理料本日
府別
TEL.3765

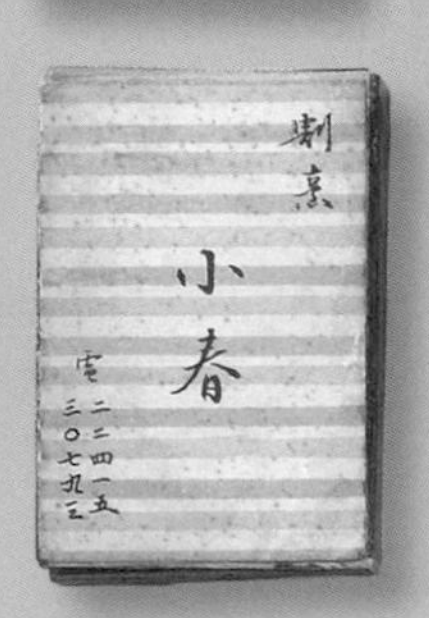
割烹
小春

在台韓國烤肉的原祖
阿 里 郎
一樓TEL.317676 二樓TEL.366037

TEL.5742
野宴
烤肉海鮮沙龍
西点飲料部

豐源飯店
3722..2522

店飯酢
TEL.54437

韓國烤肉
鐵板燒·石頭火鍋
5819856

惠顧
銘謝
鶴立门
RESTAURANT
TEL 4194.5495.

山東
店飯酢

割烹寿し
小園

大谷日本料理、海鮮

理料本日
TOKYO HOTEL
RESTAURANT
5035·5036

JAPANESE CUISINE
NANIWA
關西割烹
浪花
台北市延平南路32號
TEL.
370728 (みなでなにわ)
371728 (みないいなにわ)

關西
割烹
浪花

竹葉

日本料理
銀座

神田
電話：二四七七三

割烹
神田
電話：二四七七三

神田

日本料理
銀座

小料理
御多福
TEL.61338

TEL.61338

日本料理
多福亭

台北市開封街一段一四一巷三號
電話：29527・60631
料理
武藏

東洋
日本料理 TOYO
TEL.335791

惠比壽
エビス
和漢料理
TEL.332375

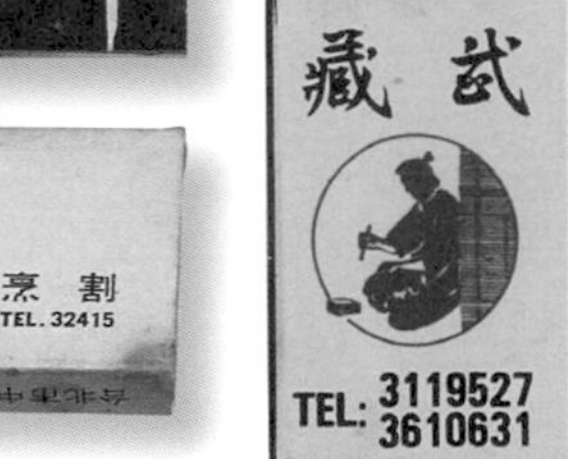
武藏
TEL: 3119527
3610631

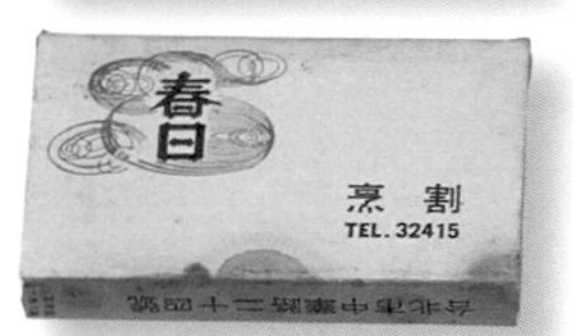
春日
割烹
TEL.32415

惠比壽
えびす

通天閣
TSU TEN KAKU
日本料亭 通天閣
TEL 556592
517373
517372
料亭
通天閣
TEL. 56592
電話 69177
69188
553853
RoKujoo
TEL 511866
575766
割烹
六条
電話：五一一八六六
五七五七六六
割烹
六条
電話：五一一八六六
割烹
六条
電話：五一一八六六
銀河
堂食
日本料理
ごじょう
五條
TEL:5813485-6
ふるぞの
古園
日本料亭
日本料理
大八
幸
大學
日本料理
輕食
漁寶
小品料理
TEL:(02)5210446
日本料理
天守閣
日本料理
青柳
日本料理
東京

一九八〇年代後，國民所得漸漸提高，對飲食口味也趨向於求新、求鮮，加上日本企業外移，當時移駐台灣的日本公司高達百家以上，所以日本料理也如雨後春筍般在各大都市林立（鄉鎮仍無生存市場）。在一九九〇年代初期，始有業者引進平價式日本料理，如：養老乃瀧。又有台、日混合的「吃到飽」餐廳興起，如：上閤屋。

日本料理的價格，無論是從大眾化到高檔，都頗有人氣，近年一些主題餐廳像是豬排飯、牛丼、拉麵、烏龍麵，直接從日本到台灣來開設分店，其風格裝潢與日本一致，甚得年輕人喜歡。

美觀園：老闆出身彰化，曾於日本料理「柳屋」擔任主廚，於一九四六年創立「美觀食堂」，以平價快餐起步，後更名為「美觀園」。由於「俗擱大碗、好呷」，征服了老台北人，現在西門鬧區仍盛名不減，如今傳至第二代，兄弟各開一家，許多名人都曾是座上賓。

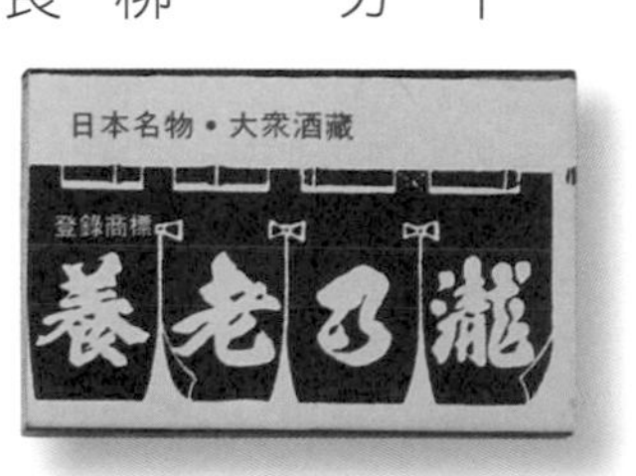

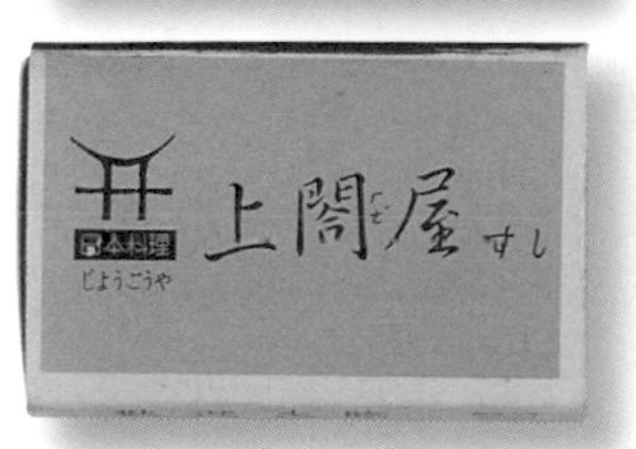

王子
和食部
THE PRINCE
WASHOKUBU

椿
日本料理
海鮮・宵夜
TEL(042)292439.232916

福井
日本料理
FU ZIN

大松
DAI MATSU
日本料理

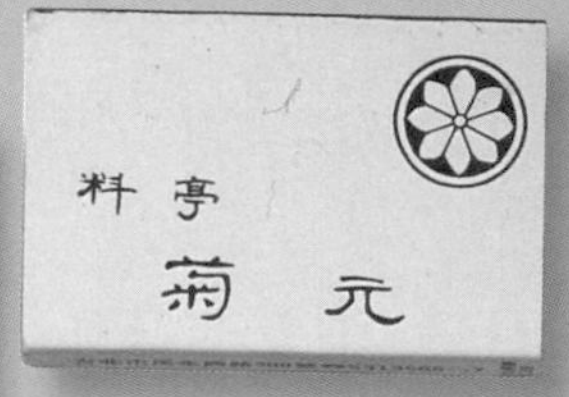
料亭
菊元

小松
TEL. 2817200

東海園日本料理
TEL：7717017（代表）

日本海鮮料理
美喜可餐廳
TEL:(02)2832-1385

田田軒
日本料理
TEL: 9214386
9288483

金弦
香香焗
シャブシャブ
餐廳

名都
日本料理
名都日本料理
台中市文心路三段91號

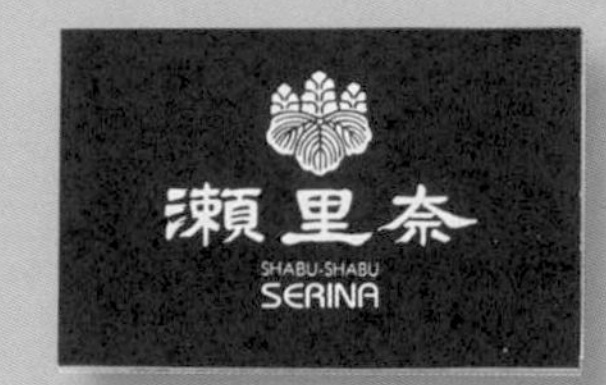
瀨里奈
SHABU-SHABU
SERINA

瀨里奈
SHABU-SHABU
台北市中山北路2段60號地下一樓（東南旅行社大樓）
TEL:(02)523.3410

詩成錦繡問駒驄・處士風流水石間
日本料理
忠孝東路4段216巷19弄14號 751-0269

match your heart.
三井
MITSUI Japanese
Restaurant

陶都
日本料理

陶都日本料理
地址：台北市辛亥路2段145號
服務專線：7339045・

老山
日本料理
TEL:06-2997463
紀そ川
日本料亭
TEL: 5637381-2
5110137
都
みやこ
日本料理・串焼
TEL 2201108
2208651

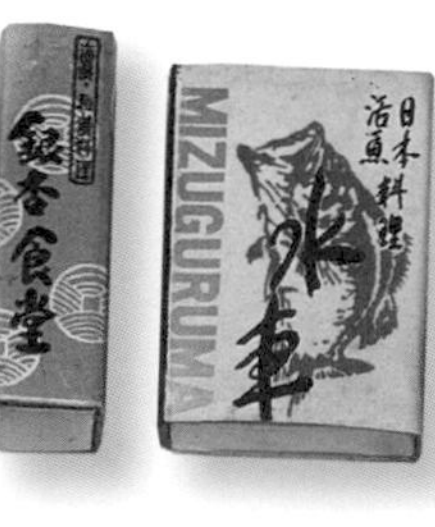
銀杏食堂

MIZUGURUMA
水車
日本料理
活魚

水車
日本料理
活魚

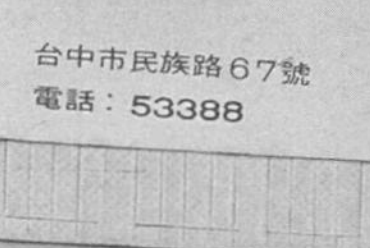
台中市民族路67號
電話：53388

MIZUGURUMA
JAPANESE RESTAURANT
TEL. 53388
NO.67 MIN TSU ROAD, TAICHUNG TAIWAN

SASHIMIYA

定 關東 刺身 珍味 鍋物

日本料理
大八
TEL: 551-5308
562-2473

宝園
たからその

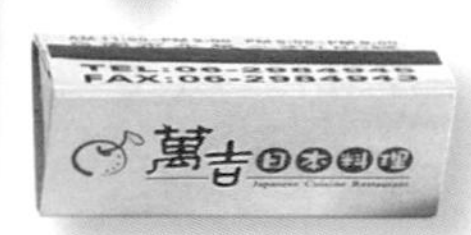
萬吉 日本料理

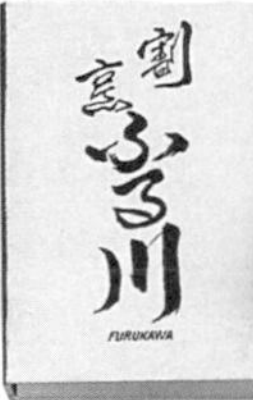
古川
FURUKAWA

TAKARAYAMA
CUISINE JAPONAISE
宝山

日本料理

吉本
日本料理

日本料理
寿楽

小松
寿司屋

浜松
日本料理

NATORI
七都里

大根屋

NAKAYAMA

本膳
日本四季懷石料理

京都府
日本料理

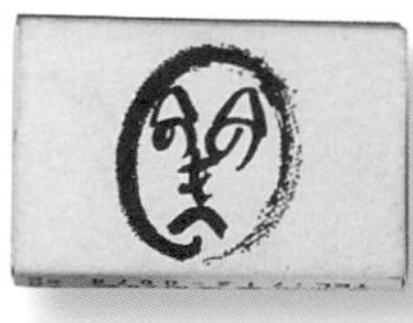

大園
日本料理 おおその

信兵衛
日本料理・港式海鮮

日本海鮮料理
TEL:(02)2832-1385

日本料理

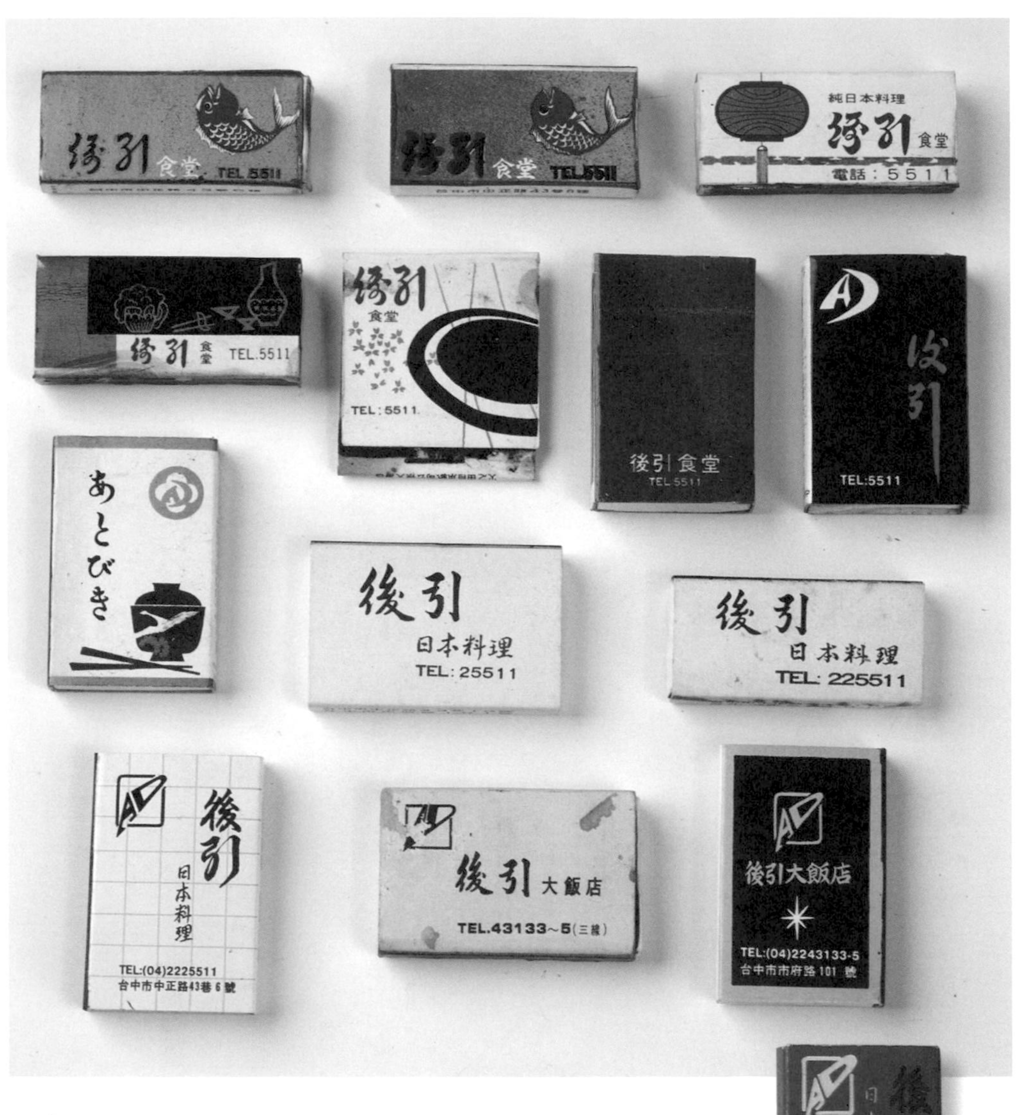

▲「後引」日本料理：創立於二戰前1945年，是台中市第一家日式料理店，亦屬於高檔料理餐廳。它是許多台中人的回憶，取名「後引」即是「聞香下馬」之意。筆者的外祖父愛吃該店的蒲燒鰻和明蝦沙拉，筆者小時候只有在外祖父來訪時，才能沾光跟著享受到美味的日式料理。現在該店也因應時代潮流，料理走向精緻多元化。

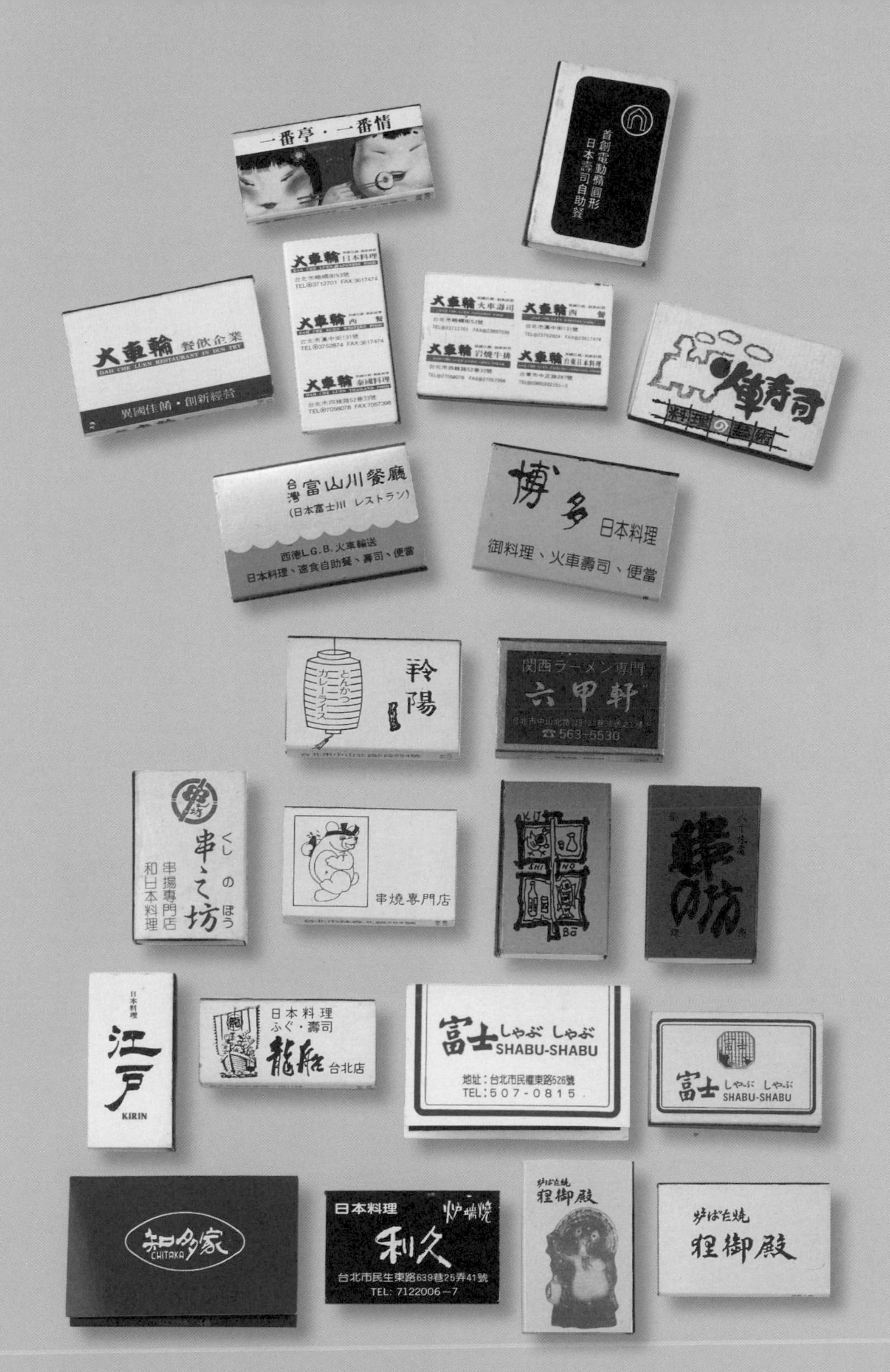

一番亭・一番情
首創電動精圓形
日本壽司自助餐
大車輪 日本料理
大車輪 西餐
大車輪 泰國料理
大車輪 餐飲企業
DAH CHE LUEN RESTAURANT IN DUS TRY
異國佳餚・創新經營
大車輪 火車壽司
大車輪 西餐
大車輪 岩燒牛排
大車輪 台灣日本料理
火車壽司
料理の藝術
台灣富山川餐廳
(日本富士川 レストラン)
西德L.G.B.火車輸送
日本料理、速食自助餐、壽司、便當
博多
日本料理
御料理、火車壽司、便當
とんかつ
カレーライス
羚陽
関西ラーメン専門
六甲軒
☎563-5530
くしのほう
串之坊
串揚專門店
和日本料理
串燒專門店
SHI NO BŌ
串の坊
日本料理
江戶
KIRIN
日本料理
ふぐ・壽司
龍船 台北店
富士しゃぶしゃぶ
SHABU-SHABU
地址：台北市民權東路526號
TEL：507-0815
富士 しゃぶしゃぶ
SHABU-SHABU
知多家
CHITAKA
日本料理 炉端焼
利久
台北市民生東路639巷25弄41號
TEL: 7122006－7
炉ばた焼
狸御殿
炉ばた焼
狸御殿

鐵板燒

源於十五、六世紀的西班牙，後來傳至美、日。

一九七一年，日本人吉田在台灣開設「新濱鐵板燒」餐廳，融合法式的精緻調理方式，加上創新、創意，打造出台灣的專業級鐵板燒料理，並培養出後來被譽為「台灣鐵板教父」的本土料理長葉清雄。爾後三十餘年，台灣頂級鐵板燒餐廳輩出，如：紅林、上林、紅花等，其主廚都曾有同門之誼。

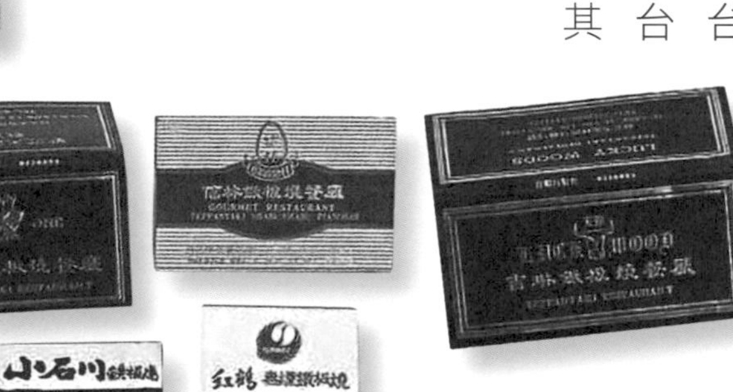

韓國料理

從戰前至戰後，韓國向來與我國互稱「兄弟之邦」，因此，韓國料理也很早就登陸台灣。

①漢城：

創立於一九六九年，位於台北市中山北路鬧區巷中，號稱全台第一家有空調及溼紙巾的餐廳，廚師挖角自阿里郎的主廚，口味道地，也是該店令人懷念之首。

②韓香村：

首家引進真正「石頭鍋」烹調的韓式料理店（註6），創立於一九七三年。

③可利亞餐廳：

創立於一九六八年，是火鍋界的老字號，早年以美味、平價竄起，現在採多元化經營。

名城
TEL.3710833
3312183
台北市漢中街50巷11
名城
永和鎮中正路712號 TEL:9413746
名城
永和鎮中正路712號 TEL:9413746
永和分店
韓妃 餐廳
台北市漢口街一段54號(六福西門大樓三樓)
TEL:3816016
鳳凰城之家
PHOENIX CITY HOUSE
漢
漢川餐廳
正宗韓國烤肉
TEL. 5217672
5641255
韓菜之家
韓一館
石頭火鍋・韓國烤肉
Korea Bar B. Q.
TEL:5512315-6
韓香亭
歡迎光臨
台北市南京東路二段七十六號
(半島酒店地下樓)
電話:5310217~8
韓香村
韓香村
台北本店 錦州街25號
TEL:5112252・5610097
台北忠孝店 忠孝東路四段331號
TEL:7722148・7722149
高雄店 成功一路216號
TEL:3326782・3326783
韓大館
TEL(069)277575
韓香村
台北市錦州街25號
(錦昌大樓1・2樓)
高雄市成功一路216號
TEL: 5112252
5610097
3326782
3326783
可利亞 餐廳
韓國烤肉・石頭火鍋
廿世紀的文明 石器時代的風味
可利亞 餐廳
韓國烤肉・石頭火鍋
廿世紀的文明 石器時代的風味
可利亞 餐廳
吃兩烤火・鍋火頭石
台北市延吉街130號
TEL:(02)7211231
可利亞
韓國烤肉
韓菜之家
韓香村
餐飲企業
可利亞
台北市民生東路130號
台北市延吉街130號
可利亞
韓國烤肉・石頭火鍋
宵夜・燒酒雞

SEOUL
서울집
韓國烤肉
TEL.512326
SEOUL KOREAN BER-B-Q
서울집
漢城
漢城大飯店
LUTONG SEOUL HOTEL
TEL: 562171~2.545900.542586
韓國烤肉
鴨綠江餐廳
TEL:519312
YALU. RIVER
韓國烤肉
鴨綠江
韓國烤肉
鴨綠江
餐廳
阿里郎
餐廳
韓國烤肉
阿里郎
366037
27676
阿里郎
TEL 55377
阿里郎
TEL 51769 55377
漢城餐廳
KOREA HOUSE
한국의집
TEL.54293
台北市國賓戲院四樓
KOLIHSIANG
KOREAN BAR-B-Q
아리랑
아리랑
正宗韓國烤肉
漢城
石頭火鍋
鐵板燒
在台韓國烤肉的原祖
阿里郎
一樓TEL.317676 二樓TEL.366037

高麗餐廳
正宗韓國料理
高麗蔘雞湯・烤肉・石頭火鍋
☎:5223996

五個燈
樓下……
・韓國烤肉
・石頭火鍋

韓鄉園
正宗韓國料理
烤肉鐵板燒
石頭火鍋
串燒
TEL:511530

板门店
餐廳
韓國烤肉
石頭火鍋
海鮮火鍋
台灣料理
宴席包辦
附設宵夜
台北市承德路200號
TEL:5219635・5818890

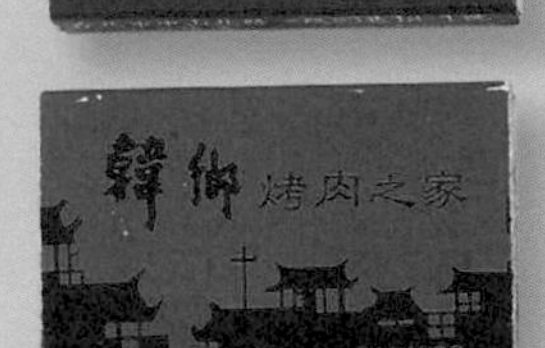
韓御 烤肉之家

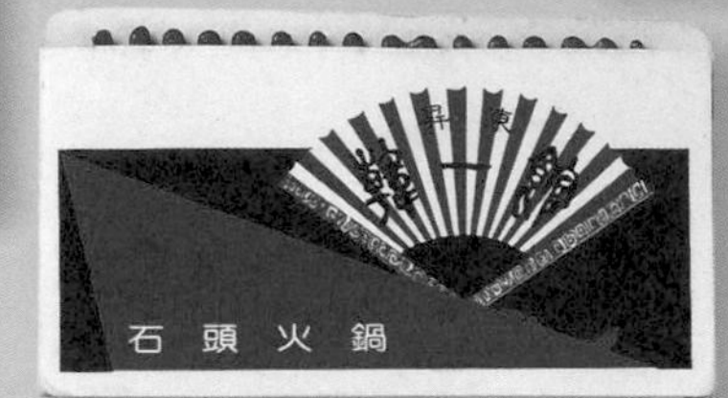
石頭火鍋

감사합니다
銘謝惠顧

中山店
BAR B.Q.

韓大廳

釜山
韓國烤肉 人蔘茶

韓國料理
秘苑餐廳
高麗人蔘雞

韓一樓
迷你石頭火鍋
神仙爐烤肉
專門店
TEL:(042)289616
台中市中山路283號(馬舍公料對面)

韓谷香
韓國烤肉 石頭火鍋
韓國燒肉
TEL:5419119

GENGHIS KHAN
RESTAURANT
BAR・B・Q.

韓國烤肉
石頭火鍋
海鮮火鍋
燒酒鳳鍋
金川餐廳
TEL:5625854

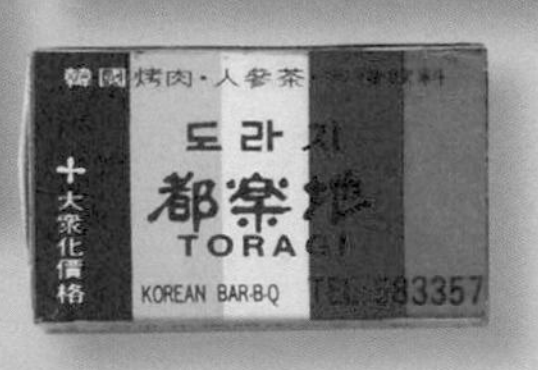
도라지
TORAGI
KOREAN BAR-B-Q

韓一館
無煙燒肉・石頭火鍋

大漢城
正宗石頭火鍋

韓一館
Korea Bar B. Q.

餐廳

HARN JE COAN RESTAURANT

全中堂
燒肉
海鮮
C.J.T.Korea Bar. B.Q.
正統韓國燒肉・活海鮮
☎:2319785.2725483

石頭火鍋
高雄市六合一路90號(三華大飯店隔壁)

韓國
烤肉
食道園

西餐料理

台灣最早的西餐廳，當屬從日治時期至今仍在營運的波麗路餐廳。政府遷台，也帶進一些西餐經營者，如：自由之家、羽毛球館、中國之友社（註7）、大華飯店。據聞，真正符合西餐格調者，應為藍天西餐廳。

台灣的西餐文化同樣始自日治時期，光復後，西餐文化在早期並未普及，台北做為首都，接觸各國外賓的機會較多，又曾經有美軍駐台協防過，故中、高檔西餐廳在台北較多，中、南部相對的較不盛行。由於西餐廳的裝潢方式，重視氣氛及隱密性，故在當時反而成為年輕男女約會、談天的所在。到一九八〇年代，由於經濟的高速發展，航空交通發達，外國人造訪台灣甚多，新式的西餐文化紛紛引進。又，台北車站位居交通樞紐，方便旅人暫時休憩便餐，其周邊西餐廳也盛極一時。

▲台北車站周邊的人氣西餐廳。

①波麗路餐廳：

創立於一九三四年，店名取自法國知名圓舞曲〈BOLERO〉的音譯。地點位在大稻埕民生西路上（註8），早年洋行、領事館林立，可說是台北最早接受西化地點之一。從戰前到光復初期，台灣的民風還甚為保守、純樸，男女婚姻很多是透過媒人撮合，而該店就是以此聞名的相親場所。該店創辦人廖水來先生對音樂、藝術（收藏奇石）不但喜愛，且長期資助台灣本土藝術人士，故該店也成為文人雅士、政商名流聚會處所，堪稱當時台北人流行去處的指標「五星級西餐廳」。目前該店建築已被市府列為文化古蹟，室內設計也是當年西餐廳裝潢風格的先鋒。

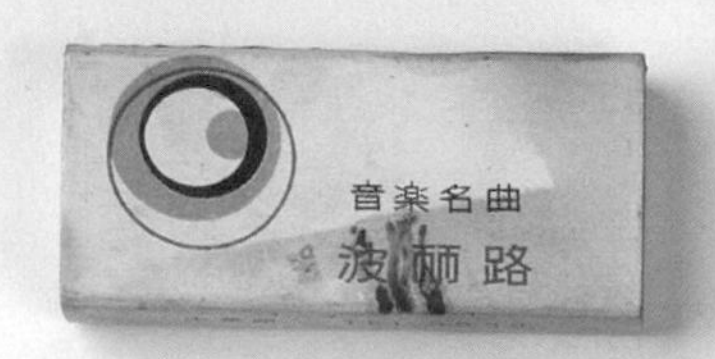
音楽名曲
波丽路

路丽波
菜西·点茶

BOLERO
TEA & MEAL
舖老性史歷有具最
茶西
点菜
路丽波
Bolero
TEL.40521.42903

STONES COLLECTION ROOM

STEREO PHONIC
茶點·西菜
BOLERO
TEA & MEAL
波丽路
氣空淨清 樂音朗明

茶西
点菜
Bolero

TEA & MEAL
BOLERO

BOLERO
TEA & MEAL
氣空淨清
樂晉朗明
点茶·菜西
路丽波

波丽路
TEA MEAL

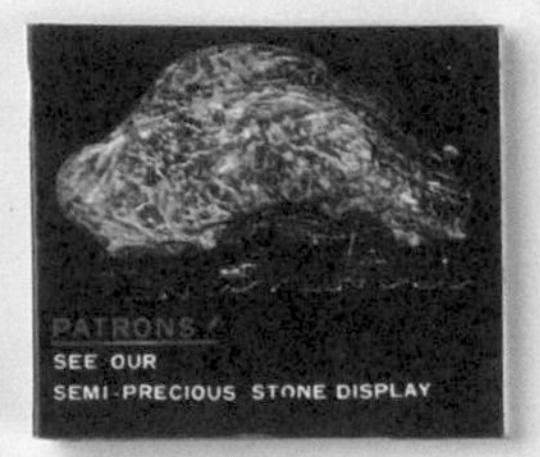
PATRONS
SEE OUR
SEMI-PRECIOUS STONE DISPLAY

PATRONS
SEE OUR
SEMI-PRECIOUS STONE DISPLAY

PATRONS
SEE OUR
SEMI-PRECIOUS
STONE DISPLAY

②肯塔基餐廳：

同在台北市民生西路上，是波麗露餐廳的主廚退出後，結合當地建商出資合開，於一九七五年開業。由於股東本業的關係，裝潢採用高規格設計、風格雅致，在當時也屬於高人氣西餐廳。

③藍天西餐廳：

位於台北市中山北路嘉新大樓頂樓，可惜於民國六十五年毀於祝融而關閉。

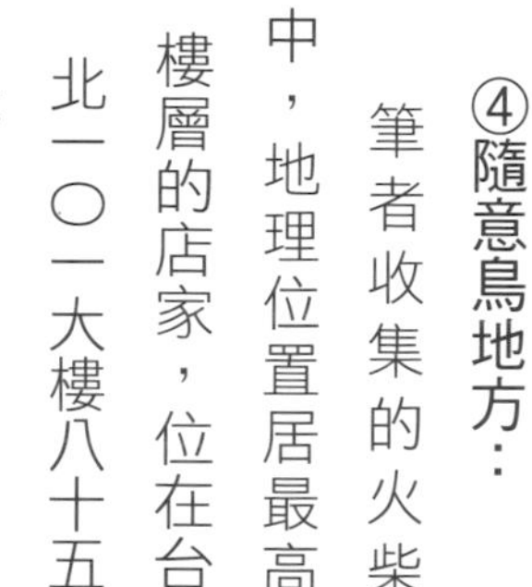

④隨意鳥地方：

筆者收集的火柴中，地理位置居最高樓層的店家，位在台北一〇一大樓八十五樓。

▲偉克商人西餐廳。

⑤偉克商人西餐廳：

首創於美國舊金山，一九九三年引進台灣，二十餘家連鎖店遍佈全世界，是富有南太平洋風味的異國餐廳，和圓桌武士、雙聖、茹絲葵隸屬同門。

六〇年代後期，開始有連鎖西餐廳的經營。如：芳鄰、星辰等。

⑥美式風味餐廳：

談到美式料理，一般都會聯想到速食、牛排，事實上美式餐廳仍有許多中、高檔餐廳，以口味及內部裝潢、音樂、燈光來吸引年輕人喜愛。

華星牛排館
(032)246789

小統一牛排館

阿公店牛排

新芝蘭
餐廳
TEL: 546270

紐西蘭牛排館

M.C.C.
瑪答莉
西餐 牛排 咖啡
GRILLED & COFFEE
TEL(07)241-0952-3

上層咖啡牛排
TOP CAFE
2811636
2219770

南洋
咖啡・牛排
服務親切
不加小費

牛排館

紅林鐵板燒專門店
RED TREE TEPPANYAKI
各種鐵板燒・宵夜
上午11：00～凌晨01：00

GOOD PARTNER
好搭檔
牛排・炭燒・生啤酒

水庫港式經濟快速牛排
鋼琴・MTV・民歌演唱

法都 牛排館

Golden Carpet
Teppan.Yaki
TAIPEI (02)5950007
TAICHUNG (04)2231205
KAOHSIUNG (07)3343920

文化
CULTURE
咖啡・牛排

七王牛排館
24HOUR SERVICE
KING'S
STEAK
HOUSE
TEL:556877

統一牛排舘
TEL 515809

克麗奧
西餐・咖啡

星
冷飲咖啡
簡餐餐點
立體音響
謝謝惠顧

YOUNG
YOUNG
RESTAURANT

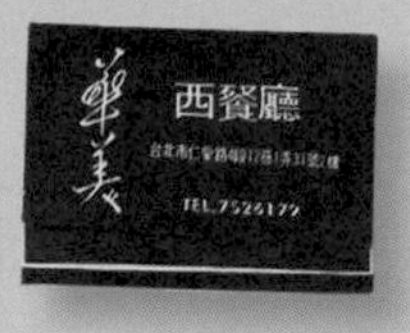
華美
西餐廳

華美
西餐廳
台北市仁愛路4段12巷1弄31號2樓
TEL:7076179

喜來登餐廳
TEL.5631291-3

BOLERO
波麗露
西餐廳
BOLERO RESTAURANT
TEL.274327・274328

蘭 咖啡

COFFEE
木笛
咖啡；冰淇淋、飲料
TEL: 343220

華美餐廳
HWA MEI
RESTAURANT

神仙窩
Genii's nest

金杯西餐廳
TEL:5512931

園曲心
廳餐西
3615380
3113154

老爹
餐飲・咖啡
電話
3216116-7

＊首創
第一座海底城
鼎新
水晶宮西餐廳
TEL:214255. 214355

爵士餐廳
咖啡・西餐
本店 台中市市府路 16號
分店 台中市自由路 二段28號

星晨
咖啡・餐飲
TEL:04/2284065

卡多里亞
台南市西門路76號TEL:226767

Kerry
凱莉
台中市公園路19號3F

金都
RESTAURANT 西・和餐・純喫茶
TEL 23437

HU TIE RAN
COFFEE ROOM
TEL 52660

Royal Coffee
皇家咖啡

銀谷 咖啡屋
TEL:(042) 291005

我們相逢在
TEL.367389

OLD TREE COFFEE SHOP
老樹咖啡專門店

長船

綠灣
TEL.310071・587048

羨加羨
台北市重慶南路1段1號 TEL.3615017-9

特製野餐便當・歡迎訂購外送
富麗華餐廳
＊大衆化消費・貴族化享受＊
TEL:(042)284411・284422

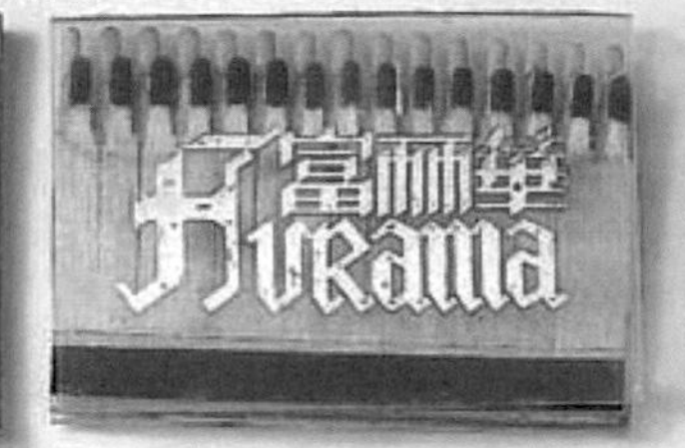
富麗華
Avrama

富麗華
Avrama

竹香園
佳餚入邇・開懷享盡

TEL:7041582

西餐廳
Show Boat
cafe
今日新公司五樓
TEL:5114685-6

中信西餐
TEL:9228328－9

聖安娜
西餐廳
SAINT HONORE RESTAURANT

9TH Circle
RESTAURANT

9TH Circle
RESTAURANT

排行榜 西餐廳
Bill Board Restaurant

咖啡・冷飲・牛排・西餐
錢櫃西餐

金座 餐廳
Golden Hall Restaurant
台北市漢口街二段54號（西門六福大樓2樓）
TEL:3816005,3821770,3821780

來客餐廳

紅磨坊
MOULIN ROUGE

天使西餐廳
Angel Restaurant
咖啡／牛排／飲料／西餐
TEL:(047) 256288.227560

帝國西餐廳
EMPIRE RESTAURANT
銘酒
牛排
西餐
咖啡
貳佰萬水晶透明鋼琴演奏
台中市自由路2段135號5樓 TEL228008.296712-13

帝國西餐廳
EMPIRE RESTAURANT
銘酒
牛排
西餐
咖啡
貳佰萬水晶透明鋼琴演奏
台中市自由路2段135號5樓
TEL 296712-13

帝國西餐廳
貳佰萬水晶透明鋼琴演奏
台中市自由路2段135號5樓
TEL.296712-13

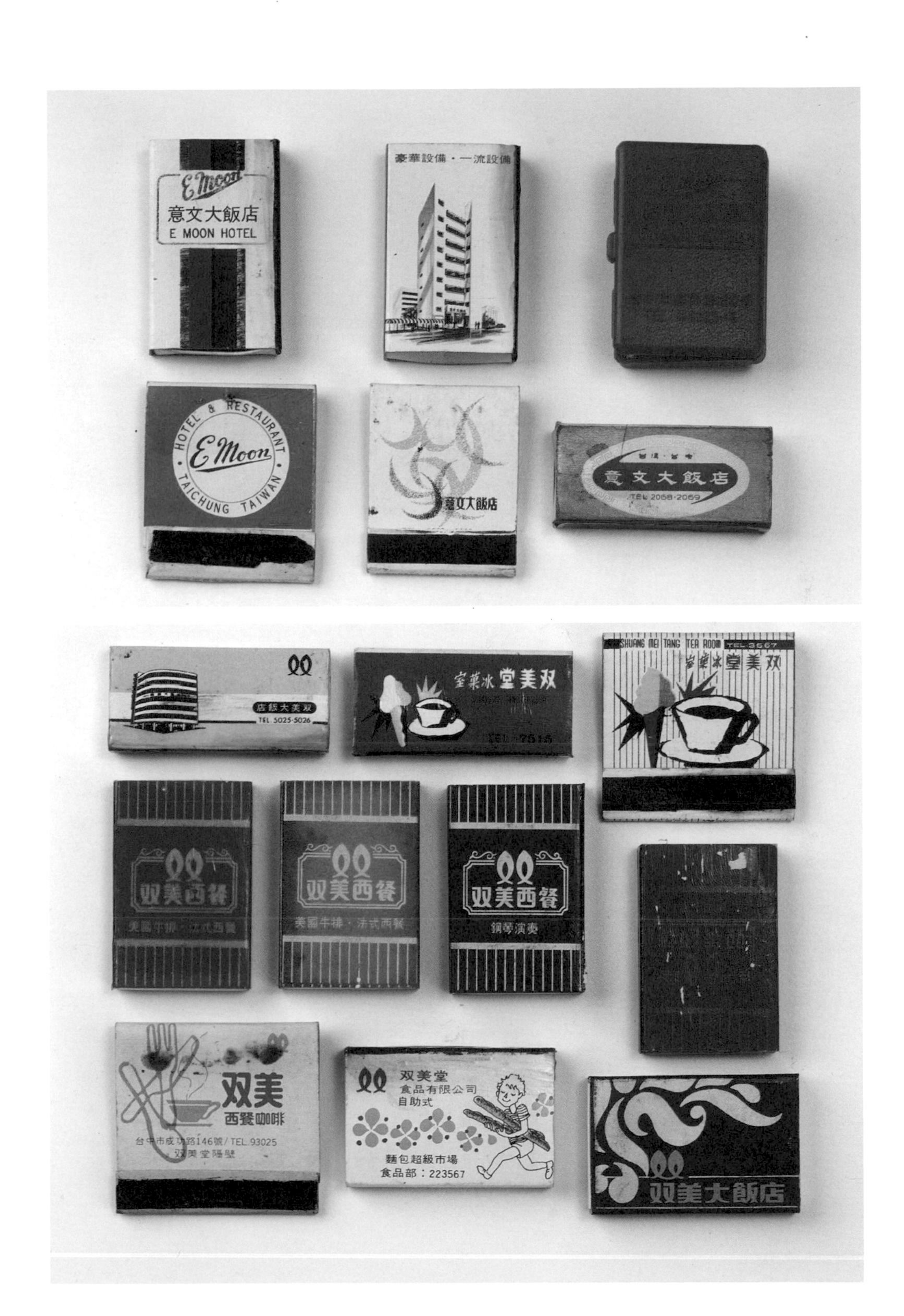
E Moon
意文大飯店
E MOON HOTEL
豪華設備・一流設備
HOTEL & RESTAURANT
E Moon
TAICHUNG TAIWAN
意文大飯店
意文大飯店
TEL 2068-2069
双美大飯店
TEL 5025-5026
双美堂冰菓室
SHUANG MEI TANG TEA ROOM TEL 3567
双美堂冰菓室
双美西餐
美國牛排・法式西餐
双美西餐
美國牛排・法式西餐
双美西餐
鋼琴演奏
双美
西餐咖啡
台中市成功路146號/TEL.93025
双美堂隔壁
双美堂
食品有限公司
自助式
麵包超級市場
食品部：223567
双美大飯店

I&I
艾艾餐廳
冷氣開放
新南都
餐廳
夢幻谷餐廳
純正宗台灣料理
冷飲・名曲
TEL. 22213. 23817
西屋餐廳
WESTERNHOUSE
自助餐外燴
7412959
7521503
都港新
TEL.4920
本能快餐
特別供應
青嵐餐廳
CHIN LANE RESTAURANT
TEL: 25137-9
LA BELLE BEST
TEL: 5221663-5
太平洋國際西餐廳
PACIFIC INTERNATIONAL RESTAURANT
桃園市民權路163號(市農會大樓)
金琴西餐廳
TEL.5622995(5線)
Y.T.H.
夜都會
雅馨
咖啡專門店
TEL: 5518798
純喫茶・咖啡・名曲
銀馬車
SILVER CARRIAGE CAFE
TEL.369661 (4線)
POLO
RESTAURANT
MEILIHWA
RESTAURANT
咖啡・西餐・牛排
香檳園大餐廳
TEL: 521-5305 五線
MEILIHWA
RESTAURANT
波士頓餐廳
咖名牛西
啡酒排餐
Boston
Restaurant
台北市武昌街2段124號
COFFEE SHOP
Dream
European Cuisine
Steak Cocktail

藍天餐廳
中西名菜
台中市市府路 TEL.34341・31171

Fuji Garden Coffee Shop
富士花苑

Mei Chia Mei
RESTAURANT
美佳美中西餐廳
豐原鎮中山路337之1號
(青年育樂中心正對面)

JIMMY
吉美
吉美 餐廳
TEL 32352

indian

現代啓示錄
FOC

紅玫瑰
冷氣開放
TEL 4907

莉凱
RESTAURANT

E Moon
RESTAURANT
意文餐廳

芳
咖啡

義大利比沙
PIZZA HOOSE
プランタン
PRINTEMPS
台北店
西餐咖啡
鋼琴演奏 立體音響
台北市民權東路151號 TEL：5616516

欣曲園
西餐廳
台北市成都路一號二樓
3612756
3811040

冷氣開放
金姊妹
純喫茶

新宮 咖啡廳

冰淇淋・飲料
西餐・咖啡
歡迎蒞臨
台北市長安東路一段55號
市銀行對面
紅花餐廳

威京餐廳

麒麟音樂咖啡廳
基隆市信四路五號 TEL.2352

奇士餐廳
專營：
咖啡／西餐

NK
南國
西餐廳
咖啡・牛排・名酒
冷熱飲・台菜宵夜

VICEROY
總督 牛排 西餐
嘉義店：嘉義市興業路535號
(新民路口)
TEL：2252456
2252460

今回西餐廳
TODAY'S
RESTAURANT
TEL:(042)249821
彩虹西餐

城中餐廳

咖喱屋餐廳
Curry
House

太平洋西餐廳
Pacific Restaurant
☎2415151-2
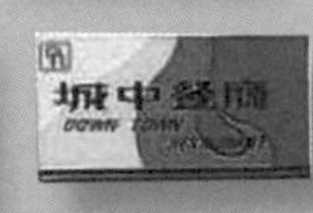
城中餐廳

阿波羅

一番館
ICHIBANKAN

加樂美

香蕉餐廳

TEL:781678

VENUS

杏都咖啡西餐

華府

新國際西餐廳

SHANGRILA

佳士達餐廳
TEL:580365

BIG&HIGH
European Cuisine

家園西餐
TEL:(039)552790

特伊亞
TEL:3922637 · 3922638

AMIGO
TEL:5630679

虹餐廳
西餐·咖啡·冷飲

金帆船

VICTORIA
RESTAURANT & PUB
賽歐
西餐廳
TEL:(02)5911818

FAMILY
RESTAURANT

Pucci

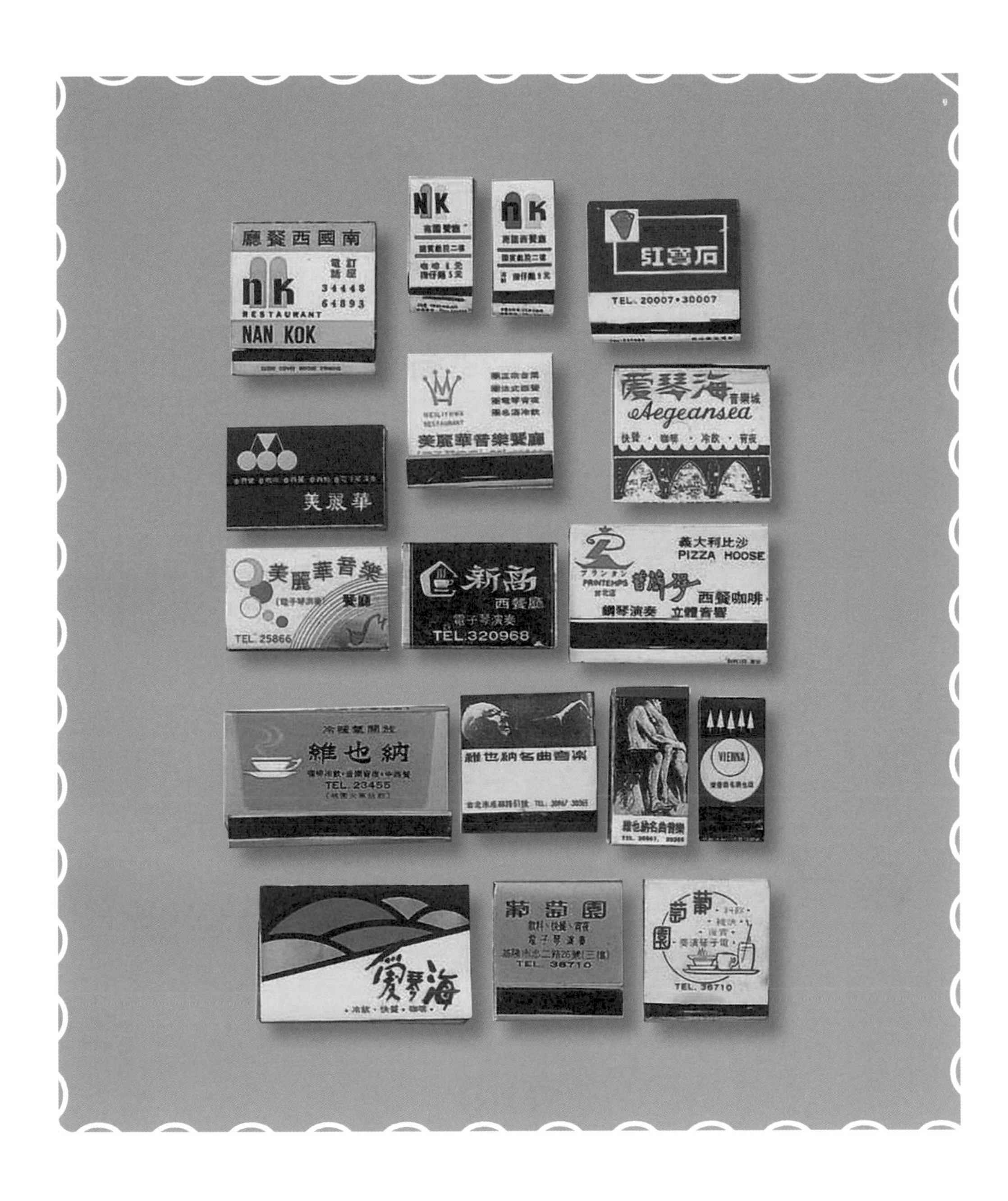
南國西餐廳
NK
RESTAURANT
NAN KOK
紅寶石
TEL. 20007•30007
美麗華音樂餐廳
愛琴海
音樂城
Aegeansea
快餐・咖啡・冷飲・宵夜
美麗華
美麗華音樂
(電子琴演奏)
餐廳
TEL. 25866
新高
西餐廳
電子琴演奏
TEL.320968
義大利比沙
PIZZA HOOSE
PRINTEMPS
西餐咖啡
鋼琴演奏 立體音響
冷暖氣開放
維也納
TEL. 23455
維也納名曲音樂
VIENNA
愛琴海
冷飲・快餐・咖啡
莉茵園
飲料・快餐・宵夜
電子琴演奏
基隆市忠二路26號(三樓)
TEL. 36710
TEL. 36710

⑦法式、義式料理：

在亞洲，尤其是日本、台灣，法、義式料理皆屬於高檔餐廳，其裝潢格調、氣氛都獨樹一格，多數設店於大都會區。

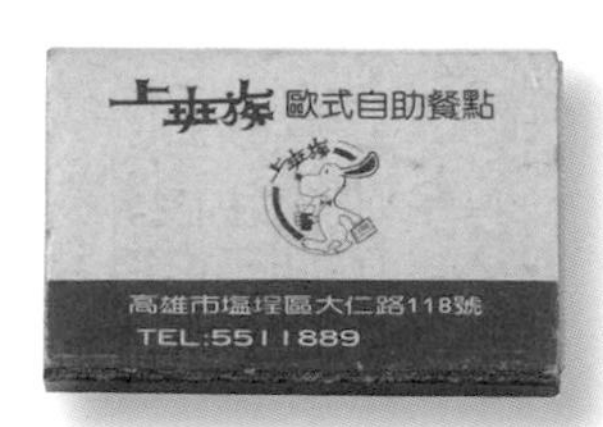

▲年輕人的最愛——美式速食餐廳！

其它異國料理

泰、滇緬、越南料理：

中南半島各國風味料理，在台灣屬於少數族群，口味上較不符合一般民眾所喜愛，近年由於外勞的引進，加上年輕人嚐新的心理，也出現幾家名店頗得人氣。

註1：故總統蔣介石夫婦若遇有喜歡的台灣名勝景點，會設置名為「行館」的住宿場所。

註2：曹蓋臣曾是譚延闓的家廚，譚氏是國民政府首任行政院長，曹蓋臣也以譚廚聞名，並於湖南長沙開設健樂園餐館。

註3：彭長貴在美國開業期間，曾受前國務卿季辛吉讚賞並成為主顧，使湖南菜一躍而成中菜的代名詞。（參考：《壹週刊》2009、6、11）

註4：早年經過日治時期，加上國民政府官員都是自大陸來台，所以台式料理無法獲得重視，許多名廚不是轉戰於外燴料理，就是寄生於有名的酒店場所，當時稱這些廚師的手藝叫「手路菜」，沈雲英女士就是匯集這些功夫菜，加以改良呈現在餐廳的菜單上。

註5：食道樂即是老饕之店。

註6：許多名為石頭火鍋的餐廳，用的火鍋是鑄鉼鐵的鐵鍋，非真正的「石頭」鍋。

註7：中國之友社是美式俱樂部，簡稱FOCC。

註8：大稻埕原為曬穀場，以閩南語發音命名。範圍約從現在捷運淡水線以西至淡水河邊，北至民權西路，南至台北車站，具有控制淡水河進出的優勢，故在十九世紀中葉，艋舺（萬華）沒落後，大稻埕取而代之，當時富冠全台，也是台灣茶推向國際舞台的重要推手。

【飲篇】

台灣的茶葉自清朝就享譽中外，起初是以茶行的型態呈現，近來跨足到所謂的「茶藝館」，藉著品茗與內部陳設吸引新一代消費族群。

咖啡文化引進台灣是在日治時代，性質分為二類，一為有「粉味」的場所；另一為文人雅士聚集之所，如：明星咖啡、作家咖啡屋、文藝沙龍、田園、天才等，野人咖啡廳（位於西門町，屬於前衛的搖滾咖啡屋，因常鬧事終被勒令停業。）。規模小者稱為「喫茶店」，只提供咖啡、茶、點心，如：維特咖啡，是台灣第一家以Cafe為名的店家，後來因為生意變差，轉型為高級酒家（黑美人酒家）。

後因戒嚴令的頒佈，文人聚會少了，反之一般消費者多了，大眾化型態的咖啡店在台灣各地蓬勃發展，九〇年代可說是咖啡店的戰國時代，相對的汰換率也提高。一般而言，咖啡廳屬於西式餐飲，故在火柴設計上，也都以西洋圖案或風格為主，視覺上顯得較高尚典雅。

在台灣經濟從農業為主進展到工、商業繁榮，在一般咖啡廳或西餐廳，透過其內部裝潢，從音樂欣賞到立體音響、電視欣賞，進而到現場演奏、駐唱，從火柴上可知其演進歷程。

南投縣鹿谷鄉凍頂山產地・精製自銷
純正 凍頂烏龍茶
協 發 堂

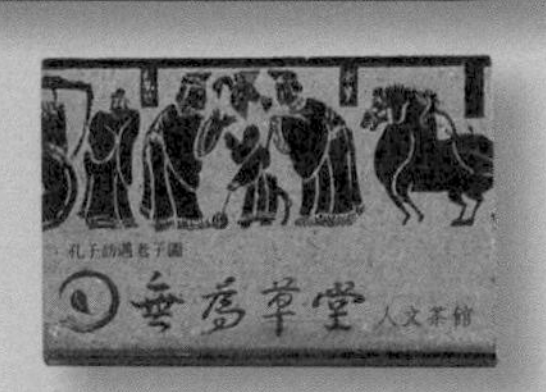

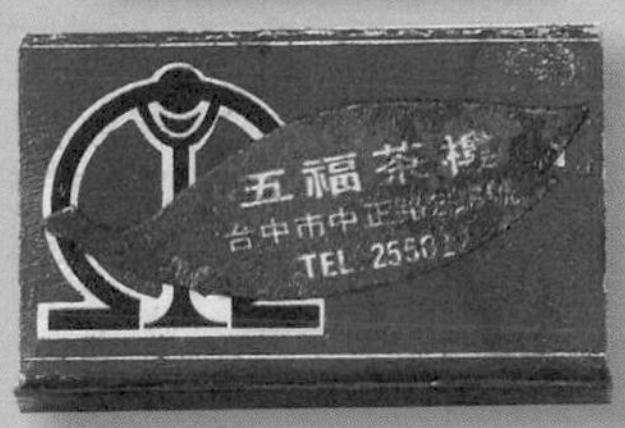

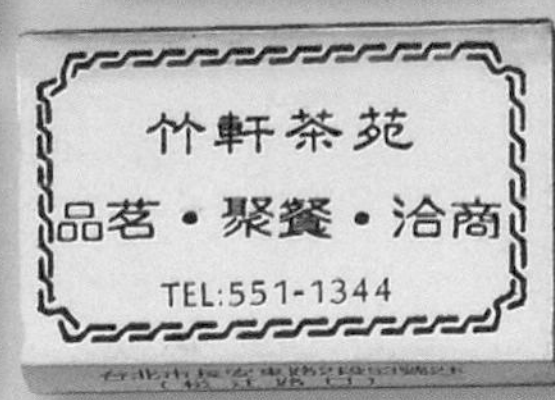

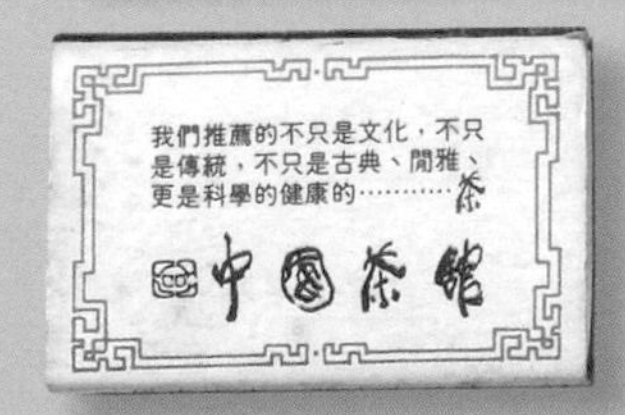

茶某人餐飲顧問有限公司
高雄市廣州一街141之6號
高雄市中正四路67號
鳳山市三民路294號
茶某人餐飲顧問有限公司
Lieu Li Fang
【24H茶軒】
木棉道連鎖店
茶藝/民藝/咖啡/牛排
庭園小木屋 KTV
GONDOLA GARDEN RESTAURANT
西餐/舞池/VIP伴唱休閒廳

咖啡店

①明星咖啡：

成立於民國三十八年，地點在武昌街，是台北首家西點店。一樓為麵包店，二樓為咖啡店。早年詩人周夢蝶即在騎樓下擺書攤，一度曾是文人喜愛聚此創作的場所。明星老闆之一是俄籍人士，蔣氏父子曾於此過年節。該店於八〇年代一度熄燈，至二〇〇四年才又重新開張。

②UCC上島咖啡：

源自日本，一九八六年引進台灣，其易開罐咖啡，在當時頗受歡迎。

③南美咖啡：
位於台北市成都路，開啟台灣咖啡烘焙的始祖。

④古典貴族：
筆者在收藏桃園地區咖啡西餐廳火柴中，覺得設計最有品味的店家。

⑤咖啡樹廣場：
洋味十足並兼有創意，在二十一世紀的年代，製作如此超大型套裝火柴還真是少見。

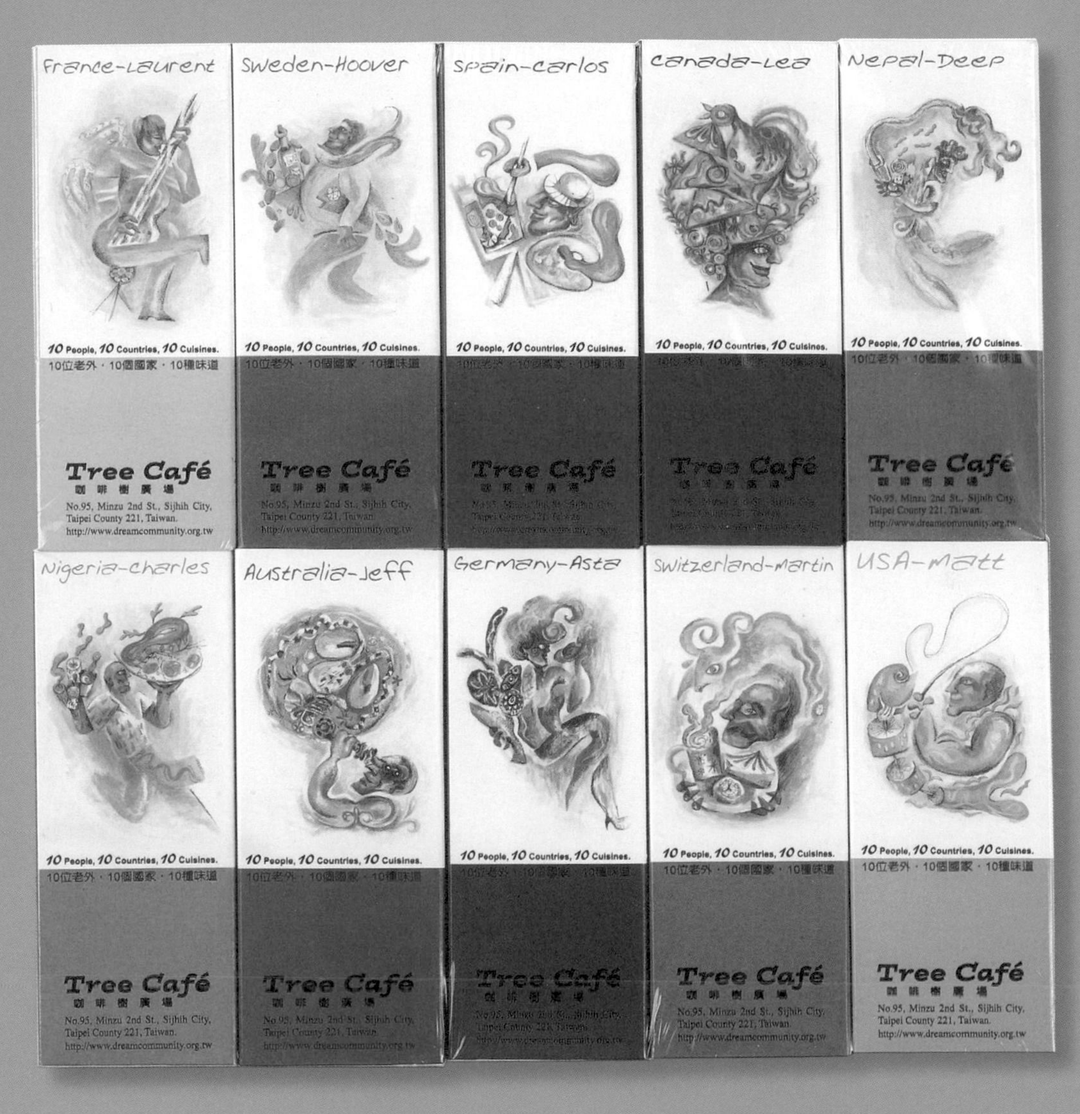

▲咖啡樹廣場的火柴盒肯花成本，製作相當精美！

克寧咖啡餐室
可愛
TEL.23698
大芳
西點麵包廠
大芳
TEL. 25355
Coffee
TEL.25355
芳
咖啡
nan mie
coffee & snack
NAN MEI COFFEE
巴西利亞
THE SWEET POTATO
THE SWEET POTATO
地瓜屋
THE SWEET POTATO
偉利
偉利
苑蘭
TEL:372981
苑蘭
TEL:372981
苑蘭
TEL:712981
咖啡屋
CAFETIN
KAFFEE HAUS
咖啡屋
CAFETIN
KAFFEE HAUS
南風
TEL:21695
MD 美都餐廳
RESTAURANT
Mei Du COFFEE
TEL.23045
南美
TEL.7383.
中南美咖啡西點

AQUA TERRACE
來亞
咖啡名店
歐吉
華園咖啡
可佳咖啡屋
股友聯誼中心
咖啡・冷飲・餐點・品茗
三多咖啡店
名國咖啡專門店
MIN KUO COFFEE SHOP
龍珠餐廳
上上
WORLD
COFFEE
SHOP
紅粉屋
PINK HOUSE
椰 如
CAFE RESTAURANT
水月園
STYLE
龍龍園
咖啡專門店
SHOP
人山餐廳
咖啡/快餐/冷飲
Sophia
STYLE COFFEE

仙園咖啡

楓
咖啡
橋
TEL:(02)3318453·3318454
台北市武昌街二段89之2號2F

50年代
咖啡專門店

豪馬咖啡

名家咖啡專門店
MIN-CHA COFFEE SHOP
261·4257
261·9798

朝代
DYNASTY COFFEE
高雄市七賢二路37號
2811156~7

仙園咖啡

101 咖啡專科
高市中山一路101號
2211889

麦鄉 咖啡茗茶
2018181, 2413262

32街 咖啡世界屋
32 STREET COFFEE SHOP
TEL:(07)551-3037

KEY
COFFEE

音樂 咖啡 西餐 電子琴演奏
美麗華

西餐·咖啡·酒點·音樂
美麗華
TEL.3117181-3
電子琴演奏

白馬車餐廳
TEL 361967
WHITE HORSE RESTAURANT

PIER COFFEE
碼頭
咖啡

MEMO
大象咖啡 調酒·簡餐

咖啡專門店

高杉咖啡
咖啡／餐點／冷飲

LUSEia coffee
露西亞
TEL:2820680

雅典 ARDEU COFFEE
咖啡

小婦人 咖啡
Little Woman
COFFEE

金鈴 咖啡

2F咖啡·快餐
2713121

中心餐廳
歐式西菜
南美咖啡

餐廳
咖啡

RED ROOT COFFEE
RED ROOT COFFEE

巧軒 咖啡專門店
台北市仁愛路4段27巷5號

羅漫蒂
歐式香茶·咖啡
TEL:(07)2819360

咖啡
HYACINTH COFFEE

底層咖啡 CAFE BASEMENT

MY
PLEASURE
SIR
鴻霖餐廳
RESTAURANT LA MONA

Angel

Classic
MUSIC
MIN YUAN
NO 48, TEN CHIN STREET
TAIPEI TAIWAN

走廊
茶藝雅築

STAR
ISLAND

白金漢西餐廳
牛排・西餐・咖啡・宵夜
電子琴演奏

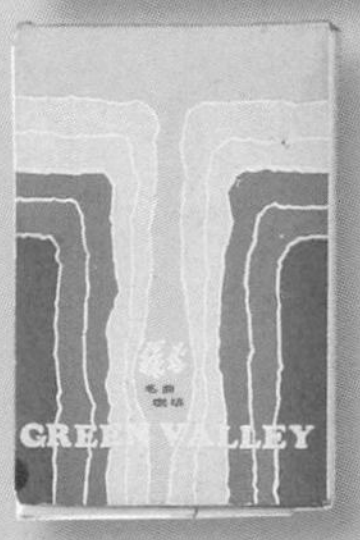
GREEN VALLEY

HUGO'S

欣音
視聽事業有限公司
卡式錄放影機・音樂帶
TEL: 7024396

鐵鞋 COFFEE

凱莉餐廳
Kelly Restaurant

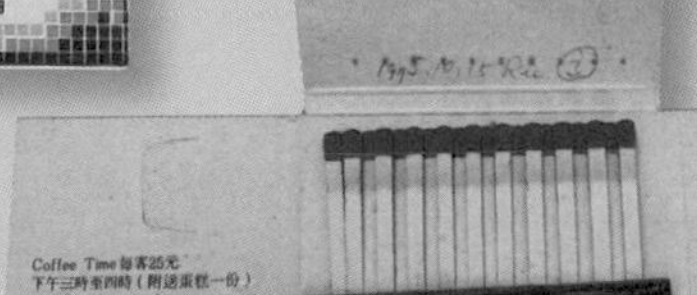

indian

四季
咖啡冷飲專門店
SEASONS COFFEE BEVERAGES ROOM

羅馬假期

Rome
24
羅馬假期

羅馬假期

四
季
570401

HHC
星星園餐廳

加樂蛋糕

marco polo

FOUR SEASONS COFFEE & STEAK
四季 西餐. 西點蛋糕

四季

四季
牛排・西餐
蛋糕・麵包

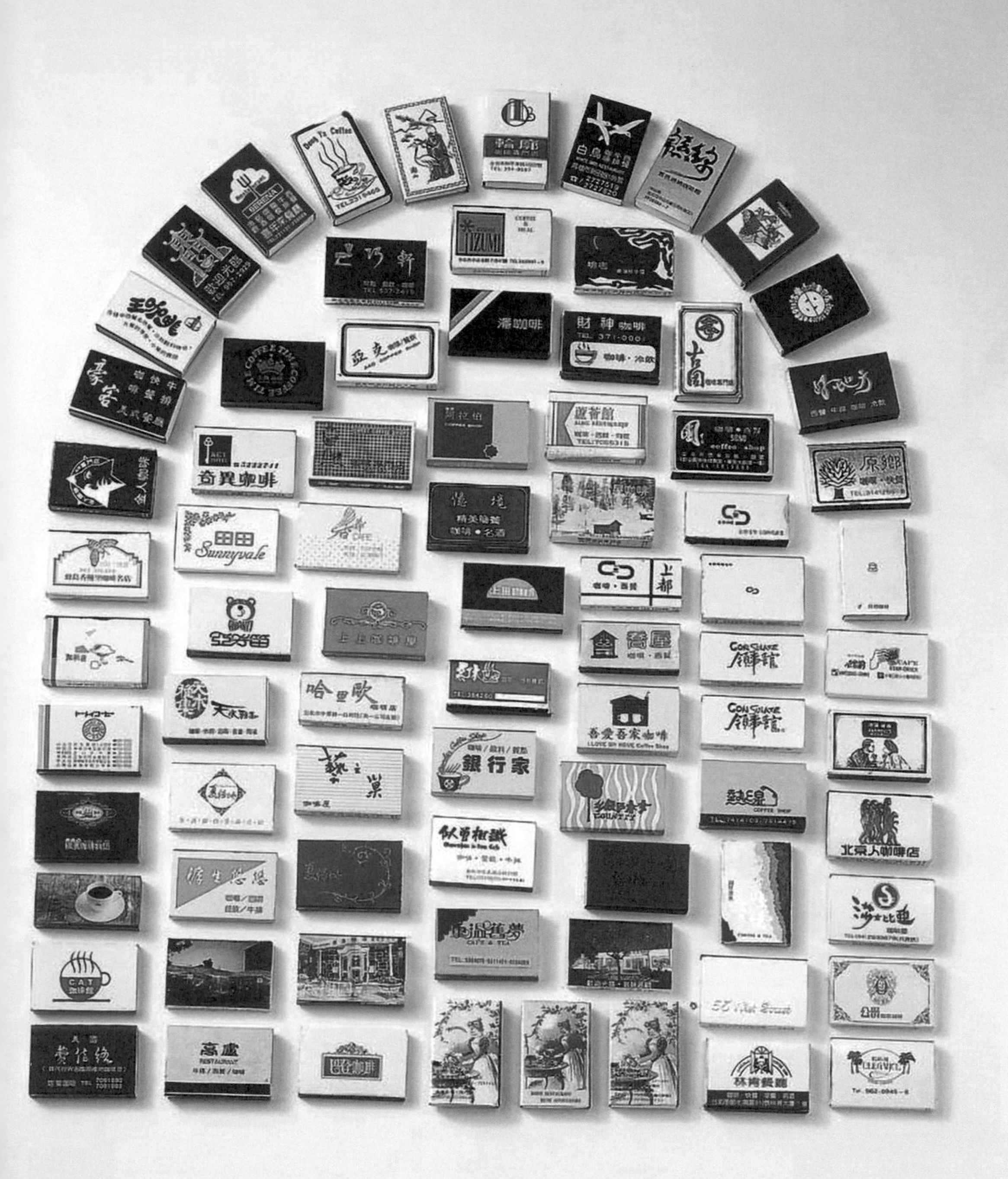
Dong Ya Coffee
白鳥
IZUMI
巴巧軒
潘咖啡
財神咖啡
咖啡・冷飲
亞克
COFFEE TIME
奇異咖啡
情境
精美簡餐
咖啡・名酒
原鄉
金人咖啡
田田
Sunnyvale
上都
咖啡・西餐
喬屋
哈里歐
咖啡店
天水
銀行家
吾愛吾家咖啡
I LOVE MY HOME Coffee Shop
北京人咖啡店
CAT
高盧
RESTAURANT

仙樂美純喫茶
TEL.32481
夜巴黎
紅玫瑰
TEL.24907
東京
基隆市
東京
純喫茶
阿哥哥
純喫茶
維也納音樂純喫茶
天月
純音樂茶室
RESTAURANT NAN KOK
AMBASSADOR THEATRE 2ND FL.
谷陽餐廳
美好餐廳
餐點・冷飲・咖啡
遠東百貨公司三樓
TEL:33541・33211
美美
心園
RESTAURANT CHIKUYO
輕食・喫茶
竹葉
SILVER FLOWER
銀華餐廳
阿婆店
TEL:218898
麒麟
麒麟餐廳
翠屋
咖啡 GREEN HOUSE
海中地
地中海
大餐廳
麗池
RITZ COFFEE
CARPIGIANI
佳賓集
心心
天使咖啡
冷飲餐點
雪湖
COFFEE AND TEA
Piano Music
Charming Girls' Service
Famous Coffee & Snack
TEL:562265
鵝媽媽
MA-MA-G
咖啡・名酒
冷飲・早點
MA-MA-G
哈林
餐廳
HARLIN
玫瑰園餐廳
小美玲

懷念
可樂娜
巴黎
金梅
太陽
TEL. 332559
翡翠
金金
BANANA BOAT
367389
339263
MD
MEIDU COFFEE
KEY COFFEE
富士花苑
KEY COFFEE
孔雀
咖啡專門店
咖啡／飲料／快餐
萊萊 咖啡屋
山雅
咖啡・快餐・飲料
LAN SHAN COFFEE SHOP
康馬
咖啡專門店

Venice

上咖啡
TEL:211155-7轉三樓上咖啡

RED ROOT COFFEE
RED ROOT COFFEE

東南亞最大旋轉餐廳
銀河
旋轉大餐廳
TEL.(042)216824-5.216827

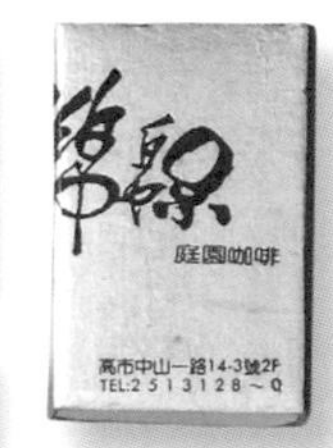
庭園咖啡

電子琴演奏
三櫻
餐廳
TEL:219757.219758

茂發
咖啡 飲料
TEL:223535

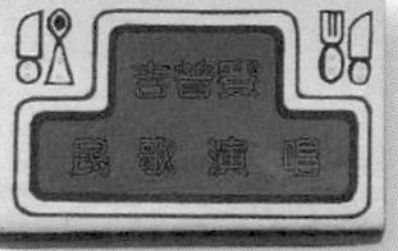

鄉巴佬
餐飲・咖啡

牛排・快餐
咖啡・冷飲

THE LONG WALL

24H

溫莎公爵

國王西餐廳
King Restaurant

頂尖
APEX

統帥西餐廳
TEL: 2712160

印象十九

西餐
TEL: 331-1136

國統西餐廳
西餐、牛排、美酒、咖啡

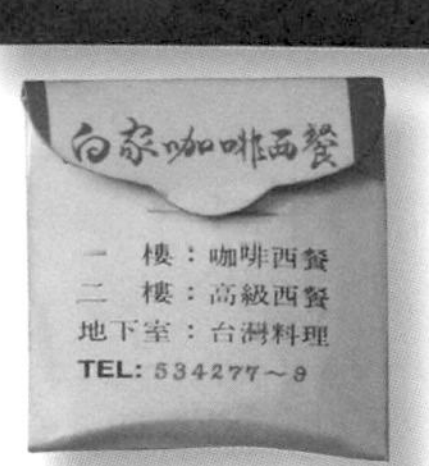
白家咖啡西餐
一　樓：咖啡西餐
二　樓：高級西餐
地下室：台灣料理
TEL: 534277～9

巧登
牛排・西餐・早餐
咖啡・冷飲
歡迎工商學生團體聚餐

GAULOIS
TEA . ARTS . LIQUOR

TEA ROOM
SAN FRANCISCO
TEL 32425
TEL:332425
舊金山
TEL 32425
TEA & MUSIC
純喫茶
紫烟莊
TEL 48940
小夜曲
電子琴演奏
Carmen
卡門
TEL: 20542
麗莎
音樂咖啡廳
小夜曲
純喫茶
電子琴演奏
TEL.35115·35161
南夜
純喫茶
TEL.50795
南夜
清粥·宵夜
南夜
清粥·宵夜
TEL.50795-54328
武昌
TEL52972
MEI LI HWA
美麗華
TEL:21396-8
星河
台北市中華路29之2號
TEL.578225
新聲餐廳
電子琴宵夜
TEL:336636
TEL:336636
TEL:36636
天月
純音樂茶室
清粥 小菜 宵夜
Venice
Venice
紅宝石
TEL.27910

蜜蜂 本店
咖啡專門店
COFFEE
TEL: 5510170
5416931

COFFEE
蜜蜂咖啡店
TEL: 7017033—4

WELCOME……
蜜蜂咖啡
歡迎品嚐
冰菓・飲料・餐點

COFFEE SHOP
蜜蜂咖啡
福和店

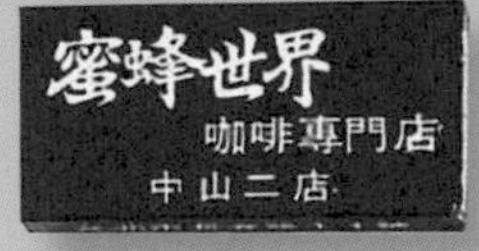
蜜蜂世界
咖啡專門店
中山二店

東 山
蜜蜂
世界咖啡專門店

東 山
蜜蜂
世界咖啡專門店
註冊商標第98236號

東 山
蜜蜂
世界咖啡專門店
註冊商標第98236號

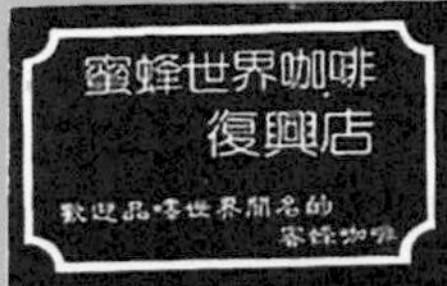
蜜蜂世界咖啡
復興店
歡迎品嚐世界聞名的
蜜蜂咖啡

蜜蜂世界咖啡
松江二店
台北市松江路175號
(天使飯店旁)
TEL:5818875

蜜蜂世界咖啡專門店
營養早餐
特製午餐
名茶果汁
香醇咖啡
COFFEE

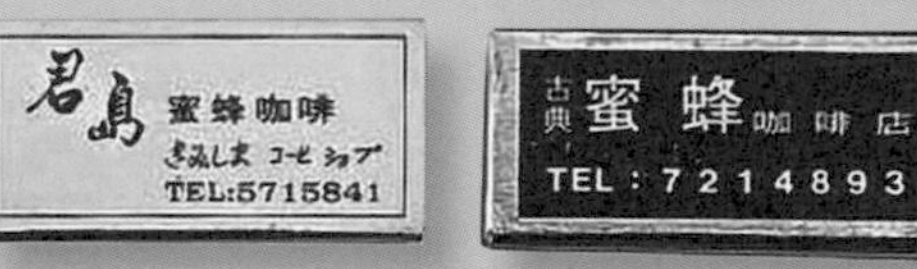
君島
蜜蜂咖啡
きみしま コーヒショップ
TEL:5715841
古典
蜜蜂 咖啡店
TEL：7214893

COFFEE COFFEE
蜜蜂世界咖啡
青島店
COFFEE COFFEE

蜜蜂咖啡永和店
永和市中正路465巷24號
TEL: 9226145

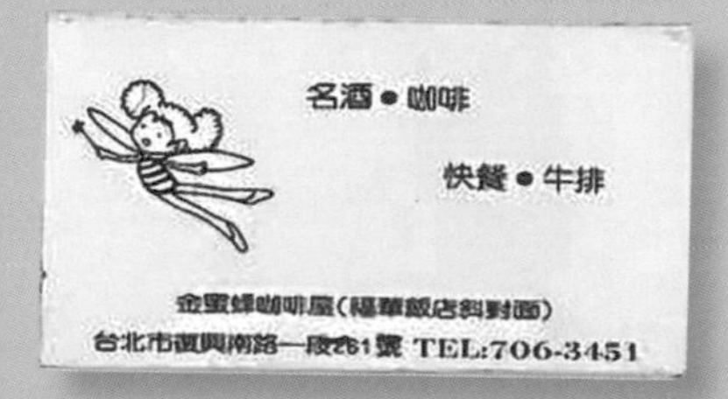
名酒・咖啡
快餐・牛排
金蜜蜂咖啡屋(福華飯店斜對面)
台北市復興南路一段261號 TEL:706-3451

蜜蜂世界咖啡 南陽店
台北市南陽街7號
TEL: 3149039

COFFEE
蜜蜂世界咖啡
太園店
☎5366131
咖啡・冷飲・快餐

冰品飲料

提到早期的飲料，對三、四、五年級生而言，應一致首推「黑松汽水」，始自日治時期，以張文杞先生為主的七位堂兄弟合資，買下日本尼可尼可商會的汽水生產設備，創立進馨商會，並於一九二五年開業生產，算是台灣本土人士最早開設的汽水公司。

在一九四〇、五〇年代，物資尚不豐富，社會普遍貧窮的時代，喝汽水算是滿奢侈的享受，所以喝喜酒時，除了一飽口慾，另一種享受就是能喝到汽水，而當時在喜宴桌上擺有黑松汽水，則是非常體面的，之後果汁飲料興起，漸漸取代汽水。

一九六六年美系飲料相繼引入台灣，如：可口可樂、百事可樂、蘋果西打、榮冠果樂、七喜汽水等。

①蘋果西打：

於一九六五年由大西洋飲料公司生產，屬於國產的外國飲料。

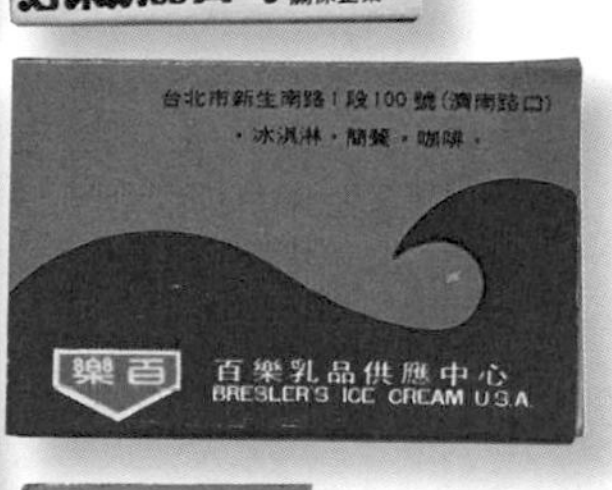

②可口可樂：

於一九五七年在台灣設廠，初期只供駐台美軍飲用，至一九六八年才開放上市，在碳酸飲料市場中位居龍頭，數十年不衰。

③百事可樂：

於一九七〇年在台灣設廠，因進入台灣市場較晚，雖同為美系飲料，仍不敵可口可樂。

④榮冠果樂：

是美國Royal Crown Cola（簡稱RC Cola）的譯稱。

松峰

藍寶石飲料店
TEL.542121

長堤
TEL 56733

三多利飲食店
壽
サントリー

今日
600"
牛乳大王
專門店
TEL:2314114

白光
冷飲 冰菓
Pai Kwang
Ice Room

新連冰菓室

麗谷
TEL 30245

美味飲料中心

台
中
牛乳大王
早點・宵夜
營業時間

美
SHAO MEI ICE CREAM
冰淇淋・冷飲
舒乃斯・咖啡

好萊
好萊奶品公司

海琴愛
台北市新生南路一段100號
(濟南路口) TEL.3912067

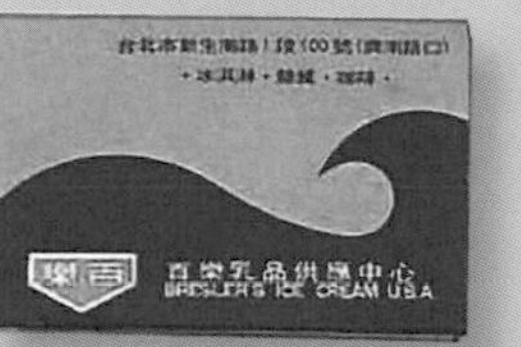
台北市新生南路1段100號(濟南路口)
・冰淇淋・雞捲・咖啡・
樂百
百樂乳品供應中心
BRESLER'S ICE CREAM U.S.A

TEL 8372758

西瓜大王

101
西瓜大王

TEL. 721312
好萊冰淇淋

台農
保久乳
新時代的新飲料
新產品

冠首
Champion
小美冰淇淋供應處
TEL: 550406

花月
冰淇淋
高尚音樂 冷飲

義美牛乳
500cc
木瓜牛乳
義美牛乳
台北市昆明街31號
TEL: 3822013

百樂
高級冰淇淋
脆皮紫雪糕

百樂
台北市中山北路三段二十四號

銀座冰菓室
冷氣開放
二樓雅座
台北市中華路62號
TEL. 34907

双美大飯店

SHUANG MEI TANG TEA ROOM
双美堂

小紅莓
自助火鍋城
CRANBERRY
小紅莓
Cran・berry
來自天然紅的喜悅
北美洲冰天雪地的奇妙紅菓子
吉香股份有限公司
訂貨專線：台北區(02)3965720-1
高雄區(07)7510195
小紅莓
小紅莓
天然紅鮮果汁
訂貨專線：4565877
敬請訂購
喜慶宴會
香吉士
訂貨專線：3313490・3715918
純果汁
香吉士
欣陽食品飲料股份有限公司
TEL:9221237
敬請惠顧
喜慶宴會
香吉士
訂貨專線：3313490・3715918
敬請惠顧
喜慶宴會
香吉士
訂貨專線：7604760
绿洲
JUICE
绿洲
JUICE
绿洲
JUICE
TEL:7917489
7917502
味全
wei-chuan
TEL. 787687
TEL. 383842
TEL. 376439
味全
柳橙汁
芭樂汁
訂貨專線：7132702
7121074
味全
訂貨專線
7132702
7121074
柳橙汁
芭樂汁
味全
訂貨專線：
7184595-6
柳橙汁
芭樂汁
高級冰淇淋
樂福
Foremost
淋淇冰
糕雪
司公品奶樂福
TEL: 774572・778191-4
百樂
百樂冰淇淋
金沛食品公司 9619793
百樂
米琪
乳品專賣店
MICKEY HOUSE
7
ELEVEN
仁愛餐飲中心
福樂奶品專售
Foremost
仁愛
I ♥ MILK
光泉
牛乳・西餅・歐式自助餐
7
ELEVEN
7-ELEVEN
您方便的好鄰居

三、火柴盒與「衣」的美美相照

成衣業蓬勃發展

在一九六〇年代以前，社會經濟水準普遍並不富裕，因此許多家庭主婦都會學習編織或裁縫，就算不貼補家用，也可為自家子女縫編衣褲，既節省開支，又可增添親子之情，故毛線球在當時也是熱門商品。

在北部有句廣告詞，「汪汪（狗叫聲），聽到狗聲，就想到狗標！」這是合發服裝行（創立於一九四〇年）製作的電台廣告詞，以狼狗做為商標圖案，在一九五〇、六〇年代，是台北市延平北路商圈知名的服裝店，其家族後來又有投資曼谷賓館、天使飯店。

▶據聞當時少棒出國比賽所需的西裝是由狗標老闆捐助的！為善不欲人知喔！

①新光紡織：

是國內第一家人造棉紗廠，後來也生產成衣，旗下暢銷襯衫品牌以英文音譯中文，命名為司麥脫（SMART）。另一家南華內衣所屬襯衫品牌，同樣以英文音譯中文，取名為否司脫（FIRST），而在當時消費者之間有著襯衫要買哪一「脫」的笑話。

②遠東紡織：

政府遷台，當然亦有不少大陸大企業跟隨來台。在紡織界，遠東紡織可說是上海幫紡織工業轉移台灣繼續經營的代表。

從一九五〇年代至一九八〇年代創造出「台灣奇蹟」行業，成衣業也是功臣之一。在五〇、六〇年代，成衣的銷售在成衣店，女士要量身訂製旗袍、禮服，則去布莊選購，男士西服則去西服店訂製，買進口服飾則去委託行。

六十一年 十二月
♐ 天箭座
11月23日～12月22日出生
六十一年 二月
♒ 水瓶座
1月21日～2月19日出生
六十一年 十月
♎ 天平座
9月24日～10月23日出生
六十一年 八月
♌ 獅子座
7月24日～8月23日出生
六十一年 四月
♈ 牡羊座
3月21日～4月20日出生
六十一年 六月
♊ 雙子座
5月22日～6月21日出生
Manhattan
美好挺襯衫
遠東紡織公司敬贈
美好挺幸運火柴
天箭座的運氣
♐ | 花 | 色彩 | 寶石 | 數字 | 日期 | 星期 | 方向
幸運 | 山百合 | 紫色 | 黃玉 | 3 | 3 12 30 | 星期四 | 南南西
不幸 | 薔薇 | 淡黃色 | 碧玉 | 7 1 4 | 7 16 25 | 星期五 |
遠東紡織公司敬贈

百貨業風起雲湧

在服飾方面，早年進口貨都是由所謂的「委託行」來販售，之後為百貨公司所取代。光復後，台灣第一家百貨公司是一九四九年成立的建新百貨，位於台北中華路上，以中國上海百貨的模式營運，主打布料與服飾。

而一九五七年在高雄鹽埕區開設的大新百貨公司，則是戰後南台灣第一家百貨公司，也是當時台灣第一家有手扶電梯的百貨公司，雖僅有二層樓依然門庭若市。其創辦人日後又成立大統百貨公司、大立伊勢丹百貨公司等。在火柴製作上，常以大型套裝火柴贈送客戶，頗有南霸天的氣勢。

第一百貨公司位於西門町中華路上，於一九六五年十月開幕，是當時全台最大的百貨公司，也是台北第一家引進電扶梯的百貨公司，之後又建立綜合性大樓「今日百貨公司」，頂樓附設遊樂場，其他樓層設各種表演廳，轟動一時。

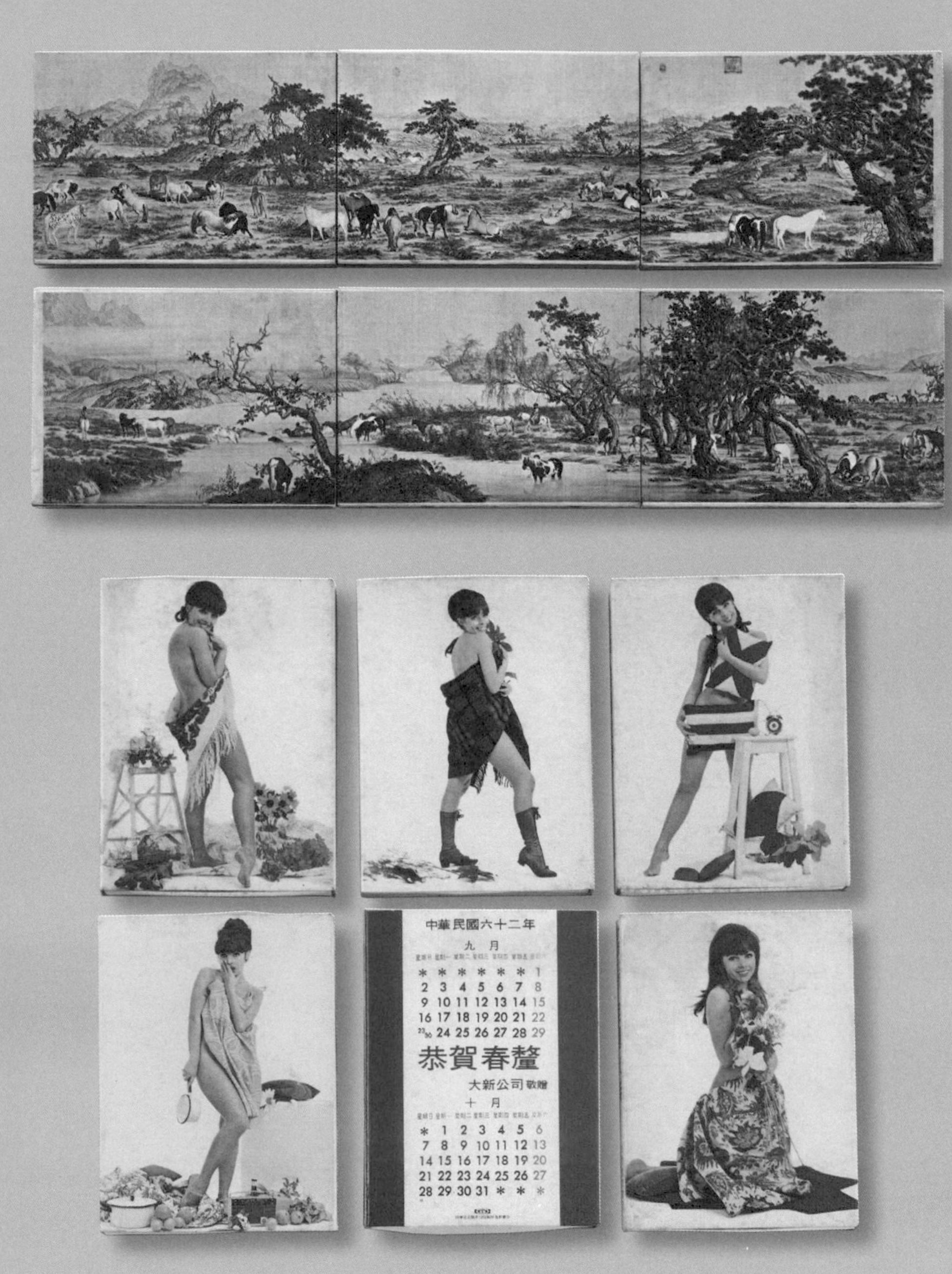

▲大新百貨春節大型套盒火柴，可說是業界No. 1！

隨著經濟發展提升，國民消費能力漸漸提高，綜合性百貨公司興起，以高雄大新百貨為首，之後北部的遠東（台灣首家以連鎖方式經營的百貨公司）、今日、力霸等百貨公司相繼開張，西門町也就成了全台百貨公司最密集的商業區。

直到九〇年代西門町逐漸沒落，太平洋崇光百貨在台北忠孝東路四段插旗後，東區迅速發展成頂級百貨公司戰區，就又說來話長了……

▲遠東百貨最早的設立地點位在哪裡？答案就在火柴盒上，坐落於台北市永綏路。

遠東百貨公司八樓
鑽石樓 餐廳
TEL:43553.43535

紀念 歐洲商品展覽會
EUROPE SHOW '74
遠東百貨

鑽石樓
正宗粵菜・港式飲茶
台北仁愛路：遠東百貨公司四樓
台中自由路：遠東百貨公司八樓
台南公園路：遠東百貨公司五樓

遠東大酒樓
Far Eastern
RESTAURANT
正宗粵菜 港式飲茶
喜慶筵席 大宴小酌
TEL. 528214-6

慶賀美國開國200年紀念
美國商品推廣銷售展覽會
遠東百貨
台北 / 台中 / 台南 / 高雄

鑽石樓餐廳
遠東百貨公司八樓
TEL:43553. 43535

遠東百貨公司八
台中市自由
Diamond
RESTAURANT
TEL:43553.43535

鑽石樓
正宗粵菜・港式飲茶
台北 仁愛路：遠東百貨公司四樓
台中 自由路：遠東百貨公司八樓
台南 公園路：遠東百貨公司五樓

台北：7083686－8
台中：243535
243553
台南：253100－1

鑽石樓
正宗粵菜・港式飲茶
台北仁愛路：
遠東百貨公司四樓
台中自由路：
遠東百貨公司八樓
台南公園路
遠東百貨公司五樓

鑽石樓餐廳
遠東百貨公司八樓
TEL:43553 43535

遠東大酒樓
FarEastern
RESTAURANT
TEL.
528214-6

台北
7083686-8
台中
243535
243553
台南
253100-1

台北
7083686-8
台中
243535
243553
台南
253100-1

台中：243535
243553
台北：7083686－8
台南：253100－1

鑽石樓
正宗粵菜・港式飲茶
大里市國光路2段500號2F
電話：(04)481-4833

鑽石樓
正宗粵菜・港式飲茶
台北仁愛路：遠東百貨公司四樓
台中自由路：遠東百貨公司八樓
台南公園路：遠東百貨公司五樓

鑽石樓
正宗粵菜・港式飲茶
台北仁愛路：遠東百貨公司四樓
台中自由路：遠東百貨公司八樓
台南公園路：遠東百貨公司五樓

③生生皮鞋：

是台灣鞋業以量販、連鎖經營的先驅！隨政府來台前原為上海地區的帽鞋製造業，來台後以鞋業發跡，廣告詞「請大家告訴大家」，更是在一九五〇、六〇年代人人琅琅上口。又其廣告招牌位於台北市中華路旁，鮮明耀眼，謂為當地地標。該公司最有名的產品是白皮鞋。

哈鞋達人十大必蒐鞋款
SPORTSGIANT
尚智運動世界
新永和製皮廠
股份有限公司
23359
27070
廠址：台南市立人街208號　電話：
中國皮鞋製品公司
銘謝惠顧
PUMA SUEDE系列
adidas SuperStar
NIKE DUNK SB系列
AIR JORDAN系列
NIKE AIR FORCE 1系列
Reebok Pump Fury
Converse All-Star
adidas Promodel系列
New-Balance MT580
CONVERSE-Pro Leather
NIKE AIR MAX系列
CAMPUS系列
生生皮鞋
請大家告訴大家
大業皮鞋公司
恭賀新禧
總公司・衡陽路七六號　分公司・衡陽路九五號

四、火柴盒與「住」的溫馨相遇

在五〇年代中期，台灣可接待外賓的旅館、飯店，有圓山飯店及部分總統行館、中國之友社、自由之家、台灣鐵路飯店。六〇年代以後，才有大型觀光飯店出現，在此之前，國內出差住宿，反而是以「旅館」、「大旅社」較為普遍。當時汽車尚未發展，民眾以腳踏車為主要交通工具，所以有些旅社以附設腳踏車位來招攬顧客。

▲早年旅社有設備電話、電梯、冷氣等，都是競爭、宣傳促銷的重點，從火柴廣告可知！

屏東市
萬國大旅社
TEL2657

屏東市
萬國大旅社
TEL 22657

千鶴
大旅社
餐廳
HOTEL
Chien Hall

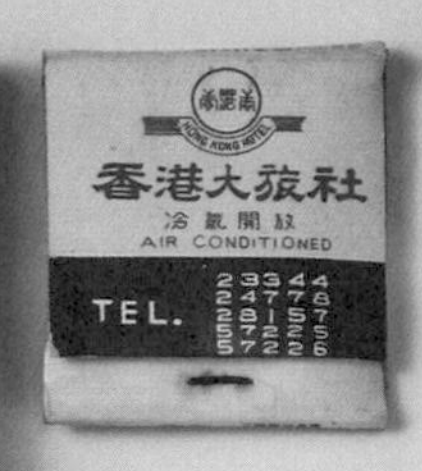
HONG KONG HOTEL
香港大旅社
冷氣開放
AIR CONDITIONED
TEL.
23344
24778
28157
57225
57226

銘謝惠顧
王光大旅社

五洲大旅社

愛月旅社 HOTEL

富山大旅社
TEL.2518·5518

富山別館
TEL.5018·5019

大飯店

五洲大旅社
冷氣暖氣開放

富山大飯店
觀光設備

富山大飯店
電梯接送
冷暖氣開放

壽山大旅社

華都大旅社

五洲大飯店

富山大飯店

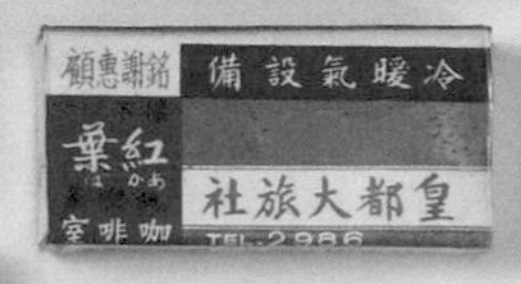
銘謝惠顧
冷暖氣設備
紅葉
咖啡室
皇都大旅社

傑靈大旅社
來再您望
TEL.總機204
皇都大飯店
HOTEL ROYAL
國際觀光設備
服務親切週到
高雄市建國三路三十三號

瑞安旅社
一流套房．美觀清雅．衛生第一．價格普通
台中市綠川東街六十八號
TEL: 226668

華王大旅社
544155
544156
542352

亞洲大飯店

寶島
大飯店

鑽石
大飯店

服務的標誌
Angel Hotel
天使飯店
TEL:519133

林口大飯店

鴻賓大旅社
TEL.310·320.

愛興大旅社
TEL..1086

鴻賓
大旅社
東門賓館

宏賓大旅店
TEL.420·126

海宮大飯店
冷氣開放
東方大飯店
TEL.37211-9

設備豪華·冷氣開放
第一大旅社
FIRST HOTEL

聯合閣賓館
Lianhoger

最新設備 冷氣套房
永光大旅社
台北市西園路一段92號
TEL. 36724
東京大旅社
TEL. 20613
38926
河濱大旅社
TEL 64115
南北大旅社
TEL. 21114
碧園大旅社
TEL·121·518·1068
白宮大旅社
Asia Hotel
亞洲大旅社
龍宮大旅社
TEL 26539
社旅大華英
TEL.62606
東京
大旅社
TEL.
556-1256
社旅大興大
TEL. 3182·3183
東方 大旅社
2166-7
嘉賓閣大旅社
TEL:95-3117
華宮大旅社
TEL.232
277
社旅大海東
TONGHAI HOTEL
TEL.5551-5552
東南大旅社
TEL.4157-4158
嘉賓閣大飯店
國宮
大旅社
HUAH CHERNG
社旅城華
成都 大旅社
TEL 5501
南海大旅社
佳麗大旅社
TEL. 343712
LEE FU
HOTEL
TEL 544966
549870
38 TAI YUAN ROAD
TAIPEI TAIWAN
社旅福利

從公辦會館到民間旅館

有些以特定對象為名而設立的住宿旅店，像是兩岸對峙的年代，為便利服務外島前線，及島內各區部隊士官兵歸鄉、差假住宿、軍眷探訪，也便於軍紀維護等，而有國軍英雄館的出現，由軍友社（社團法人）管理，幕後實為國防部，曾經風華一時。

隨著兩岸關係趨緩、兵源縮編、設備老舊，盛況不再，目前均採委外經營，至二〇二〇年止，尚在經營的有台北、台中、高雄、花蓮、澎湖等地。

再如教師會館，是由當時的台灣省政府統籌設立，以平實優惠的價格提供教師投宿，現已全面開放一般旅客入住。又如以農民為對象的農友之家，或以華僑為對象的僑聯賓館，或以青年為對象的國際性組織「YMCA、YWCA、國際學社」，甚至遍及全台的青年活動中心，除提供給救國團辦活動住宿外，也以平價提供給在學的青年學子，較有名如：金山青年活動中心、墾丁青年活動中

心。以上這些場所都以火柴盒為媒介，讓大家認識它，親近它，而達到「住」的實用目的。

談觀光旅遊，首先應談旅行社，接著是住宿飯店。早年自用車尚未普及時，國內團體旅遊一定是透過旅行社。

①臺灣中國旅行社：

戰前隸屬上海商銀旅遊部，是隨政府遷台，在台成立的第一家旅行社，後又受政府委託於東部太魯閣天祥興建「天祥招待所」，一九六一年開幕，曾招待過無數國際貴賓，一九九三年改由晶華酒店接手，改建為五星級大飯店。

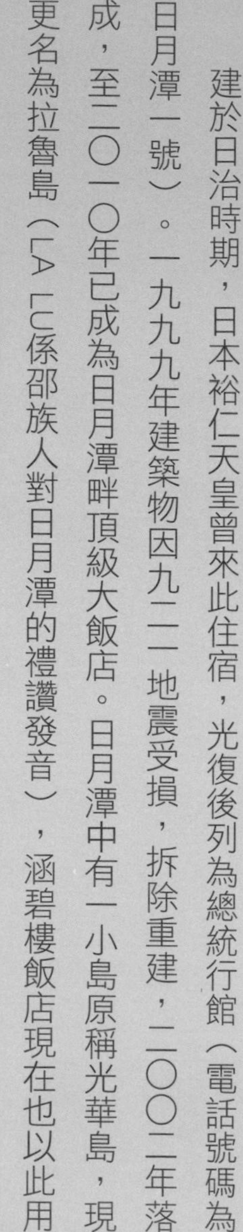

②日月潭涵碧樓飯店：

建於日治時期，日本裕仁天皇曾來此住宿，光復後列為總統行館（電話號碼為日月潭一號）。一九九九年建築物因九二一地震受損，拆除重建，二〇〇二年落成，至二〇一〇年已成為日月潭畔頂級大飯店。日月潭中有一小島原稱光華島，現更名為拉魯島（LA LU係邵族人對日月潭的禮讚發音），涵碧樓飯店現在也以此用做英文名（前英文名稱與長榮酒店相似，參見右上火柴）。拉魯島在九二一地震沉沒於湖中。

③**阿里山賓館：**

阿里山以高山、神木、小火車、日出等美景聞名。阿里山賓館是全台海拔最高的度假飯店，當年也是總統行館之一。

④**梨山賓館：**

位於中部橫貫公路，也是總統行館之一，與台北圓山、高雄圓山飯店並列全台三大宮廷式建築飯店。

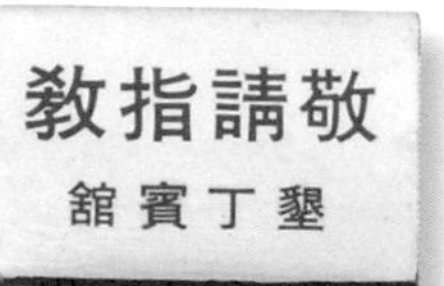

⑤墾丁賓館：

位於墾丁國家公園內，是總統行館之一，也是最先對外開放的行館。

⑥溪頭飯店：

位於中部台大實驗林場內，由於植物種類繁多，高樹參天，景觀、森林浴甚佳，人氣不斷。

其他台灣各地景觀區住宿點，也都有火柴盒的蹤跡。

▲台中全國大飯店（上圖右）創於1980年，是台中第一家五星級飯店，並於1981年榮獲觀光局評鑑五朵梅花獎第一名，1996年轉型為日航全球國際旅店。

星級大飯店的興起

①圓山大飯店：

在一九八〇年代之前，五星級大飯店中具有代表性的，當首推圓山大飯店。該大飯店坐落於台北圓山，圓山原名劍潭山，因地理位置居高臨下，景觀覽視台北盆地，日治時期建有神社，光復後更名為圓山大飯店，由故總統夫人蔣宋美齡掌盤，在一九七三年改建為現貌。

又，當時地點臨近松山國際機場（桃園中正機場是在一九七九年落成），飛機抵

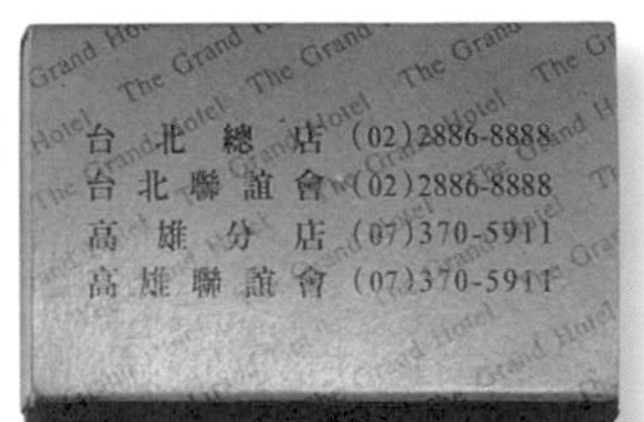

台時，必從圓山大飯店正面飛過，因而成為台灣地標，且是舉辦外交國宴之地，以及權貴人士聚會之所，曾是蔣氏政權的象徵。

政府遷台後，華僑為響應政府回國投資獎勵政策，在飯店經營方面，北以中泰賓館，南以華園大飯店，最具代表性。

②華園大飯店：

一九五八年成立於高雄市六合路上，是全台第一家國際大飯店，也是台灣超過一甲子的觀光大飯店。

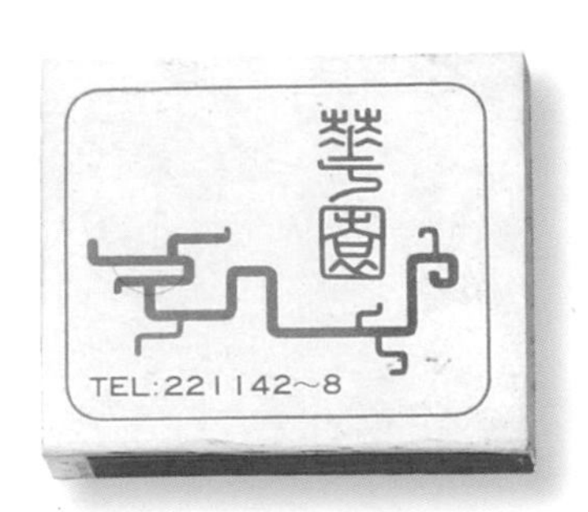

▼生肖圖是火柴收藏者的最愛，完整收集相當花費時間。

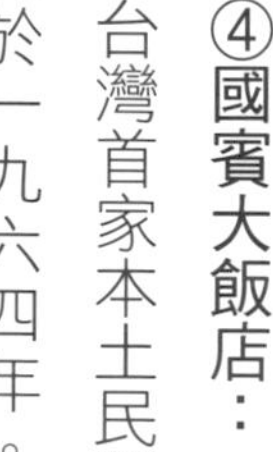

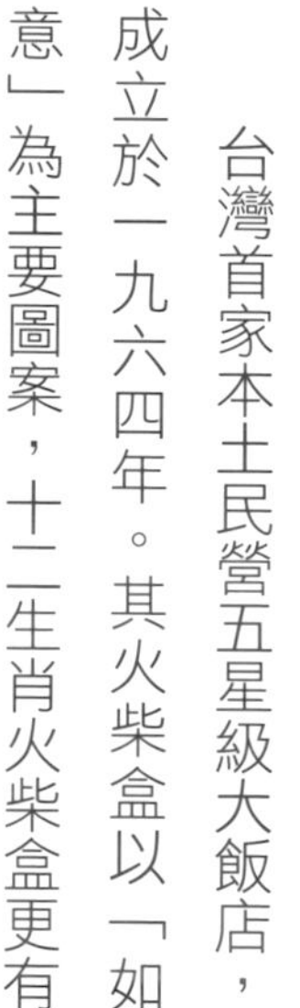

③**中泰賓館：**

開幕於一九六四年，是當時台灣規模最大的國際觀光飯店。一九七九年九月八日《美麗島》雜誌在此舉辦創刊酒會，與反對人士發生衝突，而釀成所謂的「中泰賓館事件」。現已拆除重建為東方文華酒店。如今透過火柴盒可重見中泰賓館的原貌。

④**國賓大飯店：**

台灣首家本土民營五星級大飯店，成立於一九六四年。其火柴盒以「如意」為主要圖案，十二生肖火柴盒更有甚多同好者喜歡收集。

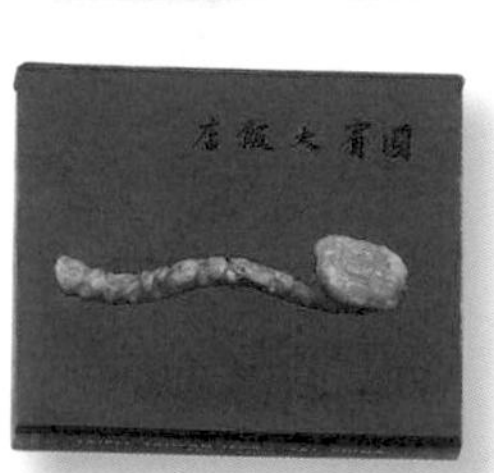

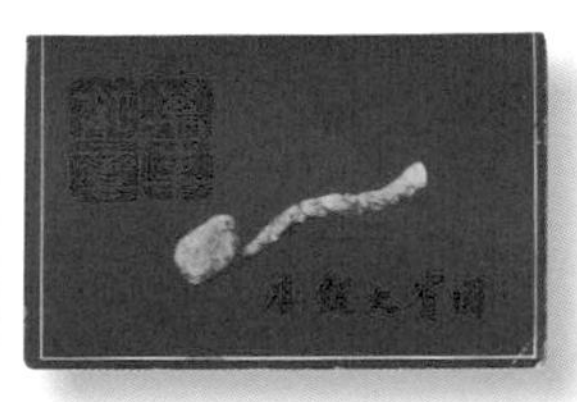

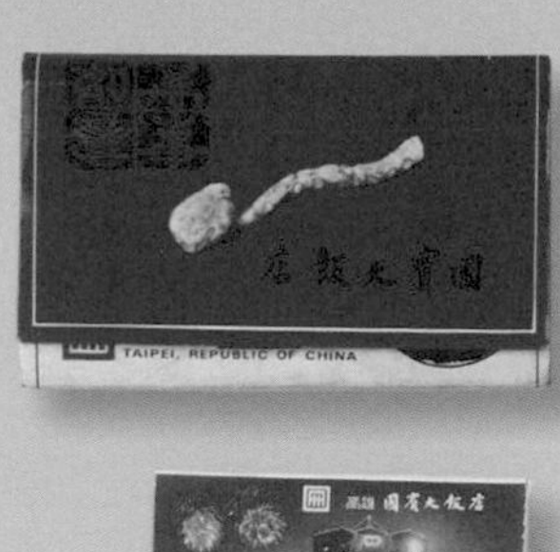
國賓大飯店
TAIPEI, REPUBLIC OF CHINA

THE
AMBASSADOR
HOTEL
TAIPEI
TAIPEI, TAIWAN (FORMOSA) CHINA
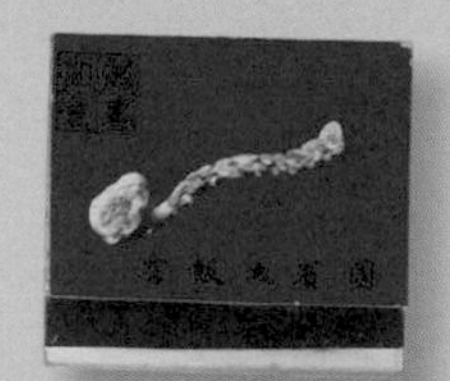
國賓大飯店

國賓大飯店

國賓大飯店

國賓大飯店
THE
AMBASSADOR
HOTEL

國賓大飯店
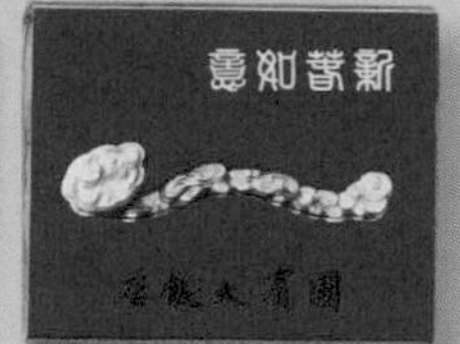
國賓大飯店

國賓大飯店

國賓大飯店
THE
AMBASSADOR
HOTEL

國賓大飯店

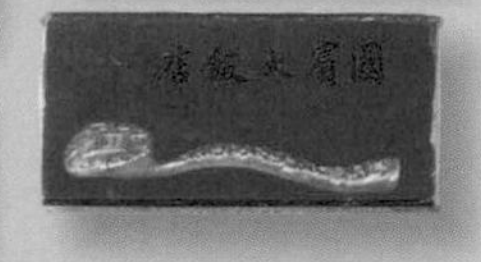
國賓大飯店

國賓大飯店
中華民國 台北

國賓大飯店
AMBASSADOR
Taipei

國賓大飯店
中華民國 台北
THE AMBASSADOR HOTEL
TAIPEI

蘭嶼快餐廳 1F
夜總會 2F

粵菜廳 2F
陶然亭 20F

中泰賓館
MANDARIN HoTEL

中泰賓館
TEL-51201

中泰賓館

中泰賓館

中泰賓館

MANDARIN HOTEL

⑤福華大飯店：

筆者收藏的火柴盒中，最具有藝術品味的飯店火柴，飯店業主特別使用家族成員（藝術家廖修平）的作品做為一系列圖案展出。

⑥財神酒店：

台灣第一家有中庭大廳的五星級飯店，也是第一家飯店採「分別持份、包租還本」的投資行銷模式，最後卻因人謀不臧，股東太多，終至關門大吉，現已拆除重建。

⑦希爾頓飯店：

於一九七三年開幕，為台灣第一家五星級連鎖飯店，現已易權，由凱撒大飯店經營。

⑧凱撒大飯店：

台灣第一家由日本經營的連鎖飯店，也是台灣第一家休閒飯店，因位在南部墾丁風景區，曾一度人氣鼎盛，一房難求，日本泡沫經濟發生後撤資，由台灣財團接手。

⑨環亞大飯店：

開設於一九八三年，由菲律賓華僑鄭氏家族所經營，曾經風光一時，其獨生女鄭綿綿更是當時商界風雲人物，但因自身經營不善，財務發生危機，涉及掏空亞洲信託及環亞百貨、飯店，官司纏身，最後落得被接管、拍賣，黯然退出台灣市場。該飯店已二度易主，現由王朝飯店經營。

⑩來來大飯店：

原隸屬國泰集團，一九八〇年開幕，之後更名為來來喜來登飯店，後因「十信事件」，經營權一度易手由國產集團經營，現又重回國泰二代手中，由寒舍集團經營。

⑪統一大飯店：

建於一九六四年，該飯店夜總會馬可波羅舞廳曾經是台灣反串秀「紅頂藝人」的表演舞台，當年也是日本觀光客在入夜後趨之若鶩的娛樂場所。

THE SHERWOOD
TAIPEI
GRAND HYATT TAIPEI
TAIPEI, TAIWAN
GRAND HYATT TAIPEI
SPLENDOR
鴻禧大溪別館
圓頂大飯店
THE WESTIN RESORT
遠東大飯店
遠東大飯店
Far Eastern Plaza Hotel
TAIPEI
BELLEVISTA

the Regent
A REGENT INTERNATIONAL HOTEL
R
Grand
Formosa
Regent
晶華酒店
Grand
Formosa
TAICHUNG
台中晶華酒店
Grand
Formosa
TAICHUNG
台中晶華酒店
CAFE
STUDIO
PIZZA・PASTA・FUN
台北辦事處 Tel: (02) 2560-3266
TAROKO

IMPERIAL HOTEL
華國大飯店
觀光大飯店
夏威夷
中央大飯店
HOTEL CENTERAL
美亞美大飯店
☎ 559287
國泰大飯店
KAO TAI HOTEL
愛河大飯店
銀河大飯店
台中市民族路206號
愛文大飯店
TEL. 50215·44876
MIAOLI HOTEL
苗栗大飯店
TEL 1500.1600
今日大飯店
TEL:4162~9
觀光設備
華都大飯店
TEL.33823·31575~7
皇家
大飯店
花蓮
美琪大飯店
花大實業大樓
花蓮市中正路228號 TEL: 326161(5線)
Oasis
綠洲大飯店
TEL 45546 51815-7
渤海大樓飯店
TEL.2197·2198
凱旋大飯店
國際觀光旅館
敬華大飯店
TEL.(042)205181 (20LINES)
南北大飯店
HOTEL NORTH
太子大飯店
TEL 4101-4105
華陽
大飯店
SUNSHINE
HOTEL
利達廣場大飯店
LEADER PLAZA HOTEL & COFFEE SHOP
肯尼士 大飯店
龍達飯店
Dragon Hotel
☎552224~9
客房觀光設備
最低收費
遠東大飯店
滿意旅店
Mayfair Hotel
知本 溫泉
東台大飯店
DONG TAIR HOTEL
總機: (089)512918
觀光客房
停車方便
谷濱大飯店
TEL:(042)332128~30
伯爵別墅
HOTEL COUNT
統帥大飯店
花蓮
HUALIEN
TEL.326123
Marshal Hotel
花蓮市公園路36號
王子大飯店
prince
HOTEL
東利賓館
TUNG LI HOTEL
板橋市東門街12號
TEL:9680888(代表號)
卡迪亞賓館
Cartier HOTEL
AIR CONDITIONED
WUFOW HOTEL
五福大飯店
柏林賓館
亞泰賓館
YATAI HOTEL
君城別館
ChunCheng HOTEL
TEL: 5212072
5212073
PRESIDENT HOTEL
台北
名城大飯店
MODERN CITY HOTEL
福君大飯店
FORTUNE HOTEL

Hotel P. Y. C
社旅大莊瑤碧
TEL.3128
中央旅社
冷暖氣設備
高尚舒適
新竹 TEL..4126
社旅大宮國
美洲大旅社
HOTEL
王冠 大飯店
富光大飯店
FU KUANG HOTEL
附設餐廳部
社旅大際國
TEL.3837
大同之家
旅社
符合觀光事業
設備標準
552215 • 552216 •
552217 • 552218 • 552220
綠園大旅社
新北投
社旅大山玉
冷氣開放
228811-228812
世國大飯店
TEL. 296151~(10線
國光
大飯店
NEW LIDO
HOTEL & RESTAURANT TAIPEI TAIWAN
雪莉賓館
SHERI HOTEL
TEL:540328. 557795
長安大飯店
大飯店
冷暖設備
HOTEL
TEL. 4035 4036
龍門大飯店
高雄
第一大飯店
KAOHSIUNG FIRST HOTEL
國際標準・觀光飯店
TEL.228881-5
名酒十咖啡
•3樓 沙龍•
餐廳
金屋
220235
228881-5
館別山富
Fuh Shan Villa
5018
5019
中台灣台
店飯大京東
TOKYO Hotel
TEL. 5035-38
高雄
世雄
大飯店
TEL. 235171-10
店飯大城國
NATIONAL CASTLE HOTEL
TEL.228837 (四線)
餐廳專用電話232702
店飯大族民
子琪大飯店
屏東市林森路100號
TEL (087)331011-7
金日大飯店
TEL:383766(3線)
室下地店飯大族民
廳餐蕉香
TEL.23020
別有天大飯店
TEL 892101~2
愛麗絲餐廳
帝后大飯店
台北市德惠街12號
店飯大賓國
TEL.3579
龍門
大飯店
冷氣・音樂・食府
天府

小麒麟飯店
標準壽筵・豪華禮堂
喜慶宴會・經濟小吃
每日並有精彩節目表演

中興大飯店
TEL.610

成功賓館
HOTEL
CHENG KUNG
台南市火車站右前面
TEL: 28151～3

小麒麟飯店
台北市南京西路320号

正芳大飯店
正宗台灣料理

大順大飯店
＊耗資數千萬・數十種不同格調套房・
＊超水準觀光設備・低於旅館之價格・
台北市漢中街172號
(長沙街口)
TEL：3818710-3

KENNEX HOTEL

沙鹿飯店
TEL:(046)622520
625726

YOUR FLOWER HOTEL

萬國大旅社

聯合大飯店
台北市農安街26號
TEL.559211-5

瑞士賓館

NEW ASIA HOTEL
TAIPEI
新亞
大飯店
TEL 517181~7

松山旅館關係企業
SONGSHAN ENTERPRISE HOTEL
松山：(02)27605677
松儷：(03)5223135

Windsor
TEL. 5118755~9 (5 LINES)
TAIPEI TAIWAN CHINA

國賓大旅社
TEL.520

甘迺迪大飯店
KENNEDY HOTEL

HOTEL
TEL.4081～4083

高雄
第一大飯店
3
樓
沙龍
名酒咖啡
情調幽雅

HR
力霸大飯店
hotel rebar taipei
32 NANKING E. RD. SEC. 5 TAIPEI, TAIWAN R.O.C.
TEL: 763-5656 (40 LINES)

台北
名城大飯店
MODERN CITY HOTEL

HOTEL GENERAL
RESTAURANT
TEL. 513811-3

富國觀光大飯店
總機：587521-8
訂房：542718
FRANK
HOTEL

國泰大飯店
中餐・西餐
宵夜・酒吧
TEL:
20166～9
TAINAN
合南大飯店
HOTEL TAINAN
HOTEL TAINAN
合南大飯店
合南大飯店
台南大飯店
HOTEL TAINAN
臺南
合南大飯店
HOTEL TAINAN
天下大飯店
La Plaza Hotel
名世大飯店
FAMOUS HOTEL
赤崁大飯店
REDHILL HOTEL
赤崁大飯店
赤崁大飯店

Grand Hotel
Hwa Du
No. 1 Lane 5 Min-Hsen
Tainan Taiwan
TEL: 6108. 6109

都華
大旅社

BL
柏林
賓館
TEL 3721
3727

國泰大旅社
普通收費
觀光設備
865

觀光旅館
六福客棧

CH
中央大飯店
電話:515171 (20線)
訂房:577633訂房:513738

紐約大飯店
HOTEL
NEW YORK
TEL. 24336-30223
132, SEC. 1, HANKOW ST.
TAIPEI TAIWAN

林口大飯店

華洲
大旅社
TEL·1003

大統一飯店
HOTEL PRESIDENT
TEL. 4115·4363

東海旅社
拾週年紀念 TEL 303

東海
旅社·套房·音樂·冷氣設備

龍鳳
旅社·浴池
冷氣開放
TEL. 41426

龍鳳
大旅社
浴室開放
541426

大飯店
藍天
HOTEL
BLUESKY

太子大飯店

B
鴻賓大旅社
TEL. 554714, 513752

設備最豪華 觀光旅社
碧海大飯店
和餐 宵夜
電話五二二八四·五二二九五

中華大飯店
HOTEL GRAND CHINA

太平洋大飯店
附設中西餐廳 專菜
TEL:367641-7·333144-5
台北市昆明街111號

太平洋大飯店
附設中西餐廳
台北市昆明街111號

美琪大飯店

全屋大飯店
附設餐廳
TEL. 513811-3

梨山 角
大飯店
FAIRY LAND HOTEL
TEL.(0458)9512, 9513, 9256

遠東國際大飯店
Far Eastern Plaza Hotel
TAIPEI

花園旅社
GARDEN HOTEL
TEL.
89-2341
89-3505

小墾丁綠野渡假村
KENTINGTON RESORT

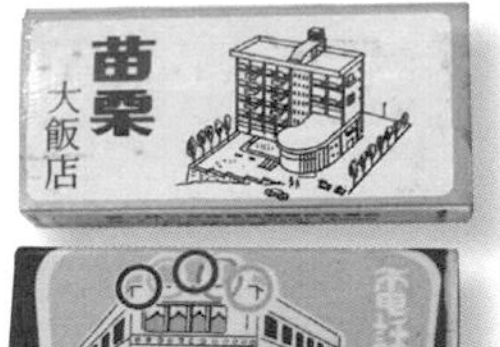
苗栗
大飯店

電話
79
五洲旅社

國際機場旅館
CKS AIRPORT HOTEL
C. K. S AIRPORT, TAIWAN R. O. C.

國泰大飯店
KAO TAI HOTEL

獅山
大旅社
TEL. 22185

店飯大士瑞
IMPERIAL HOTEL
國華
店飯大
TEL:23156·23157·23158·23159
店飯大國華
TEL:23156-9
店飯大華光
CATAYA HOTEL
SWISS RESTAURANT
TEL: 5513277 5513278 5513279 5513270
SWISS HOTEL
TEL 553277 553278 553279 553270
瑞士大飯店
華國大飯店
店飯大國華
COCKTAIL LOUNGE44 RESTAURANT
ARRANG EMENT FOR SHIOS PAITY
TEL. 25884 · 30629
NO. 18, LANG 49, AI 3RD ROAD KEELUNG TAIWAN.
店飯大華光
CATAYA HOTEL
華國大飯店
華國大飯店
IMPERIAL HOTEL
TEL. 23156—9
店飯大華光
TAIPEI TAIWAN TEL 51835
IMPERIAL HOTEL
華國大飯店
TEL 55111 15線
華國大飯店
TEL 55111 15線
TEL. 515251
台灣大飯店
店飯大方東
TEL. 337211
廳餐方東學浙
TEL.33877 · 37211-8
廳餐方東
TEL: 33877 37211—9
HOTEL ORIENT
店飯大際國
TEL. 33131—5
TAIPEI TAIWAN
店飯大際國
部菜中記正
店飯大方東
TEL. 37211
百利大飯店
KENT HOTEL
NO.6 CHIN-SI ST.TAIPEI,TAIWAN
TEL:517111—8
店飯中滙
THE SUN HOTEL
太陽飯店
TEL.331551-3·333188-9
HOTEL GOLDEN STAR
金星大飯店
店飯大際國
部菜中記正
電話：330797
南國大飯店
Paramount HOTEL
百利大飯店
KENT HOTEL
NO. 6 CHIN-SI ST. TAIPEI TAIWAN
43605 46959 44060 44359
48985 47344 46061 40473
店飯大灣台
HOTEL TAIWAN
A DISTINGUISHED HOTEL IN A DISTINCTIVE SITUATION
TEL: 53171～53175 40133
IMPERIAL HOTEL
華國大飯店
華國大飯店
IMPERIAL HOTEL
TEL.555111 (30 LINES)
華國大飯店
台灣·台北
華國大飯店
台灣·台北

亞士都飯店
亞士都旅運社
Astar Travel Agents
航空大飯店
C.K.S. AIR'TEL
陽明山
中國大飯店
中信高雄大飯店
中信日月潭大飯店
中信花蓮大飯店
中信大飯店
中信日月潭大飯店
SUN MOON LAKE HOTEL
台北芝華大酒店
TAIPEI SESAME HOTEL
LE MIDI
HOTEL
CHITOU
米堤大飯店
富都大飯店
TAIPEI FORTUNA HOTEL
龍騰閣粵菜餐廳
Dragon Court (Cantonese Sea Food)
免費代客停車
Free Parking Service
Holiday Hotel
COFFEE SHOP
GRILL ROOM
CHINESE FOOD NIGHTLY
花蓮金華園大酒店
HUALIEN
Golden China
TEL: (038) 350101(10 LINES)
訂房專線：(038)320777

華王
大飯店

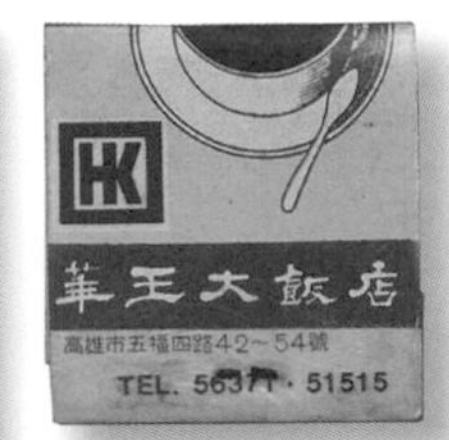
華王大飯店
高雄市五福四路42～54號
TEL. 56371・51515

華宮廳
華王大飯店
TEL. 56371
51515
HOTEL KINGDOM

TEL. 56371
51515

店飯大王華
HOTEL
KINGDOM

華王大飯店
HOTEL KINGDOM
TEL: 558211 (20線)

華王大飯店
HOTEL KINGDOM
中華民國・台灣省
高雄市五福四路42號
電話:5518211(20線)

華王大飯店
HOTEL KINGDOM
中華民國・台灣省
高雄市五福四路42號
電話:5518211(20線)

子王
店飯大
備設氣冷
TEL.986

店飯大子王
PRINCE HOTEL
台北市中山北路一段一三五巷六號

王子大飯店
附設：日本料理
正宗西餐
TEL. 52444・43737・47172

王子大飯店

王子大飯店
HOTEL PRINCE
TEL.22186.22187
彬平企業股份有限公司
Bin Pin Enterprise Co., Ltd.

HOTEL PRINCE

王子

王子大飯店
附設日本料理
TEL. 552444・559981・559982

店飯大子王
座茶樂音・菜園・理料本日

華王大飯店
台灣省高雄市五福四路四十二號

萬壽廳
華王大飯店
高雄市五福四路42～54號

白宮廳
華王大飯店
高雄市五福四路42～54號

HOTEL
KINGDOM
華王大飯店
HOTEL KINGDOM

聯合大飯店
台北市農安街26號
國際觀光旅館
INTERNATIONAL HOTEL
敬華大飯店
TAICHUNG PARK HOTEL
TEL.(042)205181(20LINES)
Plaza Hotel
華城大飯店
Plaza Hotel
プラザホテル
西北大飯店
台北市重慶南路一段109號2樓
TEL:3317517~9
HNT
新台北
大飯店
HOTEL NEW TAIPEI
TEL:5513211~6
RED ROSE HOTEL
TEL:3111006-9
HOTEL
皇統大飯店
高雄市三民區河北二路51號
TEL:(07)2218861-5
名人大飯店
南亞大飯店
客房部：
樂聲大飯店
中原大飯店
CONTINENTAL
訂房：5514680
HIMALAYA HOTEL
樂府 大飯店
TEL:(04)2297181~6
藍天大飯店
TEL:(04)2232916-9
(訂房專用)：TEL:(04)2234341
HOTEL GRAND PALM
TEL:(07)3418400(代表)
大飯店
金鼎大飯店
常新大旅社
TEL: 8912016·8912616·8914657
SONG-SHAN HOTEL
☎(07)235121-(10線)
滿意旅店
Mayfair Hotel

永豐棧麗緻酒店
台中市台中港路二段9號
9,Taichung Kang Road,Sec 2,Taichung,Taiwan
Tel: (886-4) 2326-8008 Fax: (886-4) 2326-8060
亞都大飯店
hôtel royal taipei
TEL: (02) 542-3266
hôtel royal taipei
RITZ LANDIS
亞都麗緻大飯店
REBAR
CROWNE PLAZA
TAIPEI
力霸大飯店
hotel rebar
Parkview Hotel
花蓮 美侖大飯店
國聯大飯店
TAIPEI UNITED HOTEL
亞太大飯店
ASIA PACIFIC HOTEL
172, SEC 4, CHUNG HSIAO E. RD.,
TAIPEI TAIWAN.
GRAND HI-LAI HOTEL
Hong Kong
HOTEL
FORTUNA
富都大酒店
HOTEL FORTUNA
HONG KONG
福皇宮
THE WESTIN TAIPEI
力霸大飯店
四海之內皆兄弟
盛意隆情迎嘉賓
WE TREAT OUR GUESTS
LIKE BROTHERS
四海之內皆兄弟
盛意隆情迎嘉賓
"WE TREAT OUR GUESTS LIKE BROTHERS"
兄弟大飯店
BROTHER HOTEL
兄弟大飯店
BROTHER HOTEL
台北市南京東路三段255號
TEL:7723456(40 LINES)
兄弟大飯店
BROTHER HOTEL
兄弟大飯店
BROTHER HOTEL
兄弟大飯店
BROTHER HOTEL

東亞大旅社
TEL: 23166~7
SWEET HOME HOTEL
三都旅社
SAN-TU HOTEL
伯爵大旅社
海天大旅社
假日大飯店
夏威夷
嘉南大飯店
鴻賓大飯店
HOTEL APOLLO
Apollo Hotel
Hotel Apollo
香港大飯店
WELCOME

MARQUESS HOTEL
TOP PLAZA HOTEL
唐代大飯店
TANG DYNASTY HOTEL
萬泰大飯店
WAN TAI HOTEL
Royal best hotel
長虹大飯店
RAINBOW HOTEL
富豪大飯店
TA YIH HOTEL
大益大飯店
GOSHEN HOTEL
盛龍大飯店
星辰大飯店
優仕大飯店
麗加園邸酒店

慶城飯店
Ching Cheng Hotel
台北市慶城街十二號
TEL:7113131~7
帝國大飯店
翠華廳
TEL:5111226~7
EH
帝國大飯店
EMPIRE HOTEL
TEL 5816131~9
帝國大飯店
Empire Hotel
華泰大飯店
HOTEL
華泰大飯店
HOTEL
華泰大飯店
HOTEL
華泰大飯店
康華大飯店
TEL 5215151 (20 LINES)
康華大飯店
TEL: 5215151 (30LINES)
柯達大飯店
HOTEL KODAK
SNACK BAR
DIAMOND HALL
(川菜・西餐・酒吧・電子琴宵夜)
康華大飯店
台北市松江路306號
TEL:02-25215151
HOTEL KODAK
柯達大飯店
國聯大飯店
UNITED HOTEL
三德大飯店
鴻禧盈門・近悅遠來
三德大飯店
SANTOS HOTEL
19 SEC.1 YEN PIN N. RD.
TAIPEI TAIWAN R.O.C.
華富大飯店
PRIMA HOTEL
總機:563-7466 訂房:511-8000
慶城飯店
CHING CHENG
HOTEL
清靜幽雅・停車方便
TEL:7113131-9(總機)
TEL:7113130(訂房專線)
奧林匹克大飯店
天津大飯店
TEL: 5365678(十線)
明星湘菜餐廳
CAPITAL
首都大飯店
明星大飯店
STAR HOTEL
巧合大飯店
PAPA JOE'S
TRADITIONAL ITALIAN FOOD
STEAKS SEAFOOD
PASTA PIZZA
華南大飯店
Kindness Hotel Tainan
TEL:06-2012767
FAX:2012775-6
歡迎光臨
碧富邑
Beverly Plaza
時代大飯店
HOTEL
明月大飯店

金國大飯店
金國大飯店
GOLDEN STATE HOTEL
東京大飯店
東京
HOTEL TOKYO
大飯店
青葉廳
金國大飯店
金國大飯店
TEL.6001-3
西北大飯店
HOTEL NORTH WEST
西北大飯店
TEL.6628
西北
大飯店
地下室餐廳・咖啡沙龍
國際大飯店
國際大飯店
國際大飯店
富春大飯店
寶島大飯店
綠洲大飯店
HOTEL: OASIS
TEL:5096・5097・5098
華宮大飯店
台中市中山路六號
華宮大飯店
TEL. 4081
4082
4083
SUN LUCK
HOTEL
歡迎
銀座大飯店
TEL. 252181-5
Ginza
Tel.7081-3
銀座大飯店
冷暖設備
TEL 4035・4036
富山別館
富春大飯店
TEL:5066.5067.
南華大飯店
TEL:8061.8062
ROYAL HOTEL
TEL 5081・5082・5083

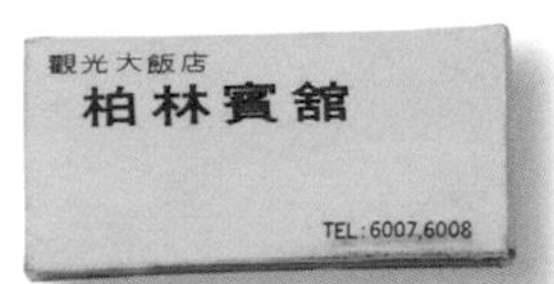
觀光大飯店
柏林賓館
TEL:6007,6008

中央大飯店

大觀別館
正宗名菜
服務週到
TEL.892723・894457

基隆
帝王大飯店
附設 餐廳

南門飯店
TEL:23348

河濱大飯店
RIVERSIDE HOTEL

冷暖設備
東都大飯店
TEL.
22024
22025
台中市立德街五十五號

☎655
白宮大旅社

太子別館
TEL: 336161・336162

桃源別館
附設：餐廳・沙龍

復興
大飯店
FU HSING HOTEL

三華大飯店
HOTEL SAN HUA
二樓 三華酒店
台灣省高雄市六合一路92號
TEL:(07)2318171(12 LINES)

宏國大飯店
HWONG KOU HOTEL

六合大飯店
TEL:(07)2317161 (總機10線)

假日大飯店
HOTEL HOLIDAY
NO. 74 MIN CHIU HEON RD, KAOHSIUNG
TEL:2725921(12 LINES)

貴賓大飯店
電話：八九五二一六
八九五二二七
八一四四三五

尖美大飯店
TOP PLAZA HOTEL

AUSTRALIA
奧大利 汽車旅館 MOTEL

百洲 大飯店 Pan-World Hotel
3樓以上：豪華套房
2 樓：台菜海產
1 樓：西餐咖啡
地下樓：名酒宵夜
高雄市五福二路213號 TEL
客房部：2115151 (10線)
餐廳部：2115161 (5線)

SUNNY HOTEL
一陽大飯店
TEL:229931-10 (10Line)

the Regent KAOHSIUNG

HOTEL Ginza
TEL 7081-3
銀座大飯店
台中市中正路3巷16號

fc
富春大飯店
TEL.25066.25067.36594

HOTEL NORTH WEST
西北大飯店

E Moon
HOTEL
&
RESTAURANT
NO. 160 CHENG KUNG ROAD
TAICHUNG TAIWAN
TEL: 2068. 2069. 4540

聯美大飯
6815

綠洲大飯店
電話
五〇九七
五〇九八
五〇九九
五〇九六
HOTEL OASIS

白宮大旅社

臺灣大飯店
TAIWAN HOTEL

王冠
大飯店
HOTEL
KING'S CROWN

白雪大旅社
TEL:4115～4117.

太平洋大飯店
餐廳部
三·四樓
旅館部
五·六樓
TEL.
旅社部23966～23969 四線
餐廳部專線23366

新園
■ 設備符合國際標準
■ 音樂套房全日熱水
■ 環境幽雅賓至如歸
龍濤
飯店
DRAGON
HOTEL
TEL.552224—9

豪宮大飯店
TEL 4096-8
GPH
GRAND PALACE

南華
大飯店
觀光旅社設備
附設餐廳

Capital
Hotel
NO. 178 FUKIEN
RAD TAITUNG
TEL: 22733
22781

TEL.254.
屯鎮中山街

NEW LIDO HOTEL
& RESTAURANT
TEL
369197
331075-6
334208

光華大飯店
TAIPEI · TAIWAN TEL 518351

CH
嘉華大飯店
CHIA HWA HOTEL
TEL:(042)285125-7(三線)

東東大飯店
5035-38

VH
维也纳
賓舘
餐廳部 · 宴會 · 宵夜
TEL: 5710606 · 5713281
5217450 · 5713282

M
西餐廳
歐美大菜名酒牛排
TEL:5210220
華懋大飯店

華一大飯店
觀光飯店
餐廳咖啡
佳肴醇酒

城 華
社旅大
電話總機 28148

社旅園山秀
嘉義市(火車站前)
TEL:24871.24872

台輪大旅社
冷氣開放
TEL. 2108・2109

社旅大宮國
TEL: 555281・555282
555283・555287
號六十六街埕塩市雄高

社旅大宮國
前站車火東屏
房套床動電視電
☎: 26111 • 26112

台輪大旅社
冷氣開放
TEL. 22108・22109

前站車火東屏
(房套床動電視電)
☎: 26111-26112

社旅大宮國
TEL 555281・555282
555283・555287

平 北
店飯大福德厚
TEL. 231121~3(三線)

萬國大旅社
TEL 222088
222089

玫瑰餐廳
TEL.229976

永安大飯店
TEL.333161
(10 lines)

KODAK
HOTEL
柯達大飯店

台灣國際廳
TEL. 5513171(10線)轉

市隆基
店飯大園華
TEL. 23156~9

社旅大輪台

房套園花・樂音・氣冷
HOTEL
Shiu San Yuan
社旅大園山秀
TEL. 4211 4212

社旅大 園山秀
TEL. 226051-3

子琪大飯店
屏東市林森路１００號
TEL:(087)331811-7

花蓮
亞士都飯店
Astar HOTEL

純法國式
台北
亞士都飯店
TEL.5513131~5
訂房電話：5512025
Astar HOTEL

福樂大飯店
附設：音樂咖啡廳
西點餐飲
TEL.9146~9

國賓大旅社
電視電動床套房
☎:25555・23838

世國大飯店

白雪大飯店
WHITE SNOW HOTEL
TEL.23007-3線

美琪大飯店

百騏大飯店
PEACH HOTEL
☎558231~6

豪華
大飯店
TEL.222281-3

富K光

MD
美都
咖啡・西餐・名酒
COFFEE SHOP
TEL:223045 257601

MD Mei Du HOTEL
美都大飯店
TEL:23046-23049

民族大飯店
HOTEL MINTSWU
TEL:25121—3

百星大飯店
廣東 興華餐廳
TEL:239138
239131—8線

大旅社
音樂套房
標準冷氣
TEL.231126
231127

香蕉餐廳
中華料理
日本料理
西餐海產
23020號

國泰大飯店

遠東大飯店
HOTEL HARBOR
TEL.2991

柏林賓館

mj 花蓮
請駕臨：
美琪大飯店
TEL:326161-5

HOYA
HOT SPRINGS RESORT & SPA

華泰
大飯店
台菜・川菜
外燴・喜宴
華泰歡迎您

OK
澳克大飯店
O K HOTEL
TEL:251-0151

瑞谷大飯店
VALLEY HOTEL

國統大飯店

金世界大飯店
KING PLAZA HOTEL

華王大飯店
HOTEL KINGDOM

白宮大飯店
WHITE HOUSE HOTEL

白宮大旅社

FLOWER GARDEN
HOTEL
花園大飯店

DRAGON
HOTEL

特賓大飯店
HOTEL
FAIR HAVEN

店飯大京東

CHING CHENG HOTEL
慶城飯店
台北市慶城街十二號
(南京東路三段復興北路口)
TEL: 7113131-7

賓仕三溫暖

一樂園大旅社
附設 憶園廳

麒麟大飯店

尚帥大飯店
SUNSHINE HOTEL

統帥大飯店
福華樓餐廳
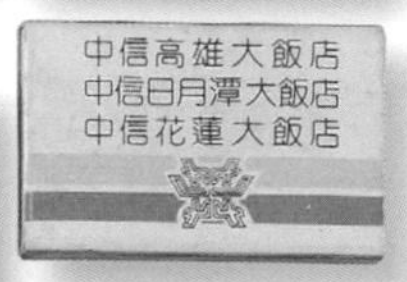
中信高雄大飯店
中信日月潭大飯店
中信花蓮大飯店

K
漢王大飯店
中華民國 高雄市

FIRST HOTEL

UNIC
UNIC Business Hotel
優仕大飯店

假日大飯店
HOTEL HOLIDAY
TEL:2725921(12線)

梓奇
觀光大飯店
TZU CHI HOTEL

店飯大后華
HE
EMPRESS CLUB
ARRANGEMENT FOR SHIP S PARTY
DIVISION'S PARTY
(NEAR THE FLEET LANDING)
NO. 219 KON YUAN 2ND ROAD, KAOHSIUNG, TAIWAN

世界酒店
WORLD
THEATRE RESTAURANT
TEL:
362663
28595
28795
28796
28797

水上大飯店
WATERFLOAT HOTEL

文華大飯店
MIRAMAR HOTEL
CABLE MIRAMARTEL TAIPEI

天隆大飯店
附設餐廳
TEL:(039) 882124－7

中央大飯店
CENTRAL HOTEL

HR
政府認定 觀光旅館
愛河大飯店

國新大飯店
TEL:278121～7

嘉賓閣大飯店

東亞樓大飯店
ASIA HOTEL
☎(06)2293185
FAX: 886-6-2235757

Hotel
Chung Hing

帝后大飯店
HOTEL QUEEN

君王大飯店
SOVEREIGN HOTEL
高雄市五福三路102號

高賓旅社
屏東市第一家
觀光旅社！
TEL 921
國宮大飯店
HOTEL KUOKUNG
TEL.2052·3298·3398
清龍餐廳
TEL. 23490
流星
Shooting Star
日月潭
TEL 22
亞洲
夏威夷大飯店
HAWAII HOTEL
TEL. 3131-8
TAOYUAN TAIWAN
日星大飯店
台灣台北
碧富邑
Beverly Plaza
576 TUN HUA S. RD. TEL:7082151 TAIPEI TAIWAN, R.O.C.
台灣省台北市敦化南路576號 電話：7082151
雲林縣斗南鎮順安街六五號
電話 878 . 879 . 254
豪華觀光設備 冷氣電梯齊全
60間全部套房 室內佈置高雅
專業科學管理 安全衛生舒適
附設停車場地 普通一般收費
美麗華大飯店
TEL:5313456(50線)
訂房：5221225-6
台北市民權東路420號
香君賓館
桃園市中正路60號遠東百貨9F
TEL: (03) 33497002
百花賓館
桃園市中山路258號(南門市場對面)
TEL: (03) 3381501-3
化里霧大旅社
Taliwoo Hotel

帝國大飯店
高雄

基隆
帝王大飯店
附設餐廳

SVT
花蓮 海濱大厦
台北辦事處：台北市中華路1段90號
(人人百貨公司)十樓1017室
TAIPEI OFFICE : ROOM 1017 NO. 90 SEC. 1 CHUNGHUA RD.
TAIPEI REPUBLIC OF CHINA
TEL: (02)331-6649 (02)331-8149

帝國大飯店
台北市民權西路70巷35弄1號
TEL:586131-9訂房586140

HOTEL
TODAY
TEL:324162~8
SIFU SHING ROAD TAOYUAN TAIWAN

WELCOME TO
香格里拉豪華酒店

冷氣開放
附設餐廳
TEL 3106
東洲
大旅社

五洲
大飯店
TEL

K
肯乃第大飯店

愛河大飯店
LOVE RIVER
HOTEL
·TEL·553271-6

台南
中央旅社
電話：2138.2139

珊瑚
高雄

百騏大飯店
PEACH HOTEL

冷氣開放
自動電梯
全日服務
國宮大旅社
TEL.55281-3·55287

HOTEL
華后大飯店
RESTAURANT & CLUB
THE FINEST PLACE FOR
PARTY
558251-6.559672
Empress

福隆
大飯店
標準冷氣
TEL.634-1471-1472

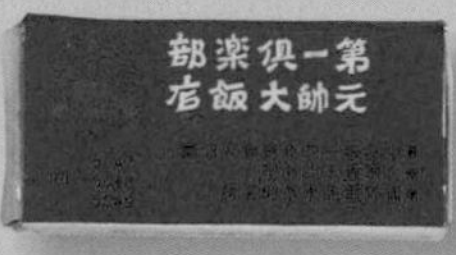
第一俱樂部
元帥大飯店

東京
大飯店
TOKYO
HOTEL

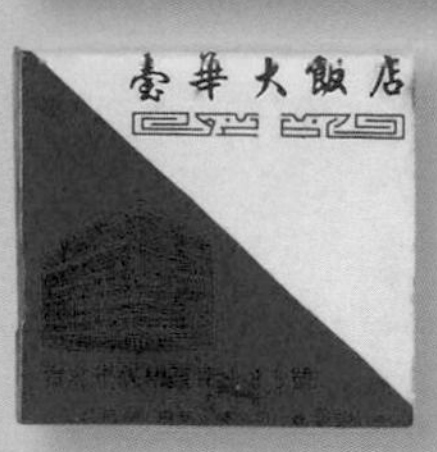
臺華大飯店

RC
ROYAL CLUB
老爺酒店

老爺大酒店

從大飯店到夜總會

在一九七〇、八〇年代，民生經濟起飛，工商蓬勃發展，民眾消費能力提升，大飯店林立，許多飯店附設有夜總會，除供投宿房客娛樂外，也對外營業，後來許多有名秀場也藉飯店之名打出名號，如：第一大飯店／喜臨門、美琪大飯店／敦煌、聯合大飯店／禮查俱樂部、中央大飯店／萬壽廳、華國大飯店／萬歲廳、新亞大飯店／太子廳、汎亞大飯店／地中海、台中大酒店、華園大飯店／麗池夜總會、永安大飯店／巴而可DISCO。

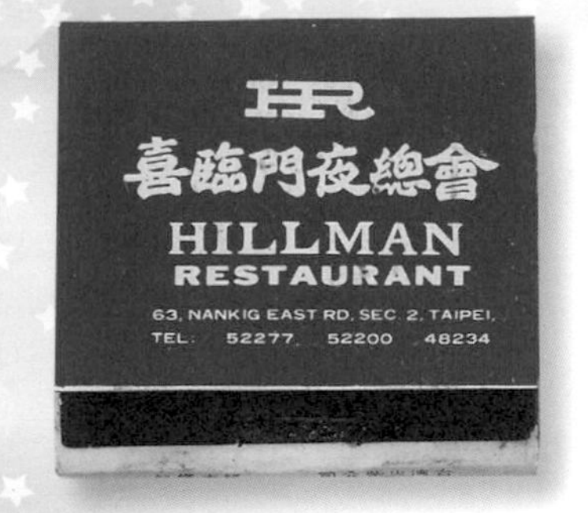

音樂‧咖啡‧西餐‧歌唱
地址：台北市中華路１５０號
(永安飯店地下樓)
TEL :3811911-3
炬輝5811654

麗池夜總會
華園大飯店

禮查餐廳
LIZA
RESTAURANT
TEL: 556326
總機 TEL: 559211—5
台北市農安街２６號

LIZA
RESTAURANT
TEL 56326
NO. 26 LOUNG-AN STREET TAIPEI

LIZA
RESTAURANT
TEL 56326

NIGHT CLUB 24 HOURS
CANTONESE &
CONTINENTAL DISHES
UNION HOTEL
LIZA
RESTAURANT &
night CLUB
TEL.56326-59211
26, NUNG AN ST., TAIPEI

NIGHT CLUB 24 HOURS
CANTONESE &
CONTINENTAL DISHES
UNION HOTEL
LIZA
RESTAURANT &
night CLUB
TEL.556326-559211
26 NUNG AN ST., TAIPEI

臺中大酒店
台中市自由路一段四八號
TEL. 5050・5059

臺中大酒店
TAICHUNG THEATRE
RESTAURANT
台中市自由路一段四八號
TEL. 5050・5058

臺中大酒店
TEL.
5050・5059

臺中大酒店
TAICHUNG THEATER
RESTAURANT
台中市自由路一段四八號
TEL. 5050・5059

臺中大酒店
台中市自由路一段四八號
TEL.5050・5059

華香餐廳
HWA SHANG
臺中酒店
TAICHUNG THEATRE RESTAURANT

三週年紀念
臺中大酒店
台中市自由路一段四八號

臺中大酒店
台中市自由路一段四八號
TEL.5050・5059
3週年紀念

中部一流
觀光設備
華香
華香大餐廳
HWA SHANG RESTAURANT

華香大餐廳

台中大飯店（十樓）
萬壽餐廳
TEL:29077-78・42121 (10 lines)

TAICHUNG HOTEL
臺中大飯店

壽

臺中大飯店
台中市民權路87號 電話：(04)2242121
87, MING CHUAN RD., TAICHUNG, TAIWAN, R. O. C.

五、火柴盒與「行」的奔馳全台

光復初期，在個人交通工具方面是以人力為主，如：腳踏車、人力拖車、人力三輪車，進而到速克達機車，一九六〇年之後計程車才漸漸取而代之。大眾交通方面則以巴士、鐵路為主，由於公路營運路線不完全普及，班次也不多，遠距交通都以火車為主。一九七〇年以後，航空業才漸漸發展起來，至於船運方面，主要做為離島間往返的交通工具。

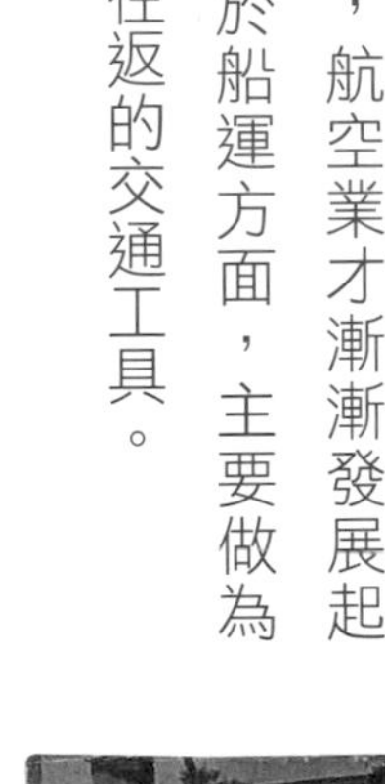

①鐵路：

台灣的鐵路建設始於清代劉銘傳所創建，日治時期日本政府加以擴建，一九〇八年，建造台北鐵路飯店，是全台第一家洋式旅館，曾招待日本親王。原址現為台北車站對面的新光百貨公司及周邊區域。光復後政府接收日本交通局鐵道部，後經整頓於一九四八年成立台灣鐵路管理局。初期，台鐵的車種只有二種，即每站必停的「普通

車」及某些站不停的「快車」。真正的高級車廂始於「觀光號」列車，於一九六一年開始營運，是台灣第一種裝有空調設備的鐵路車輛，一九七八年停駛，為莒光號所取代。

在一九七〇年代鐵路電氣化之前，火車可說是南北交通最時髦也最令人嚮往的交通工具，煤炭火車的噴煙、鳴聲、柴油火車的汽笛聲，多麼令人懷念，鐵路便當也是當時多少離鄉遊子在車上飽餐的回憶！

▲便當～便當！燒～便當～多熟悉的聲音啊！

②公路：

光復後政府為建設交通，於一九四六年成立「台灣省公路局」（今台汽前身），一方面建設公路，一方面也提供客運服務。一九五七、五八年購買五十鈴柴油客車做為公路特快車，後在車身崁上一隻金馬奔馳的銅馬浮雕，稱「金馬號」特快車，一九五九年正式風光上路，是台灣第一輛高級長途客車。車上備有電風扇、錄放音機、茶水供應，另有隨車車掌小姐，稱為「金馬小姐」，當年風光程度不亞於中國小姐，有謂「天上飛的是中華，地上跑的是金馬」，因薪資待遇高，競爭也非常激烈。

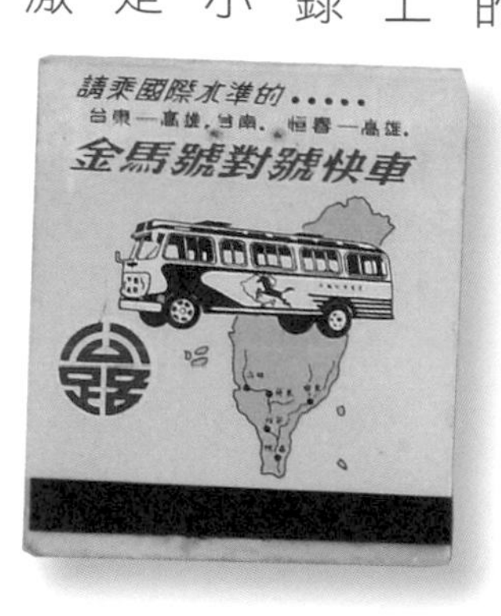

③中華航空：

屬於國家航空公司，一九五九年由政府與國民黨共同出資成立。初期多為軍事用途，至一九七〇年代始轉為民用航空。

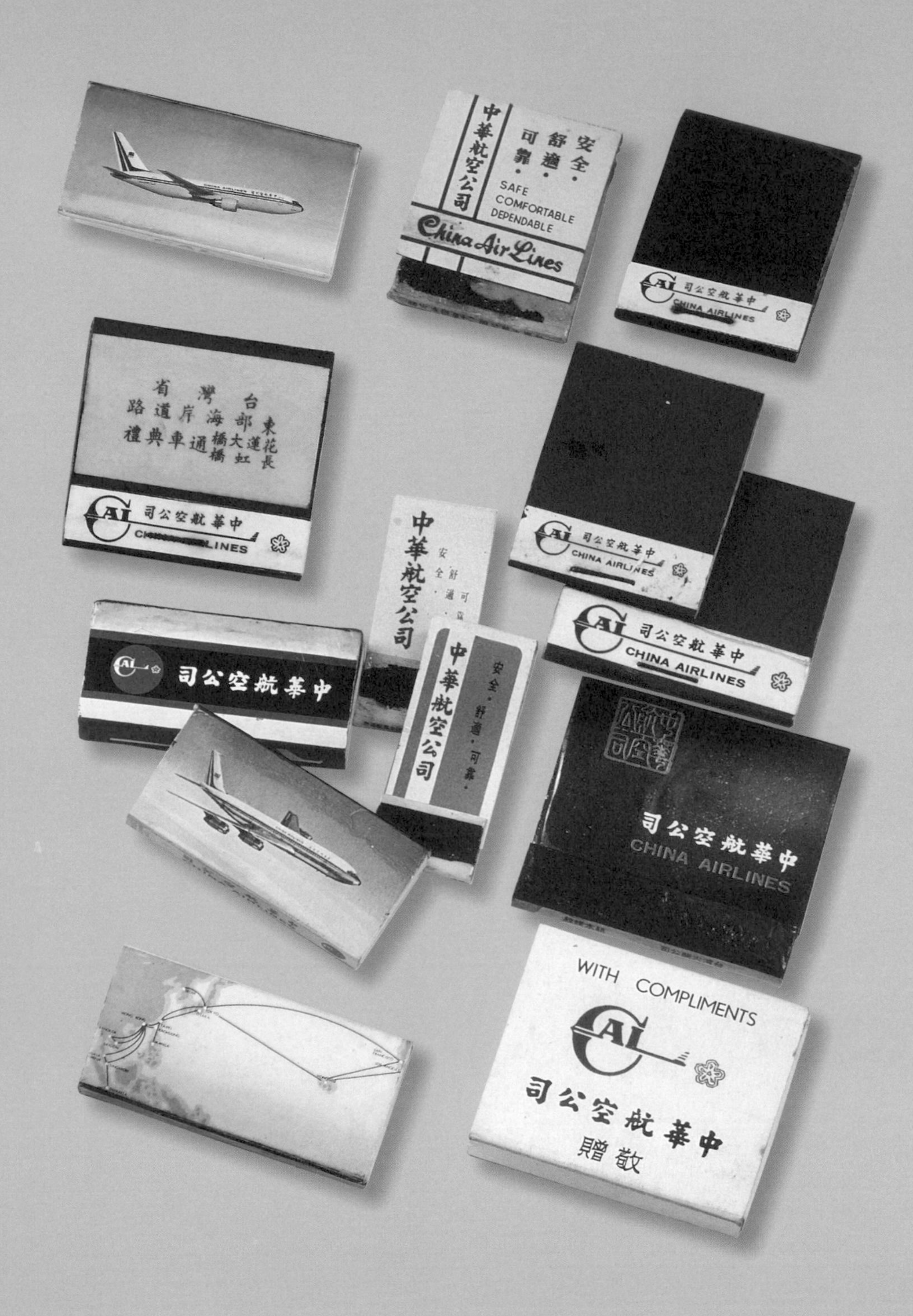
中華航空公司
安全・舒適・可靠・
SAFE
COMFORTABLE
DEPENDABLE
China Air Lines
CAL 中華航空公司
CHINA AIRLINES
台灣省
東部海岸道路
花蓮大橋 長虹橋 通車典禮
中華航空公司
安全・舒適・可靠・
CHINA AIRLINES
WITH COMPLIMENTS
CAL
中華航空公司
敬贈

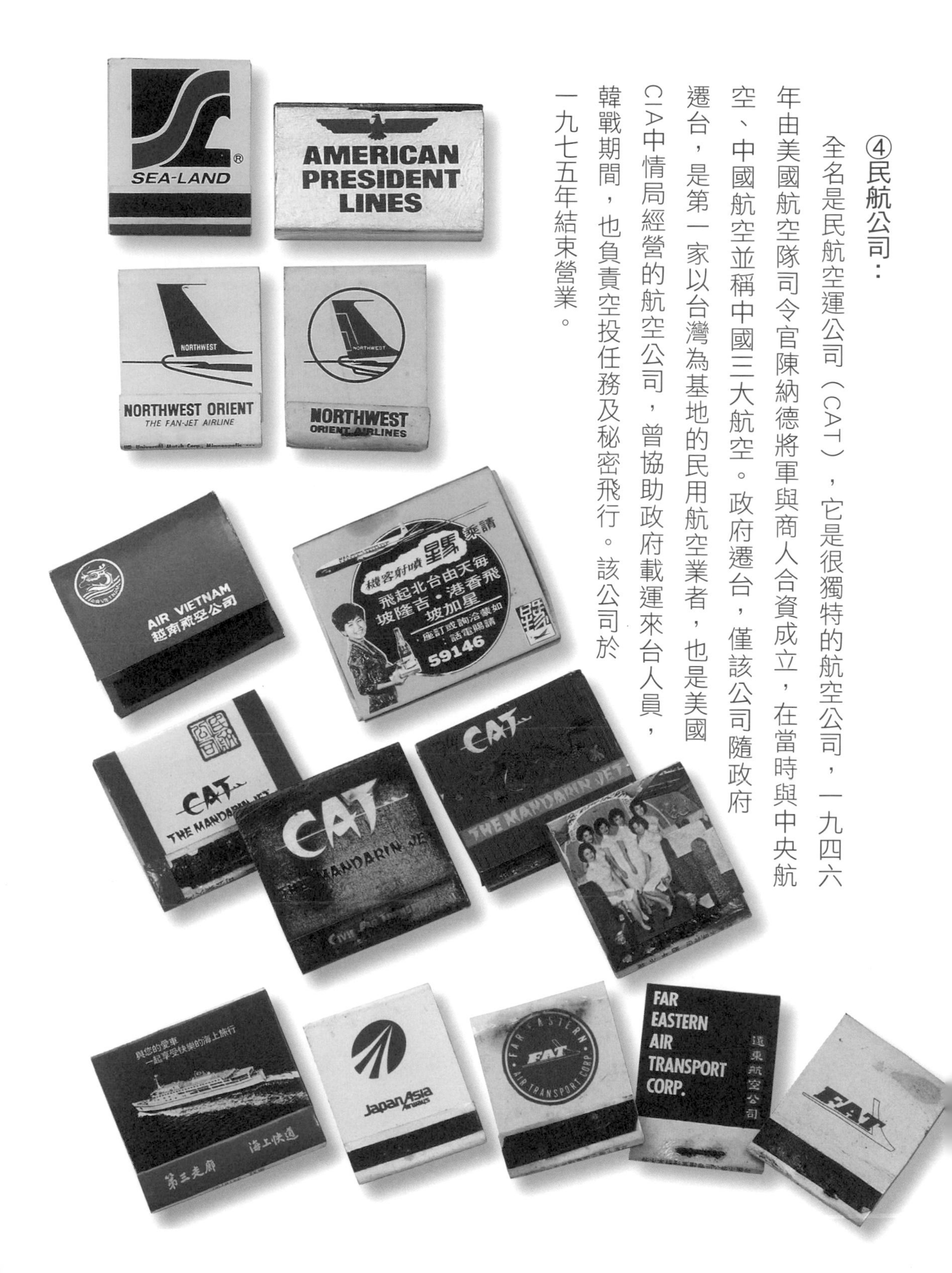

④民航公司：

全名是民航空運公司（CAT），它是很獨特的航空公司，一九四六年由美國航空隊司令官陳納德將軍與商人合資成立，在當時與中央航空、中國航空並稱中國三大航空。政府遷台，僅該公司隨政府遷台，是第一家以台灣為基地的民用航空業者，也是美國CIA中情局經營的航空公司，曾協助政府載運來台人員，韓戰期間，也負責空投任務及秘密飛行。該公司於一九七五年結束營業。

⑤裕隆汽車：

在「光復大陸」前提下，政府開始推行各項「自立圖強」措施。一九五三年推動「發動機救國」，首間國產車廠——裕隆汽車成立，也是政府積極輔導的「國貨」。一九五七年與日本日產汽車簽訂技術合作，開始量產。國產汽車公司作為其總經銷公司，至一九八八年才終止合作關係。計程車營業服務始於一九五九年（以裕隆車為指定補助車）。此外，裕隆汽車亦曾生產過蘭美達機車。

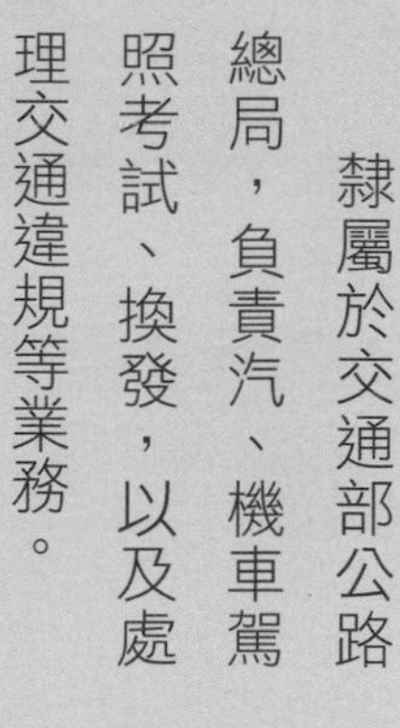

⑥監理所：隸屬於交通部公路總局，負責汽、機車駕照考試、換發，以及處理交通違規等業務。

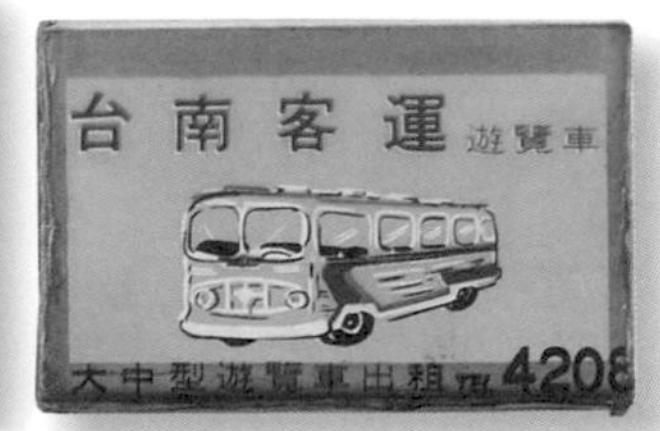

▲在大眾交通工具尚未很普及的年代，辦公、接送、趕時間、偏鄉地區活動等，往往需向車行叫車搭乘。

▲偉士牌、比雅久、速克達、三陽野狼機車，都是三、四、五年級生的記憶！

六、火柴盒與「育」的相學相長

政府遷台，為往下扎根，培育英才，而教育是「百年大計」，故積極推動國民義務教育，體育更是希望下一代「健身強國」的必修課程，而且體育比賽更能揚威海外。

▶阿美族豐年祭，可說是集育、教、樂等功能的神聖慶典，熱鬧非凡！

①運動會：

每年舉辦台灣省運動會（一九四六—一九七三），後為因應台北、高雄升格為院轄市，名稱改為台灣區運動會（一九七四—一九九八），一九九九年起改名為全國運動會，每兩年舉辦一次。

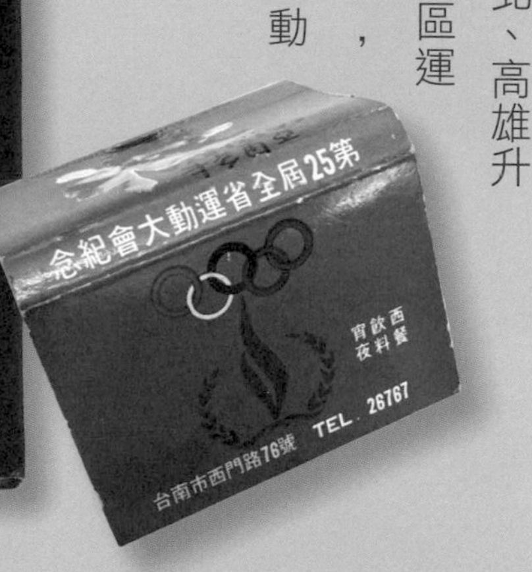

②棒球運動：

始自一九六八年，以邀請賽方式，邀請當時世界少棒冠軍——日本和歌山少棒隊來台，結果紅葉少棒以7A：0獲勝，紅葉少棒更是一戰成名，台灣少棒運動從此蔚為風潮。一九六九年，台中金龍少棒隊首次奪得世界冠軍，從此每每有棒球比賽便舉國瘋迷，相信四、五年級生（即民國四十、五十年次出生者）都有半夜起來看實況轉播，為中華小將加油的經驗。一九七四年，台灣少、青少、青棒同時獲得世界「三冠王」，中華棒球讓人刮目相看，國家名聲也在世界出名。民生用火柴也尬上一腳，甚至有商家以球隊名做為店名。

③保齡球運動：

於一九四六年由駐台美軍引進，設在「中國之友社」，以人工式球道運作，並不對外開放。一九六〇年辜氏家族成立全台第一家保齡球館——榮星保齡球館，現已拆除改建為新光三越百貨南西店。接著，高雄也設立遠東保齡球館，繼之圓山保齡球館也成立，反而成為現存歷史最久的保齡球館。保齡球運動在一九五〇、六〇年代可說是奢侈運動，一般平民百姓較少涉獵。

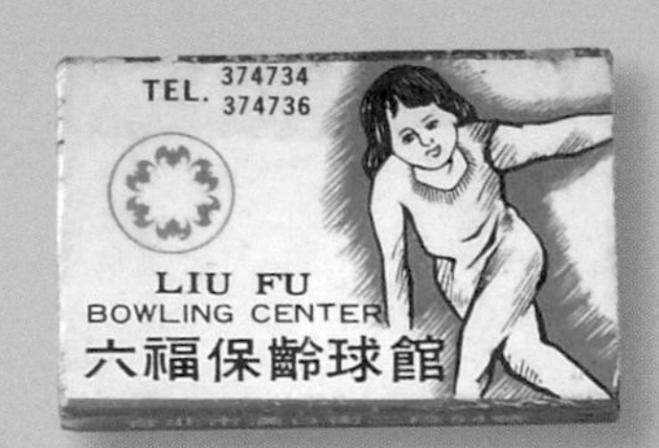

TEL. 374734
374736
LIU FU
BOWLING CENTER
六福保齡球館

保齡球館
大舞臺
1樓凱旋廳
西餐、牛排、夜宵
1 2樓保齡球館
3樓樂和廳
和食、飲料
T.W.T AMUSEMENT CO., LTD.
(永順牌火柴)
(地下室停車場)

皇后保齡球館
QUEEN BOWLING ALLEY
TEL.53460

皇后
保齡球館
QUEEN
BOWLING
ALLEY
TEL.23460

台北圓山育樂中心
TYRC
VALUE
LINE

育樂保齡球館
YU RO BOWLING ALLEY
YuRo
綜合大樓六樓第一館・七樓第二館
＊總機６４１６＊

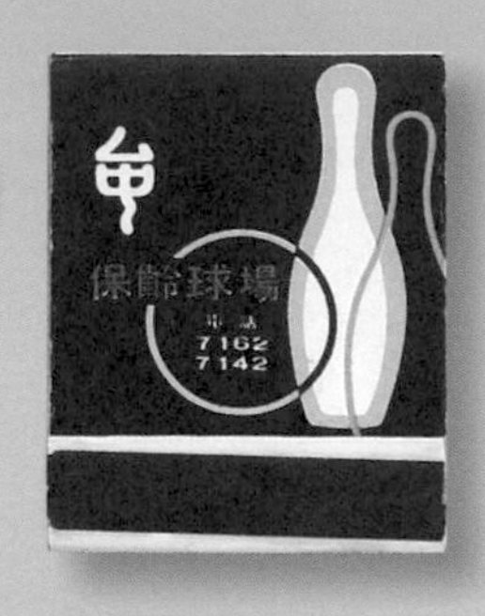

保齡球場
7162
7142

高
雄
KAOHSIUNG
46
球道
TEL:
235131
235132
235133
保齡球館
高雄市河東路178－1號

新台中保齡球館
B
A－2
NEW TAICHUNG BOWLING CENTER

育樂保齡球館
YU RO BOWLING ALLEY
綜合大樓六樓第一館・七樓第二館
＊TEL.6416＊

台
北
TAIPEI
附設
餐廳
TEL:
722124
722125
722126
782496
62
球道
保齡球館
台北市龍江路89號

保齡
球館
全自動24球道
元寶
大飯店

遠東保齡球館
FAREAST BOWLING ALLEY

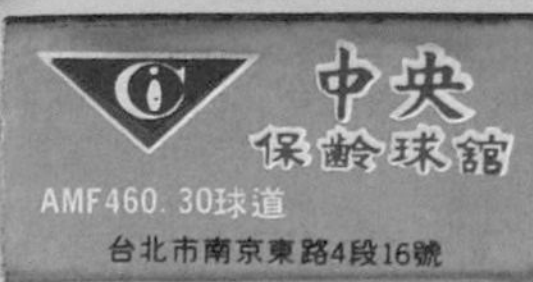

中央
保齡球館
AMF460. 30球道
台北市南京東路4段16號

皇后保齡球館
QUEEN BOWLING ALLEY
TEL.223460

台衆
育樂
保齡球舘
最新全自動設備
綜合大樓第６・７樓
總機 26416・28037

二樓三樓
保齡球館
豪華
4 FLOORS:
MUSIC HALL
四樓大歌廳
TEL
2141
2142
3455
No. 588 CHUNG CHENG RD CHIA YI

④撞球運動：

本是優雅、休閒的一種運動，設置成本不高，故常開設於住宅區或巷弄內或綜合大樓內。在一九六〇、七〇年代，撞球間曾一度成為青少年滋事的場所，也被學校單位列為學生禁止入內的地點，在一九九〇年代撞球運動脫胎換骨成為正當的休閒運動。

⑤高爾夫球運動：

在早期此運動是配合駐台美軍休閒活動及與我方外交交流，因此幕後功臣都是軍方高層，包括推動選手的培育。「高而富」運動相對的蒙上一些神秘色彩。七〇年代以後台灣經濟起飛此運動隨著國民所得提高，日漸大眾化。

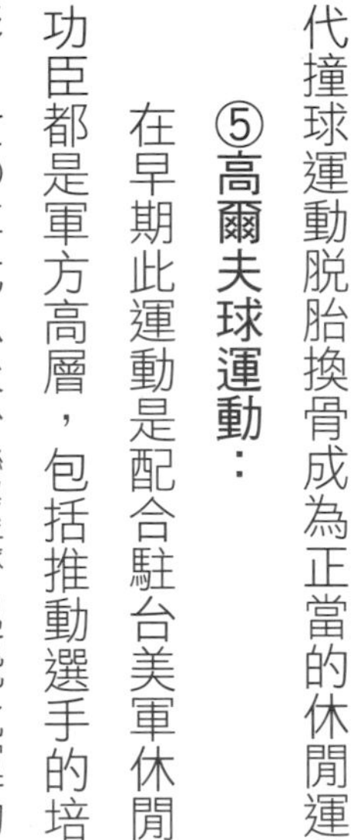

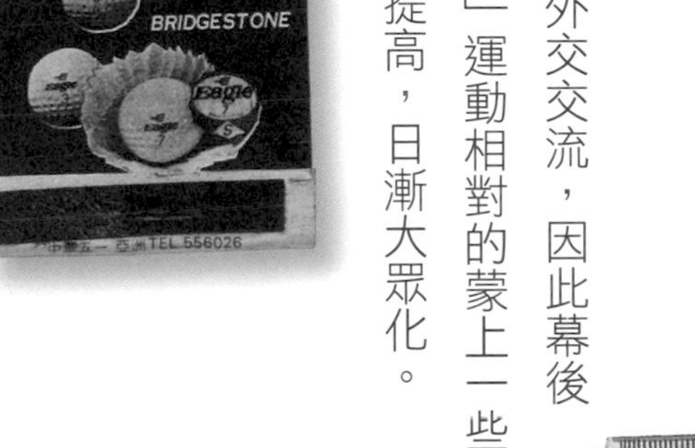

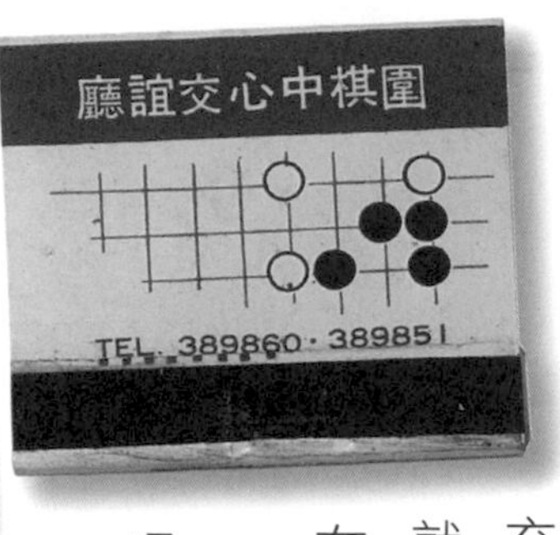

⑥南一書局：

在台灣，升學競爭非常激烈，尤其在一九八〇年代前，學生除了教科書，還需要補充參考書籍，台南的南一書局就是參考書商的大咖之一。在火柴使用的年代末期，南一書局還承印過火柴的外盒呢！

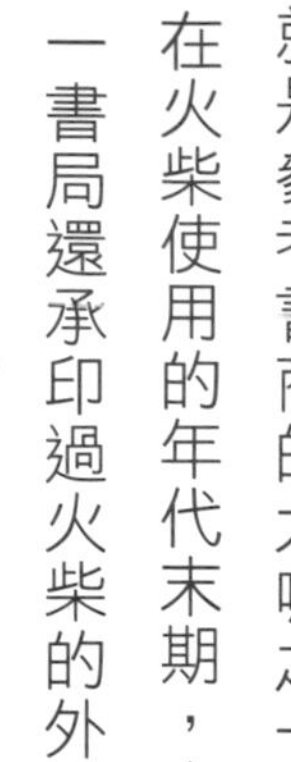

⑦建國中學：

創立於日治時期（一八九八年），為台灣中等學校的先驅，光復後更名為台灣省立建國中學，後又隨著改制，更名為台北市立建國高級中學，現為全國之首的高中明星學府。咦！學校不是禁止學生抽菸，怎麼也印製火柴？

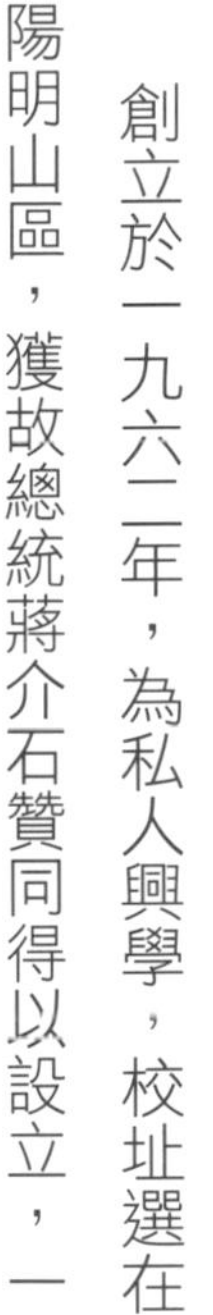

⑧文化大學：

創立於一九六二年，為私人興學，校址選在陽明山區，獲故總統蔣介石贊同得以設立，一度是台灣位在最高海拔的大學學府。

⑨中國海專：

該校同意在校內社團中成立火柴社，在保守的五〇、六〇年代可說是個創舉，能有此開放思維，實屬不易。

⑩兒童樂園：

在早年，所謂的「兒童樂園」或「動物園」等場所確實不多，且多集中在台北地區。在經濟不是很富裕的年代，兒童要至這些場所遊玩，可說是奢侈的舉動，尤其對中南部的小孩而言，更是一種夢想。

⑪烏來雲仙樂園：

一九六七年八月開幕，因有烏來纜車，它是台灣第一座空中纜車，由日本設計、施工，在當時是相當有人氣的旅遊景點。

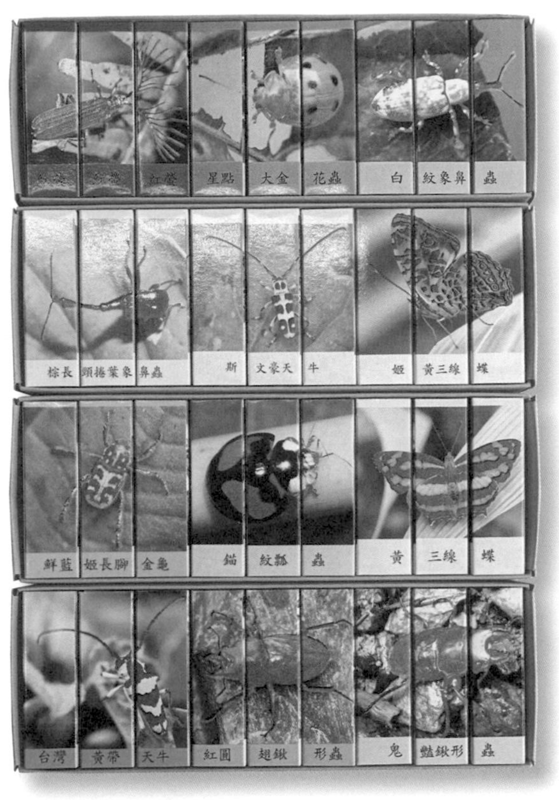

▲國立宜蘭高職將創意與火柴結合，值得鼓勵，讚！

At 75 years • Maker of the world's most wanted pens

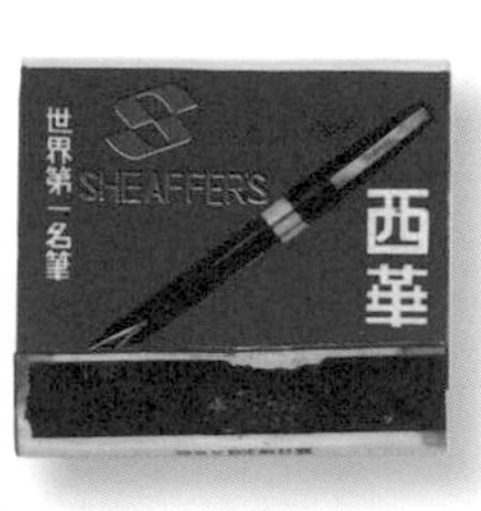

最後再補充一個文具用品，在一九六〇年代之前，原子筆製造技術尚未完備與普遍，而鋼筆製作技術則相當成熟，風行歐美，故在當年若學生聯考時金榜題名，學校或家長常贈以鋼筆做為獎勵，不但高級也時尚。

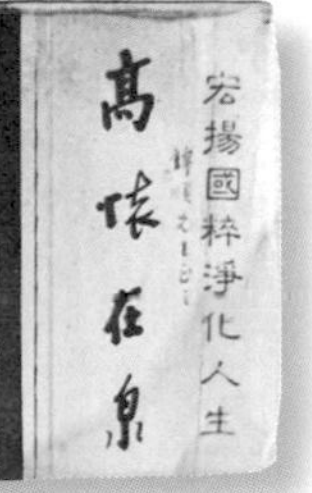

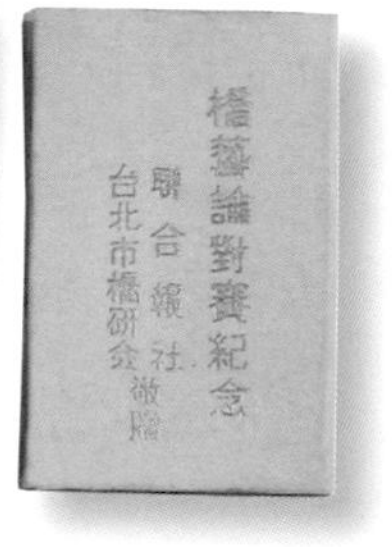

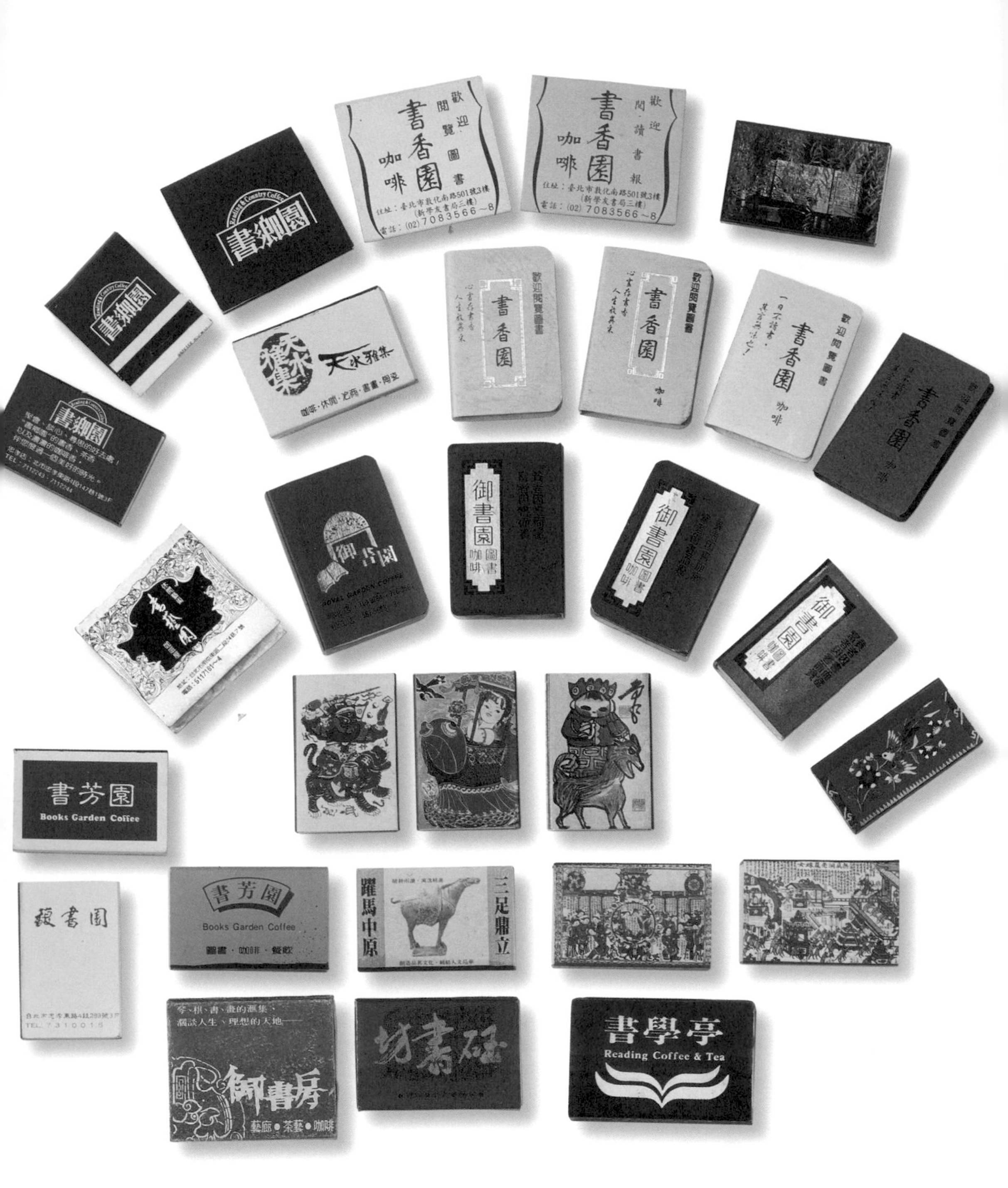

▲六、七〇年代，可說是升學考試競爭激烈的年代，每逢考試季節，公立圖書館可說是一位難求，因此坊間以唸書加飲料、備冷氣的餐廳就應運而生，店內還附有一些休閒雜誌供閱讀，一時也蔚為風潮。

七、火柴盒與「樂」的息息相關

戶外休閒

就休閒娛樂而言，戶外賞景應為首選。台灣光復前，曾就台灣全島景觀選出台灣八景——烏來、淡水、八仙山、日月潭、阿里山、八卦山、台南安平、墾丁。光復後，政府於一九五三年，重訂八景為——陽明山、玉山、阿里山、日月潭、台南安平、太魯閣峽谷、清水斷崖、澎湖漁火。因此，鐵、公路局或旅行社在印製火柴時，就常以這些風景名勝做為版面圖案。

▲金門、馬祖在早年是軍事重地，非觀光景點，其景觀也很獨樹一格。

中山樓

太魯閣
日月潭文武廟

觀光設備
台灣日月潭
每房向湖

九份
Jieufen
典藏
山城之美
九份風景

謝謝購買此火柴
A①起⑫止含觀光地
風景水彩畫請覓集。
彰化縣議會餐廳部
TEL.222128
一流廚師調理佳餚
包辦筵席團體便當
營養可口經濟衛生
卦山大飯店
TEL:(047)222712, 226619
PA KUA SHAN HOSTEL 八卦山招待所
TEL. CHANG HUA 712
AIR CONDITIONED
第一賓館
花蓮市五權街四十八號 49
新開幕
卦山大飯店
KUASHAN HOTEL
TEL 2712
和漢料理
碧潭加州大旅社
冷氣套房・歡迎光臨
TEL.9111119
龜山島
碧潭餐廳
TEL.933075・934675.

ALISAN
RESTAURANT
阿里山觀光餐廳
TEL:576284
故宮博物院

2樓 名片欣賞
3-11樓 旅 館 部
12樓 歌唱西餐廳
地下樓 台菜海鮮
訂房專線(069)274888 9
(069)274881~0

▲澄清湖：原名
大埤湖，因湖狀似
貝殼，又名為大貝湖，
一九六三年蔣介石總統設行館於
此，改稱澄清湖，有「台灣西湖」
之稱。湖中有一小島，名為「富國
島」（註1），是高雄第一大湖，
也是觀光景點。

◀台中公園：原址最早為台中橋仔頂望族林家的花園，日治時期被改建為公園，園中有湖及湖中雙亭的設計，是光復後公園景觀的首選。

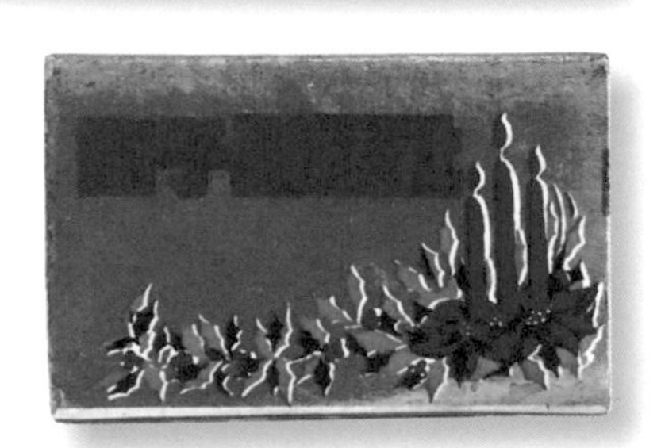

早期的台灣以「溫泉泡湯」為人氣首選，因台灣地處火山帶，從北至南延至東部，皆有地熱溫泉，「溫泉鄉」之名，自然聲名遠播。

台灣光復初期至一九六〇年代左右，有號稱台灣四大溫泉：北投、陽明山、關仔嶺、四重溪。各處溫泉林立，在火柴上也留下足跡。

談起溫泉，一般民眾都會首指北投溫泉。北投原為平埔族中的凱達格蘭族部落聚所，北投的發音係平埔族語「巫女」之意，因該地長年硫磺煙霧瀰漫，原住民認為有「巫神」居此而得名。

北投溫泉在日治時期，首間日本人經營的溫泉旅店——天狗庵，將日式泡湯文化引進並深植於此，之後附帶引進風月鶯聲文化，「溫泉鄉」與「溫柔鄉」、「男人新樂園」並駕齊名。北投泡湯文化在一九七〇年代達到最興盛的高峰，大、小溫泉旅店約一百二十餘家，後因政府掃黃才衰退。

▲玉川園是台灣電影「溫泉鄉的吉他」拍攝場景，位於北投磺港溪畔。

北投泡湯名所，在一九五〇、六〇年代，有所謂的「溫泉建築三寶」——

吟松閣：建於一九三四年，是目前第一家被列為古蹟的溫泉旅館。

星乃湯：曾因國父孫逸仙慕名到此泡湯，後更名為「逸邨」。

瀧乃湯：是公共浴池，目前尚有經營，許多懷舊者常會光臨，據載日治時期，日皇裕仁也曾來過。

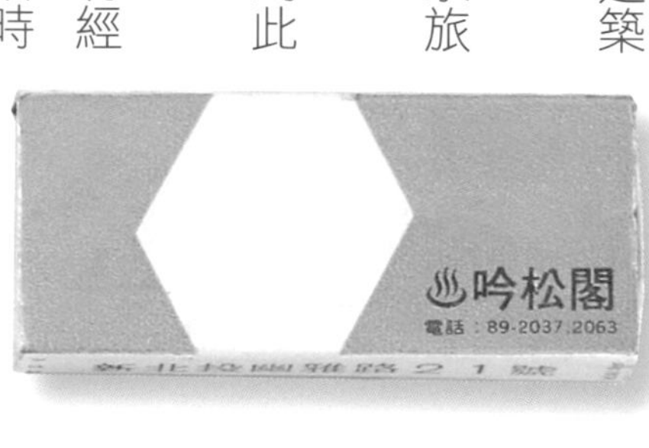

①春天酒店：

一九九〇年代，首家五星級溫泉飯店——春天酒店開張，由南國飯店拆除重建，曾造成一時轟動，也帶動其他業者紛紛加入改建行列，改頭換面，以精緻、禪意、SPA、隱密性風景等，吸引消費者，北投泡湯文化才又重起生機。

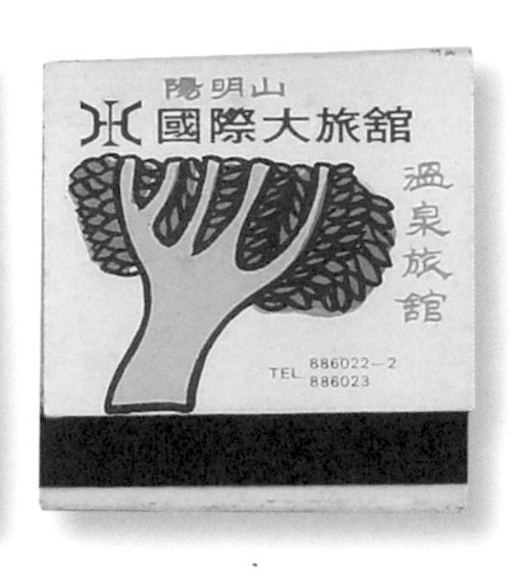

②陽明山溫泉：

陽明山原名「草山」，地屬大屯火山群，除溫泉外尚有火山地質噴氣及硫磺景觀，兼之風景秀美。光復後，蔣介石總統為紀念王陽明，將之更名為陽明山，並於此設立「行館」。早期以一九五一年所建的國際大旅館及中國大飯店最為有名。

③關仔嶺溫泉與四重溪溫泉：

均在日治時期即享有盛名。關仔嶺溫泉以泥沼溫泉出名，在光復初期以泡湯為主，如：關仔嶺旅社（建於日治時期）。在七〇、八〇年代改變為飯店並設餐飲服務。到了九〇年代更有五星級飯店進駐該區，現已成為全方位溫泉區。

④**烏來溫泉：**

烏來是泰雅族語：冒煙的熱水。它是離台北市區最近的原住民溫泉區，地屬雪山山脈，日治時期已有開發。現周邊有內洞森林遊樂區及雲仙樂園，是個豐富的觀光休閒景點。

⑤**礁溪溫泉：**

台灣少見的平原地帶溫泉，水質清澈，無味，富含礦物質，近年更因雪山隧道通車，人氣漸旺，五星級飯店也紛紛進駐。

礁溪 大飯店
台灣省觀光局審定觀光飯店

碧雲莊旅社
電話：10號

社旅莊雲碧

社旅 莊雲碧
TEL.10-20

店飯大溪礁
TEL.155-156

礁溪大飯店
TEL:155・156

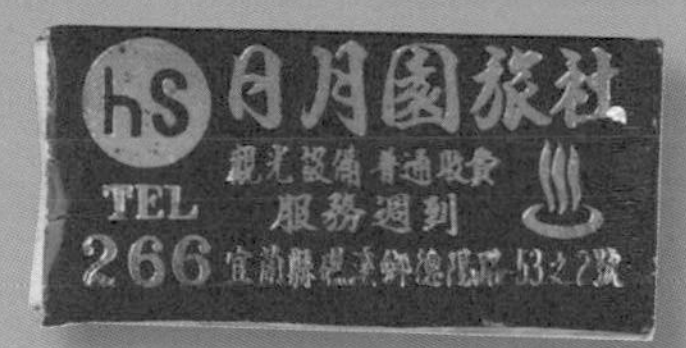
hS
日月園旅社
觀光設備 普通收費
服務週到
TEL
266

日月園旅社
觀光設備
普通收費
音樂套房
服務週到
TEL.266

新秀閣大飯店
台湾・新北投TEL.56.556

店飯大滙樂百
BROAD-WAY HOTEL
號九九路泉溫投北新
95-2161.2163
2162.2164

觀光旅社
泉楽莊
TEL.95-3147
95-2618

新秀閣大飯店

百樂滙大飯店
TEL.892161～4

泉樂大飯店
台灣 台北 北投
TEL:893147.892618

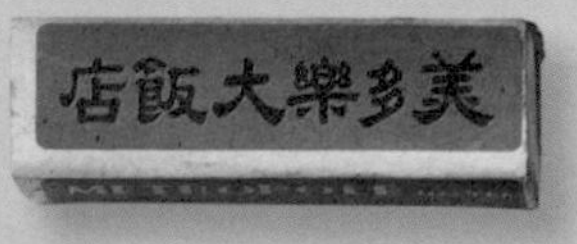
店飯大樂多美

美樂花大飯店
893388
893938

店飯大
楽多美

美多樂大飯店

店飯大
莊丹牡

京都大飯店
893668-9
894669

京都飯店
95-3668-9
GOLDEN GATE
HOTEL

投北新
店飯大家皇

北投
綠園
TEL.
893106
893956

店飯都京
89-3668-9

新北投
金門大飯店
GOLDEN GATE HOTEL
TEL:8912188-9・8916767

新北投
金門大飯店
GOLDEN GATE HOTEL
TEL:8912188-9・8916767

楽多美

紅葉莊大飯店
環境優美・清静涼爽
電話:溫泉〇號

東台大飯店
溫泉游泳池
卡拉OK
中西餐廳
會議廳
知本內溫泉
森林遊樂區

知本
溫泉
DONG TAIR HOTEL
東台大飯店
DONG TAIR HOTEL
總　機:(089)512918

知本
大飯店

龍谷大飯店
台中・谷關風景區
045 951325 951365 十二線

龍谷觀光大飯店
天鈞遊樂園
台中縣424和平鄉東關路一段138號
TEL:04-5951325 FAX:04-5951226

嘉寶溫泉・渡假山莊
Jia Bao Hot Spring & Holiday Inn

HOTEL
ROYAL
RESTAURANT & DRINK
TEL
2345.2305

"好茶—好水—好風光・・・"
天廬大飯店
THE SKYLINE INN

美家莊
大飯店
新北投溫泉路152～1號
TEL.892769.892777

華南大飯店
HOTEL INSULAR
TEL.893031 (10線)

華南大飯店
TEL. 893502, 893031 (10LINES)

Brunswi
B

891303
891305
華南大飯店

華南
名菜
華南大飯店
HOTEL INSULAR

老爺大酒店

Chuan Yuan Hotel PEITOU
TEL 450·465·813
荘源泉
新生荘ホテル
別館TEL:567・355・215
本館TEL:35 235
新北投
台湾觀光協會會員
電話北投一〇四
三四八號
逸邨
星乃湯
店飯大宿新
吟松閣
IN SONG GER
TEL.37·63
ASAKUSA HOTEL
浅草別館
北投
溫泉路觀光巷四號
TEL.3377
ASAKUSA HOTEL
別館
北投
溫泉路觀光巷四號
西漢料理
T (95) 3366
L. 3377
ASAKUSA
HOTEL
TEL 893366
893377
北投
淺草
ホテル ドラゴン パレス
龍城大飯店
台湾・北投温泉
台湾・新北投光明路283号
TEL 152 259 401
新北投
淺草
別館
HOTEL
DRAGON
PALACE
PEITOU · TAIWAN
店飯大投北
TEL. 893061-6
北投
HOTEL
PEI TOU
TEL. 95-3208
95-3209
95-3210
95-3211
95-3212
95-2704
PEI TOU TAIWAN
龍門
大飯店
台北市北投區光明路
龍門
大飯店
龍門
大飯店
龍門
大飯店
新北投光明路281号天主堂前
TEL. (95)2174-5

碧雲莊旅社
龍泉旅社
TEL.22.
碧雲莊旅社
電話：10號
龍泉大旅社
TEL.22.255

美華閣旅社
新北投温泉路銀光巷21号 TEL. 388. 553

HOTEL
K
嘉賓閣大旅社
TEL:95-3117

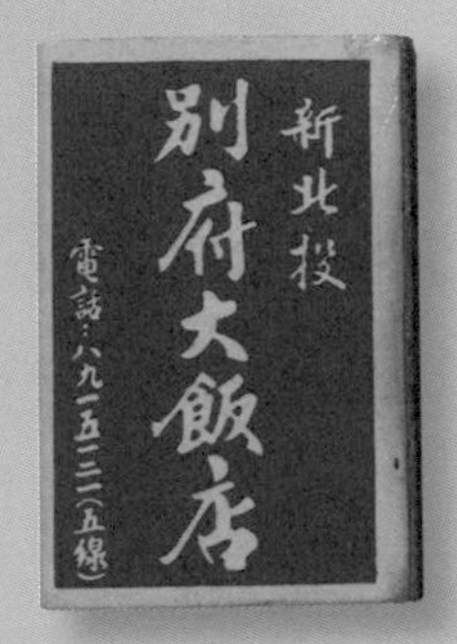
新北投
別府大飯店
電話：八九一五二二（五線）

新北投溫泉路銀光巷21號 TEL.2151～4
美華閣旅社

嘉賓閣大飯店

旅社 美華閣
礁溪湯圍路38號 電話一六六號

hS
SUN MOON
HOTEL
hS 日月園旅社
觀光設備 普通收費
服務週到
TEL
266
天仁溫泉大旅社
TEL:225

新北投
綠園大飯店
TEL.8913106.8913956
8911323.8911363

敬請惠顧
華國大飯店
HUA KUO HOTEL

F
別有天大飯店
TEL. 892101～2

南國大飯店
Paramount
HOTEL
TEL. 8915181～8

觀光飯店
新生莊別館
電話：八九一二三一～三
台灣・新北投

莊生新

新生莊新館
台灣・新北投

新碧華旅社

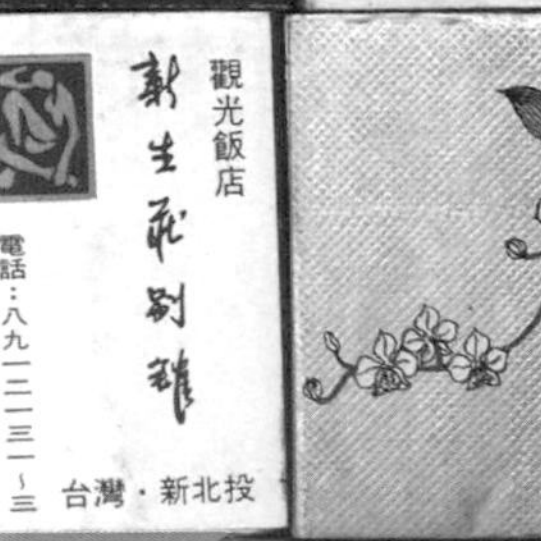
觀光飯店
新生莊別館
電話：八九一二三一～三
台灣・新北投

新生莊

NEW
LIFE
HOTEL & VILLA
SHINPEITOU.TAIWAN

新碧華旅社
TEL.892225・892412

台北市北投區泉源路39號
TEL ：892128・892129

新 生 莊
台灣・新北投

新生莊
HOT SPRING
NEW LIFE
HOTEL&VILLA
ALL TELEPHONE
PRIVATE BATH
TOILET
AIR CONDITIONED
TEL:
HOTEL 35. 215. 235.
VILLA. 567. 355.
SHINPEITOU TAIWAN

HOTEL NEW GARDEN
雅敘園

宮白白宮

南國大飯店
Paramount HOTEL
南國大飯店
Paramount HOTEL
南國大飯店

新美華
旅社

新美華
旅社
温泉旅社

華南大飯店
HOTEL INSULAR
TEL893031(10線)893051(10線)

美家莊
TEL.2769

美家莊
TEL.2769
社旅

龍城大飯店

HOTEL INSULAR
30 YU YA ROAD PEITOU
TAIPEI, TAIWAN

美家莊
TEL.2769
社旅

松林大飯店
TEL 892740
892894

南華

ピカソウ
美家莊 旅社
TEL: 892769

松林大飯店
TEL.892740・892894

店飯大南華
TEL. 893502, 893031 (10LINES)

都京 投北
館旅泉溫

鳳凰閣旅社

嘉賓閣 大旅社

HOTEL INSULAR
30, YU YA ROAD PEITOU
TAIPEI, TAIWAN
TEL.893031 (10 LINES)

新台灣大旅社
892257・894748

Shing Neng Chang
HOTEL
新旿莊
社旅

成功旅社

電影戲劇

電影戲劇既是文化也是藝術，對於一個國家的社會教育與國民的情感及理智，有著極大的影響。台灣在一九五〇、六〇年代的政經現況，屬於較「悶」的年代，看電影可說是一般人紓壓的方式。

①國片：

日治初期，台灣尚有自上海輸台的影片，抗戰期間就完全中斷。光復初期以大陸輸台影片為多，政府遷台後漸漸輔導自製自拍，然產量不足，從香港輸入港片居多。

「江山美人」是第一部在台灣放映的黃梅調電影，一九六三年上映的「蚵女」，則是台灣第一部彩色寬銀幕國語電影，同年港片黃梅調「梁祝」轟動全台，創下上映一百六十二天，九百三十場的紀錄，打

破當時台灣影壇紀錄，黃梅調電影更是流行一時。

港片乘勝追擊，繼之以武俠片、功夫片橫掃國片市場，國片雖有以瓊瑤小說為藍本的「三廳（客廳、餐廳、咖啡廳）」電影吸引年輕世代，後又有政府輔導的戰爭片、軍教片等力挺，但是隨著時代風氣的演進，年輕人視感的改變，以及電影科技的進步，這些脫離現實或公式化的電影逐漸為新一代所摒棄。

到了八〇年代，鄉土文學興起，帶給國片新的題材，出現所謂的「新電影」，如：「兒子的大玩偶」。九〇年代雖有多部國片揚名國際，但整體電影市場漸漸成為洋片的天下。

香港開埠以來
最賣座的十部電影

片名	票房紀錄(以港幣計算)	主演	製作發行
半斤八兩	$8,531,699	許冠文 許冠傑 許冠英	嘉禾
鬼馬双星	$6,251,633	許冠文 許冠傑	嘉禾
火燒摩天樓	$5,716,515	—	華納福斯
七十二家房客	$5,626,675	—	邵氏
大白鯊	$5,510,024	—	環球
猛龍過江	$5,307,350	—	嘉禾
海底城	$5,267,856	—	聯美
鬼馬闖江湖	$5,056,559	許冠傑 吳耀漢	嘉禾
大金剛	$5,008,049	—	嘉禾
天才與白痴	$4,553,662	許冠文 許冠傑	嘉禾

註：台幣與港幣的兌換率是一對八

五虎屠狂龍
張冲 上官靈鳳 古龍 羅烈

天王影后
上官靈鳳
領銜主演
裕隆電影事業(有限)公司
震撼中外時裝動作鉅片

華揚大戲院
新竹市中正路181號
TEL. 2335

清水戲院貳週年紀念
TEL 23063

洞房花燭夜

日新大戲院

金石情
凌波主演
SB

統一影業公司創業鉅鑄
莊清泉監製
李翰祥策劃
丁善璽導演
推理俠情巨片
虎父虎子
歸亞蕾 葛香亭 岳陽 領銜主演

冷月孤星
劍無情

乘龍快婿
催淚笑彈
爆笑喜劇
張琪
田青
梁醒波
主演
香港國泰流綫型大喜劇

中森戲院
榮獲國語片首輪紀念

②台語片：

第一部正宗由台灣人出資、自製的台語電影「薛平貴與王寶釧」，於一九五六年上映，一舉爆紅、票房賣座，開啟台語片的黃金時代，一九五七年甚至舉辦了首屆「台語片影展」。可惜在資金、人才、劇本等條件不足之下，加上政府資助獎勵拍攝國語片，台語片又粗製濫拍漸走下坡，至一九八一年以「陳三五娘」一片畫下句點。

③日語片：

台灣曾接受日治的影響，早年本地人對日片仍較喜愛，當時的武士動作片可說是老少咸宜，兒童片方面則以巨獸片最受歡迎。

④洋片：

早期是以西部槍戰片為主，後又演變為以鏢客、英雄式槍手為主流，再往後則以文藝、間諜片為主。

7 DOLLARI SUL ROSSO
太陽谷決鬪
主演 馬克達蒙
曠野孤獨龍
諜報飛龍
OUR MAN FLINT
勝過007
超級七號
情報員
皇牌諜戰鉅片
保證過癮!!
彩色大銀幕
SUPERSEVEN
JUDITH
國賓大戲院開幕紀念
亞蘭德倫
主演
華麗彩色片
奇襲戰
豪華遠東聯映
MGM
快鎗醉俠
一家之主
榮獲八項金獎彩色文藝鉅片
MGM
決死突擊隊
死神的使者
SAMOURAÏ
サムライ
大逃亡
VON RYAN'S EXPRESS
惡夜追緝令
七彩
蘭陽戲院
IN THE HEAT OF THE NIGHT
屋上的提琴手
"Fiddler on the Roof"
瘋狂大進擊
DORELLIK
特藝彩色超視體
影史上不朽名片之一
熱淚心聲
63年奧斯卡金獎偉構
暢銷世界文學名著
「海倫凱勒傳」改編

⑤電視：

台灣電視節目始於一九六二年，其中卡通「大力水手」是兒童的最愛。布袋戲也隨著電視開播，尤以一九七〇年黃俊雄布袋戲團推出的「雲州大儒俠史豔文」最為轟動。歌仔戲節目，也隨著上電視進入觀眾眼中，楊麗花、柳青、葉青等，都成為歌仔戲的紅人榜，人氣旺旺。餐飲業者也趁勢邀其入股，在廣告火柴上用其肖像來增加人氣與名氣。

娛樂場所

風花雪月文化自古有之，紙醉金迷的繁華風情故事，也在這片土地上演著，無論是名流與紅粉知己的浪漫情史，火山孝子散盡家財只為「伊人」等故事，都流傳不絕。

①日治時期：

日治時期，藝旦酒館風行，如：江山樓、蓬萊閣，這些酒館後來演變為台式酒家，當時的一些巨商富賈皆雲集於此，名流交際、政商會談也都選在酒家，形成獨特的「酒家文化」，但也不可以一語便做為這些場所的代表（註2）。台灣其他地方「酒家」大都是歡場之所。

早年北部以大稻埕區最為繁盛，黑美人酒家是大稻埕第一間大酒家（前身為「萬里紅食堂」，因名稱涉及政治敏感於一九六〇年更名），店名取自英文ALL BEAUTY的諧音，目前該建築被列為古蹟（四柱三窗建築）；還有東雲閣、杏花閣、白玉樓、五月花、望花台、月世界、美人座、皇后等。其他地區，有：璇宮、蝴蝶蘭等，在當時都是頗富盛名，台灣北部老一輩的企業老闆都鍾情於此。中部地區有名的酒家，如：醉月樓、鳳麟、松葉、赤崁樓，嘉義的嘉賓閣，台南的芳玉，高雄的醉月樓、皇后、玉麒麟，屏東的杏花溪。只是昔日的秦樓楚館，鶯鶯燕燕，如今安在否？

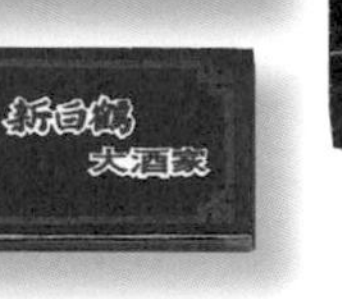

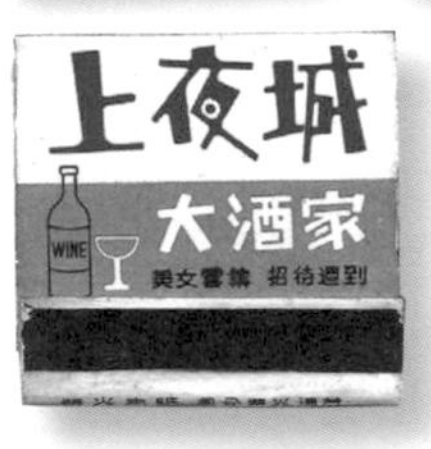

▶曾有某一武打明星為杏花閣酒家一位紅牌小姐爭風吃醋，開槍示威，轟動一時！

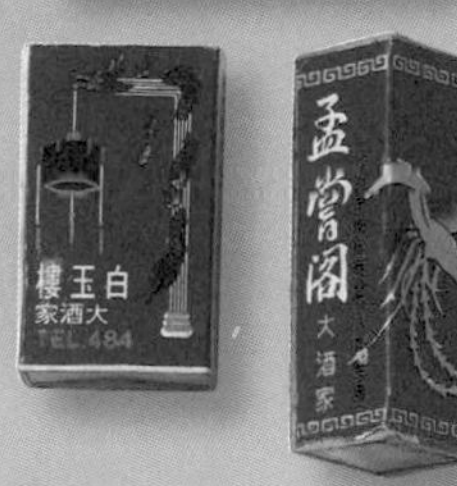

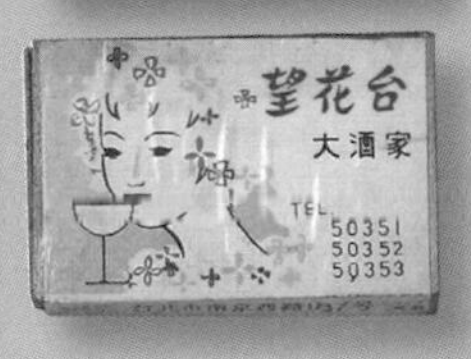

杏花村
酒家
TEL.2468•2640
中壢市無南里三仙巷

家酒賓貴
TEL..3369

家酒門龍
号二六街樂永鎮園桃
TEL:1069

放開氣暖冷
都華
家酒大
TEL.2457-2538

放開氣暖冷
都華
家酒大
TEL.2457-2538

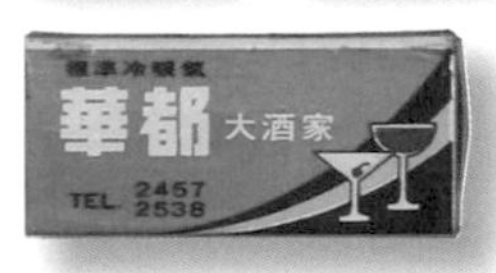
華都
大酒家
TEL. 2457 2538

華都大酒家

標準冷暖氣
新都酒家
HSIN DO RESTAURANT
TEL.2478-2596

家酒都新
RESUTARANT
CAFE

杏花村酒家
中壢鎮三仙巷
TEL: 468·640

杏花村酒家

第一
大酒家
TEL:3493

家酒大一第
TEL.1193

大酒家
TEL: 514655
550351-3

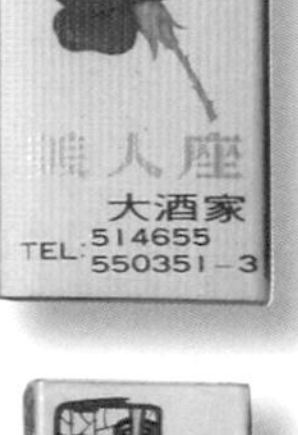

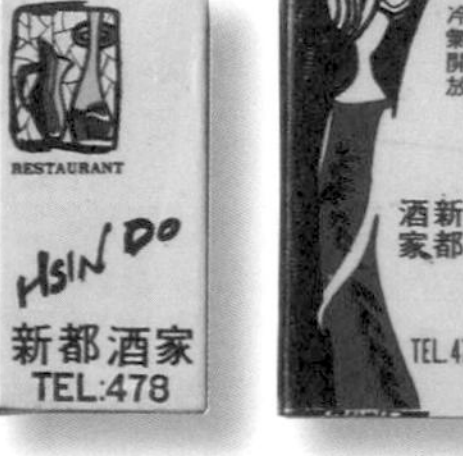
RESTAURANT
HSIN DO
新都酒家
TEL:478

冷氣開放
酒新
家都
TEL.478

HWAN PIN
皇賓
大酒家

小壺天酒家

中美酒家
TEL.718

市壢中
家酒美中
TEL718

新美楽酒家
TEL.188

新美樂酒家
中壢市大同路6c號
TEL: 3288

SHIN MAI LEH
TEL.3288 RESTAURANT
新美樂

WH
家酒大宮白

賓王
大飯店
TEL:5365182(12線)

嘉賓
大酒家

新生
酒家
529

家酒瑰玫紅

家酒座銀
TEL.2530

家酒美南新
TEL.708

月世界大酒家
TEL.515195-9

家酒大
閣雲東
TEL.
118
248

KUS PING
RESTAURANT
國賓大酒家

皇后大酒家
TEL.4233-3629

蘭蝶蝴
大酒家

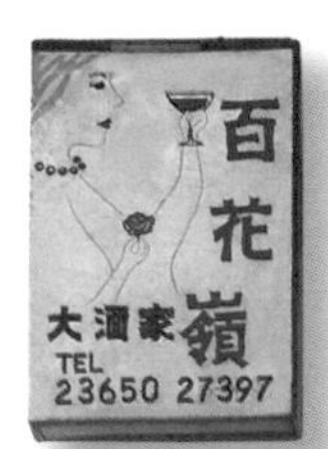
百花嶺
大酒家
TEL
23650 27397

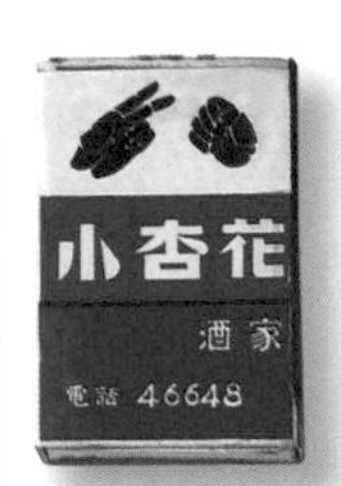
小杏花
酒家
電話 46648

家酒苑園
TEL:1005

翠美人
ALL BEAUTY

奇思美
沙龍
TEL.5476

家酒大樂永新

家酒都南
TEL. 23681

TEL.933075・934675

全興酒家
板橋鎮館前路二十巷之一
包辦筵席・招待週到
全興酒家
板橋鎮館前路二十巷之一
包辦筵席・招待週到

醉月樓酒家
TEL. 338281
332292
醉月樓
酒家
TEL. 338281
332292

醉月樓酒家

家酒大林鳳

東雲閣
TEL. 40611~4

醉月樓
酒家
TEL. 338281
332292

小佳人
酒家
小佳人
大酒家
TEL:528821-3

奇思美
沙龍

奇思美
沙龍

家酒鵬大
TEL..559862

大酒家

家酒大后皇
愛也美 酒家
Ai Yeh Mei Restaurant

松葉

大酒家

嘉賓閣

小杏花
酒家
TEL.
546648

SHU SUN HA
RESTAURANT
TEL. 546648
小杏花酒家
TEL. 546684

新嫦娥酒家
新嫦娥酒家

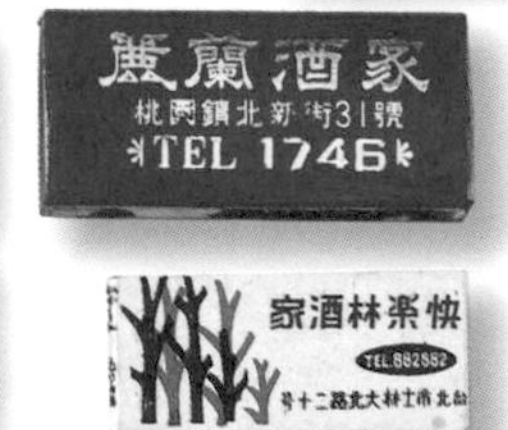
麗蘭酒家
桃園鎮北新街31號
TEL 1746
家酒林楽快
TEL.882582

KWO PIN RESTAURANT
國賓大酒家
TEL. 24277・24877

國賓大酒家
基隆市愛三路一號 TEL. 24277・24877
KWO PIN RESTAURANT

家酒園鳳

國賓大酒家
KWO PIN SALOON TEL. 24277・24877

基隆市愛三路一號 TEL.24277・24877

櫻桃酒家
電話三二二六八

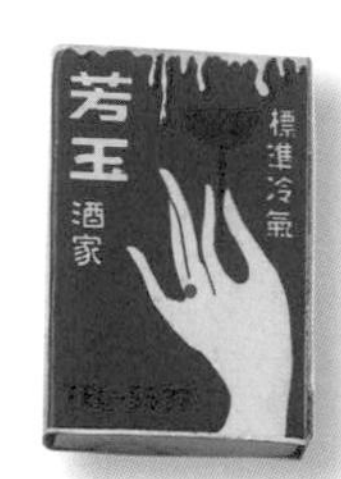
芳玉
酒家
標準冷氣

Cafe
杏花樓
酒家
TEL.22608

大東亞
酒家

久松
TEL 2279

芳玉
酒家
電話5537号

新嘉慶
大酒家
TEL.356

酒家
新萬國
Cafe

杏花樓
大酒家
電話總機
233106 · 233107
233108 · 233109

紅玫瑰酒家

麒麟
酒家

鳳仙
大酒家
TEL 258

國賓大酒家

新鴻賓
酒家
美女雲集
TEL.223

高雄市大仁東路
美善真
小吃
麒麟大酒家隔壁
大林鎮
紅玫瑰
酒家
63

飄香亭
餐廳
四川名菜
台北市重慶北路二段二號
PIAOH SIANG TIEN

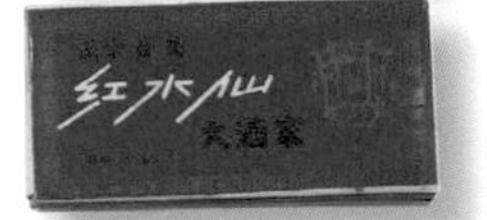
紅水仙
大酒家

皇賓大酒家

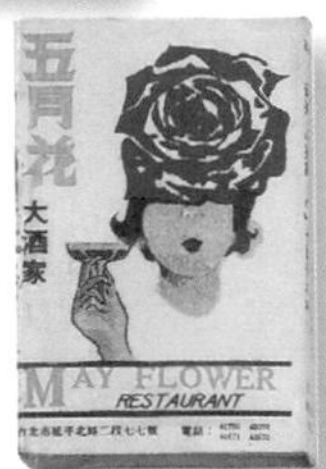
五月花
大酒家
MAY FLOWER
RESTAURANT

員林第一大酒家
西樂
TEL. 214
439

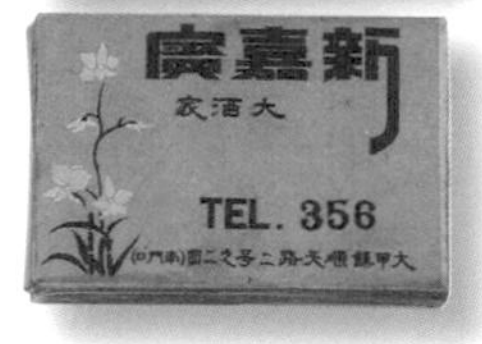
新嘉慶
大酒家
TEL. 356

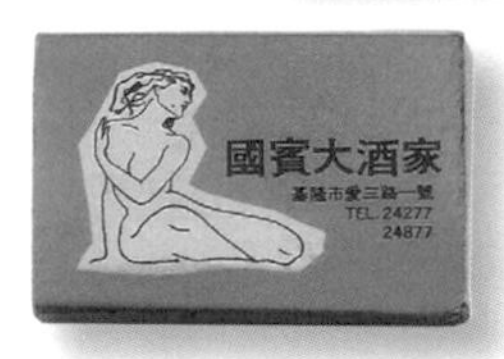
國賓大酒家
基隆市愛三路一號
TEL. 24277
24877

美松酒館
冷氣開放
31019

国
FANG
YUH
CAFE
TEL:20181~3

C.B.K
嘉賓閣
大酒家
TEL.2247
4171轉203

台中市
鳳麟大酒家
TEL.2975.4648.4523

大世界大酒家
TEL (045)22719.23961

松鶴樓
大酒家
TEL. 2100-5660

双鹿
酒家
Twodeer Cafe
TEL 8732
2470

②戰後時期：

政府遷台後，引進了舞廳、夜總會（有些夜總會附設在大飯店內）。又在音樂娛樂方面，除了收音機，當時有戶外露天茶室可以聽歌娛樂，後因客源興旺，而轉進室內售票經營。在一九六〇年代初歌手駐唱較多，如：朝陽樓、萬國聯誼社、金門飯店，也造就紅包場熱門登場。

華都大舞廳
華都大舞廳
NIGHT CLUB WALDORF
冷氣開放・電梯升降
WALDORF NIGHT CLUB
華都大舞廳
夜總会
水夜曲
觀光大舞廳
TEL:223973. 227818
Malaya Restaurant 馬來亞餐廳
TEL: 32145
Singapore NIGHT CLUB
米高梅大舞廳
M.G.M. DANCING HALL
人人有責
保密防諜
63 NANKING EAST RD. SEC-2
TAIPEI. TAIWAN
米高梅
觀光大舞廳
Malaya 馬來亞餐廳
Restaurant
TEL: 380155-9
INTERNATIONAL
GRAND
CABARET
國際大舞廳
TEL. 20606·39110
Singapore NIGHT CLUB
瑞城大舞廳
JUI-CHENG
DANCING
HALL
TEL 227201
米高梅觀光大舞廳
MGM DANCING HALL
人人有責
保密防諜
63, NANKING EAST RD. SEC-2
TAIPEI - TAIWAN
新加坡舞廳
Malaya 馬來亞餐廳
RESTAURANT
TEL: 5717191-6
皇后
大舞廳
TEL:2113207-8

早年許多有格調、氣氛佳的西餐廳，音響設備從放唱片進展到立體音響，後來演變為現場演奏、定時演唱，有些還發展成餐廳秀。如：以「金」字為首的餐廳，金府、金車、金琴、金帝。一九七〇、八〇年代歌廳秀盛行（註3），規模更大者，如：巴瀝史、太陽城、東王、凱麗宮、琴宮等，都有影視紅星駐唱表演。

但餐廳秀（註4）價格便宜、大眾化、座位舒適，又可邊吃邊看，在一九八〇年代風行全台，當時大型秀場如：東王西餐廳等，此盛況至一九九〇年才畫下句點。一九八〇年代末民歌興起（註5），有些秀場都以民歌歌手駐唱做為生意重點。待餐廳秀沒落後，演變為以半裸甚至全裸的「牛肉場秀」（註6）來招攬客人。

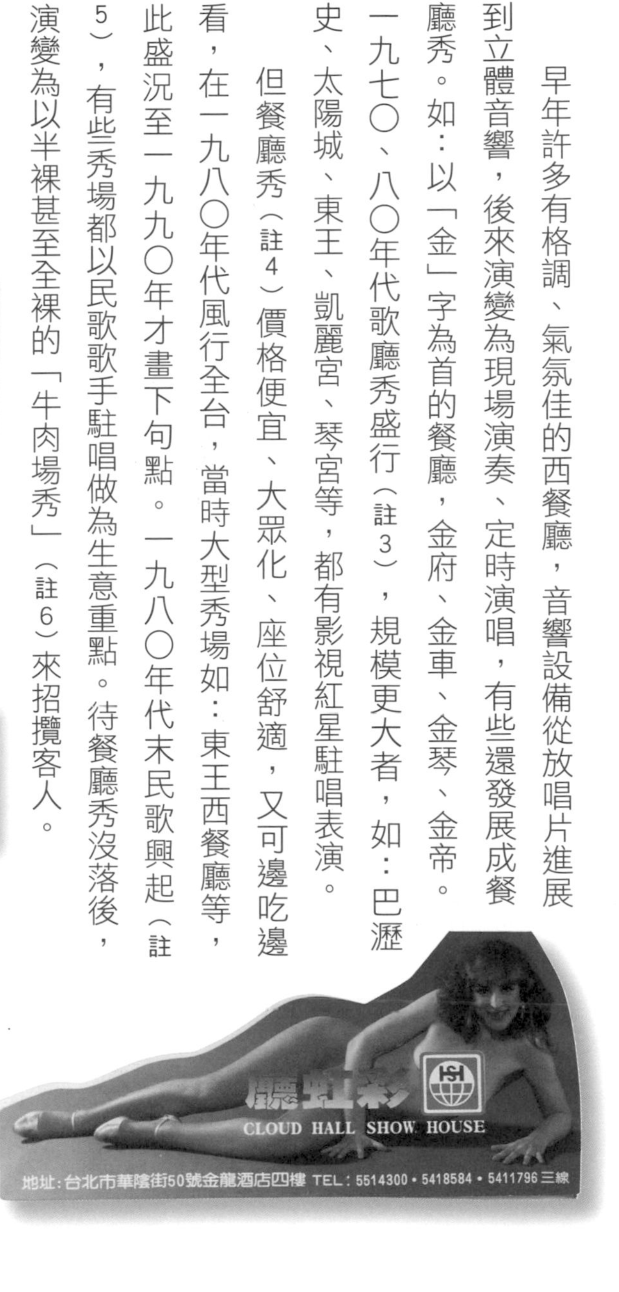

▲貝多芬餐廳位於台中地標景點一台中公園旁，在六〇、七〇年代是中部相當受好評的高格調、現場演奏餐廳。

藍星
餐廳
TEL:27674
28451

BLUE STAR
RESTAURANT & COFFEE SHOP
藍
星
TEL:8451 7674

憶境
精美簡餐
咖啡●名酒

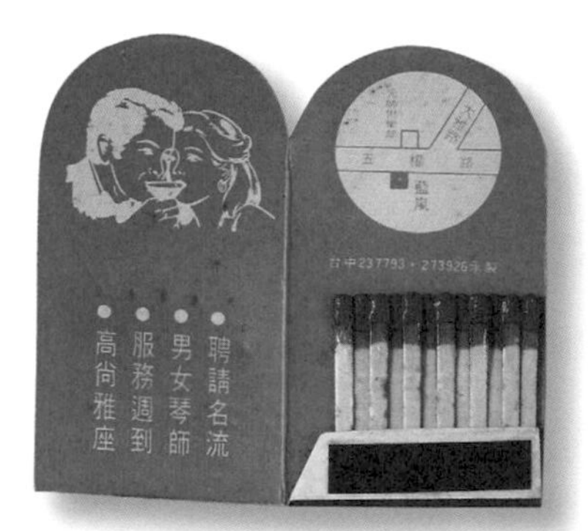
聘請名流
男女琴師
服務週到
高尚雅座

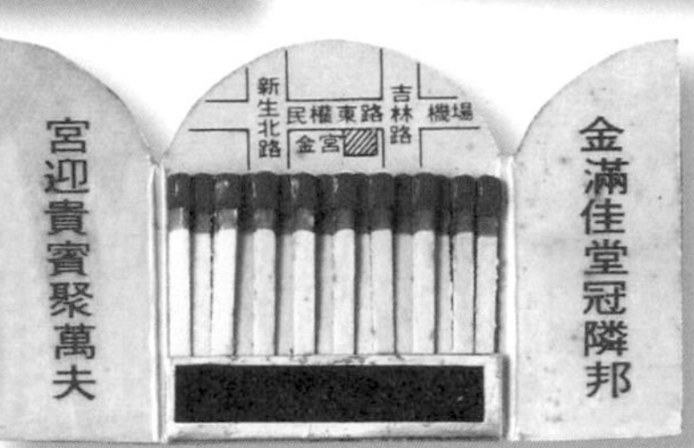
宮迎貴賓聚萬夫
新生北路
民權東路
吉林路
機場
金宮
金滿佳堂冠隣邦

國王餐廳

豪華酒店
Hoover
THEATRE
RESTAURANT

嘉年華
CARNIVAL CLUB
名曲演奏／銘酒／咖啡

Bowl-ling Club
TEL: 57758

夜都会
純喫茶・西餐・各國名酒
TEL:24408

第一俱樂部
FIRST CLUB

米高梅大舞廳
M.G.M. DANCING HALL
63 NANKING EAST RD. SEC-2
TAIPEI, TAIWAN

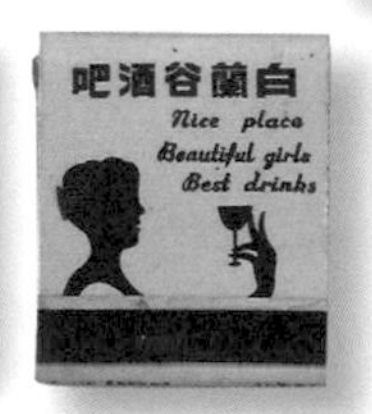
白蘭谷酒吧
Nice place
Beautiful girls
Best drinks

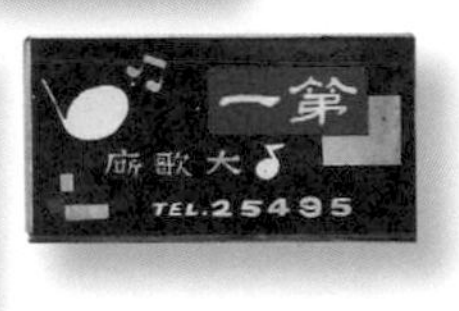
大歌廳
TEL.25495

西點西餐
飲料宵夜
古玩土產
正宗粵菜
TEL. 558389

玉竹酒店
TEL: 201-7161. 201-7162

星海宴酒樓
台北市仁愛路四段110號地下室
電話：(02)7059171~3
7091206~7

台北市一江街15號
TEL.541-4229

西點西餐
飲料宵夜
古玩土產
TEL. 558389

首都 西餐廳
TEL:3913931．3913932

Leisure Center

碟影・雷射・快餐・咖啡
名酒・休閒・音樂
台北市仁愛路三段112號
☎：7095473

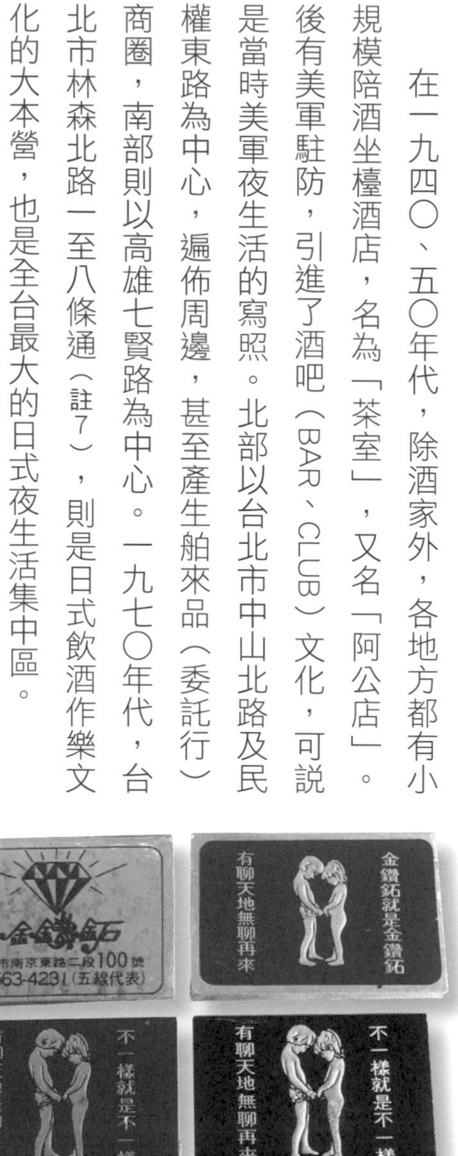

在一九四〇、五〇年代，除酒家外，各地方都有小規模陪酒坐檯酒店，名為「茶室」，又名「阿公店」。後有美軍駐防，引進了酒吧（BAR、CLUB）文化，可説是當時美軍夜生活的寫照。北部以台北市中山北路及民權東路為中心，遍佈周邊，甚至產生舶來品（委託行）商圈，南部則以高雄七賢路為中心。一九七〇年代，台北市林森北路一至八條通（註7），則是日式飲酒作樂文化的大本營，也是全台最大的日式夜生活集中區。

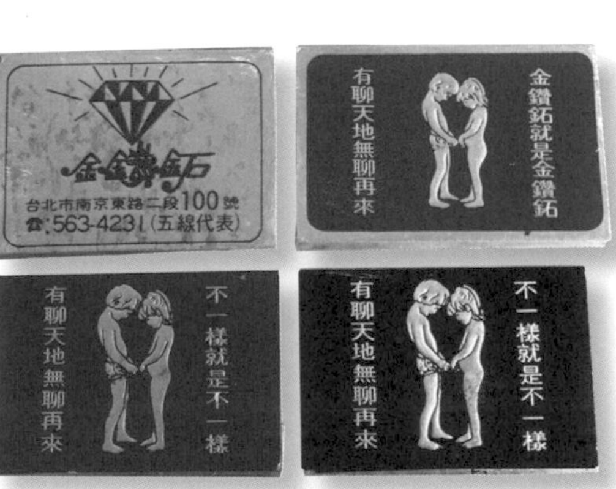

CLUB 21 IS SPECIALLY FOR YOU
CLUB 21

BAR
63

PLAYBOY
BAR

Vienna
Bar

BAR
CAFE
TEL 330
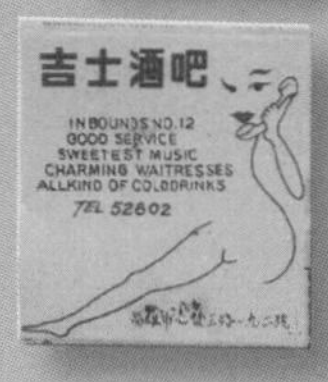
吉士酒吧
IN BOUNDS NO.12
GOOD SERVICE
SWEETEST MUSIC
CHARMING WAITRESSES
ALLKIND OF COLDDRINKS
TEL 52602

香港酒吧

將軍山大酒家

O. K. BAR
TEL. 543863

CLUB

Les Girls Club
TEL 554967

BLACK CAT
CLUB
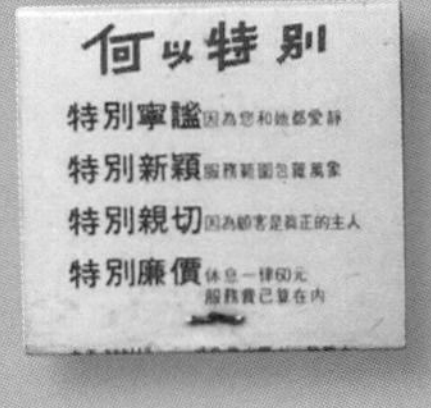
何以特別
特別寧謐
特別新穎
特別親切
特別廉價

豪華酒店
HOOVER
THEATRE RESTAURANT
NIGHT CLUB

HOOVER
THEATRE
RESTAURANT
豪華酒店

キャバレー
ミス

美登莉

RUBY
BAR

維也納酒吧
Vienna BAR
TEL.53394

寂寞的假日

邁亞美酒吧

Bunny CLUB
TEL. 93035

四玫瑰酒吧
4 Roses

Vienna
23540

ATAMI HOTEL
熱海別館

領事酒店

直線西餐廳
名酒
西餐
咖啡
冷飲

雲海酒店
TEL. 571221—4

藍寶石大歌廳：開業期間為一九七五年至一九九五年，在七〇、八〇年代因歌廳秀盛行而門庭若市，隨著電視普及和錄影帶流行而式微。幕後的二位老闆，現今分別經營有線電視——三立電視與八大電視。

卡拉OK：又稱「KTV」，源自日本，原義是無人樂隊。一九九〇年代後，在台灣日漸盛行。

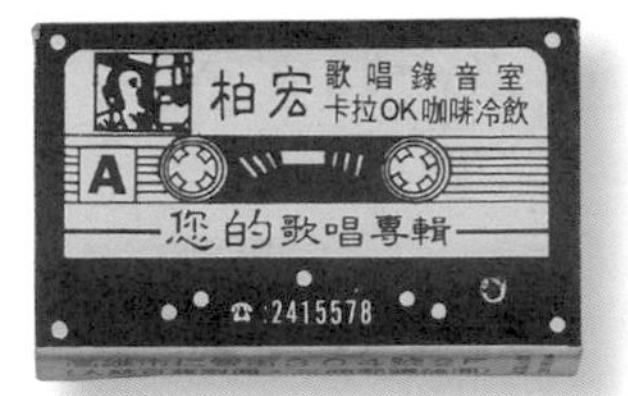

註1：為紀念黃傑將軍在越南富國島擊退敵軍，後該部隊於一九五五年移師台灣，於此小島建碑紀念並名為「富國島」。

註2：一九二七年三月，在蓬萊閣舉辦孫中山逝世二週年紀念會，一九二八年以蔣渭水為首的「臺灣工友總聯盟」在此舉行成立大會。

註3：著名歌廳秀及夜總會，如：台北大歌廳、日新歌廳、七重天大歌廳、今日鳳凰歌廳、麗聲歌廳、中信歌廳、台中聯美、台中飯店、高雄第一歌廳、藍寶石歌廳、喜相逢歌廳、台南元寶酒店、夜巴黎歌廳、東方飯店等。

註4：大型秀場有：迪斯角、東王西餐廳、七重天，高雄貝多芬、法蘭西、國王、金塔、海灣、香檳、七七等。

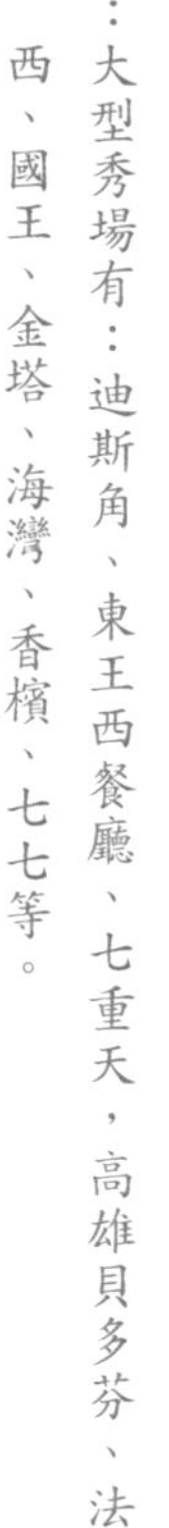

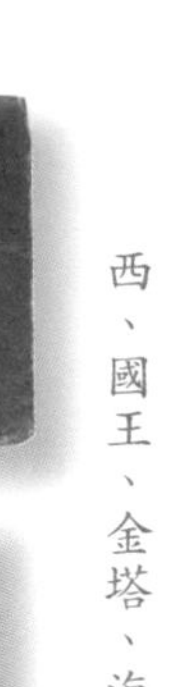

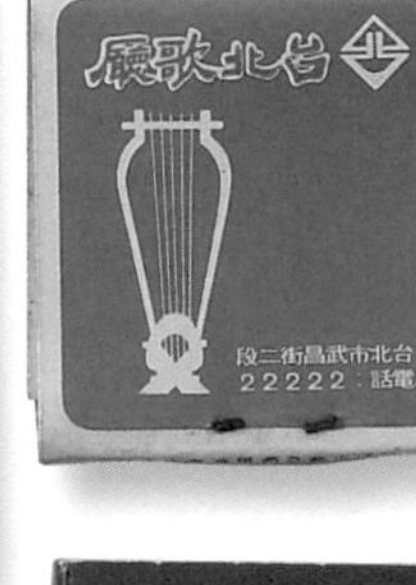

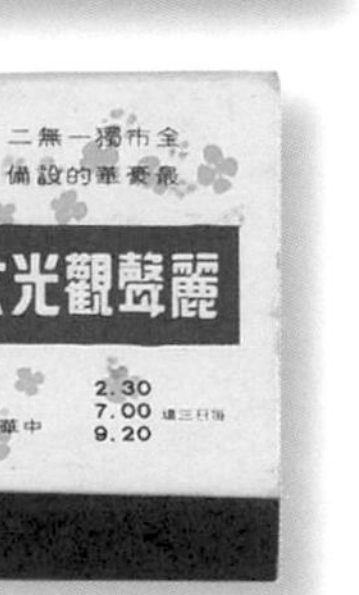

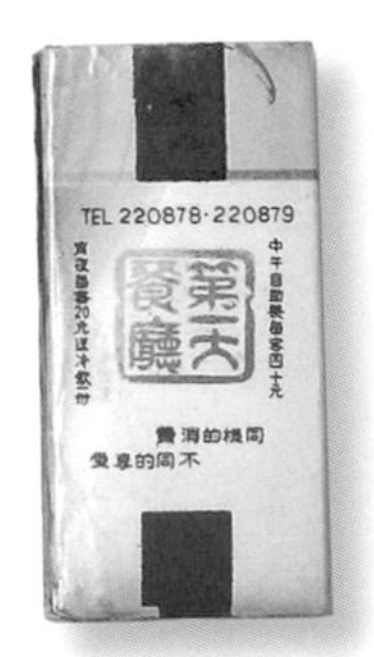
TEL 220878·220879
第一大餐廳

高雄第一大餐廳
FIRST
THEATRE
RESTAURANT
TEL. 20878 · 20879

PALACE

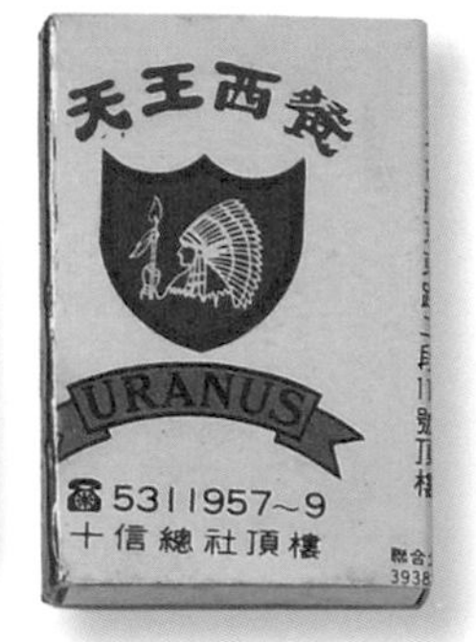
天王西餐
URANUS
5311957～9
十信總社頂樓

狄斯角
Discotheque

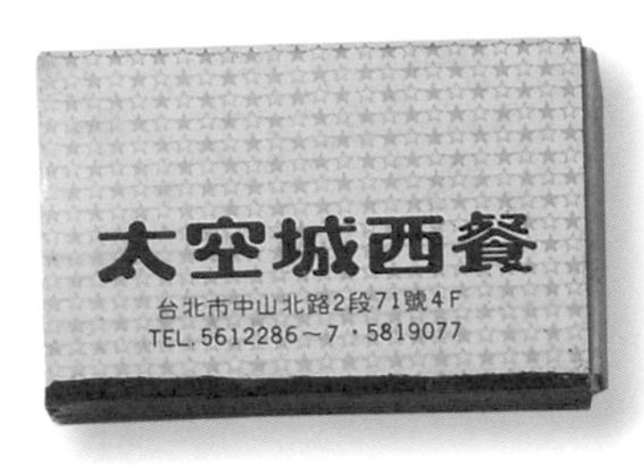
太空城西餐
台北市中山北路2段71號4F
TEL. 5612286～7 · 5819077

台南大飯店
HOTEL TAINAN

天王西餐
TEL:(042)267821-3

國聲酒店
TEL ·549000 ·543535

第一酒店
粵菜權威
節目精彩
3616111
3616222
3616333
3712346
台北市中華路漢口街口（農企大廈頂樓）

木村
名酒
生啤酒
咖啡
冷飲
餐點
スナック
BAR
2827966

天王西餐

狄斯角
DISCO FEVER

影視歌星
爲你演唱

南北大歌廳
TEL2835

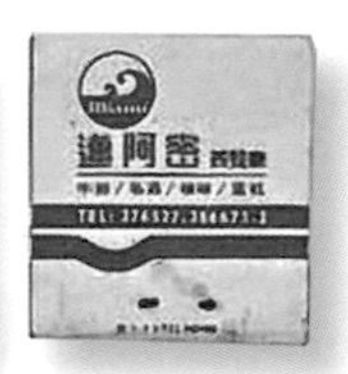

註5：校園民歌始於一九七三年於台北中山堂所舉辦的「現代民歌演唱會」，從此為台灣流行歌帶來另一股清流，也造就不少歌手與創作者。

註6：早在一九六〇、七〇年代就有脫衣秀，都是非法經營，而所謂的「牛肉場秀」是在一九八〇年代中期興起。台語稱「露點」的舞秀為「有肉」，又因牛肉屬於高檔食物，進而便以「牛肉場」戲稱此種場所，其實跟「牛肉」一點關係也沒有。

註7：「通」是引自日語，大街、道路之意。一至八條通的範圍，南起現在的市民大道（原一條通），北至南京東路，西鄰中山北路，南至新生北路，中間跨天津街、林森北路。

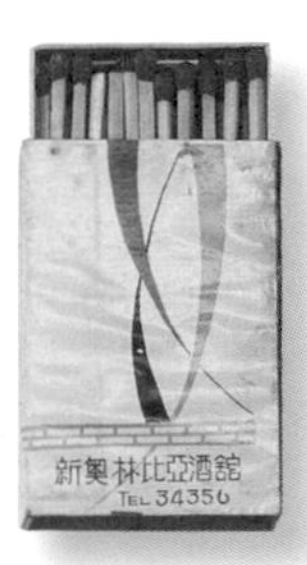

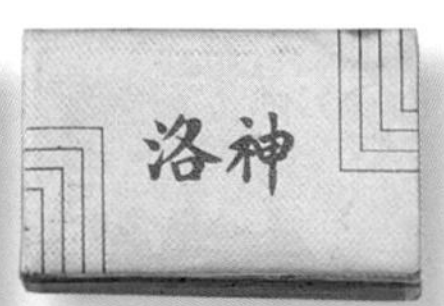

▲隨著時代變遷，酒家日漸式微，代之而起的是酒廊、酒店、俱樂部。

▲由於經營對象是以日本人為主，所以店號大都以日式發音來取名。

蒙娜美
TEL 32119
TEL.48542
歡迎光臨・賓至如歸
月球賓館
ツキ・ホテル
美林
TEL.36948
藍星餐廳
TEL 514837
羅茜娜
TEL.27563
羅茜娜 キャバレー
TEL.27563
京都餐廳
TEL:510389
千歲餐廳
blue bird
CLUB
TEL.557940
千足屋
TEL. 53008
穴
OLD PLACE 老地方
Club Aozono
559688
NO.22 LANE 133 LIN SHENS N. RD. TAIPEI
東方之夜
觀光沙龍餐廳
オリエントの夜ーサロン
Night Orient Salon
MISS
美洲
百樂門
咖啡・冷飲
WELCOME TO
LILY CLUB
サロン
東都
音樂沙龍
TEL: 556746
AIR CONDITION
TEL.56134
ABC BAR
KAOSIUNG TAIWAN FREE CHINA

八、火柴盒與社會面的多元交會

談到民生，首先就是「開門七寶」——柴、米、油、鹽、醬、醋、茶。在古早年代，這些物品都是由「雜貨行」或「柑仔店」來販售，現在被超市、便利商店所取代。

瓦斯的發現、利用，瓦斯爐的發明與普及，取代了傳統的木柴、煤炭煮食，炊煙裊裊的景觀消失了，令廚房走進一個新局面，也對火柴的使用產生了危機，最後因電子點火興起，火柴終究被取代。

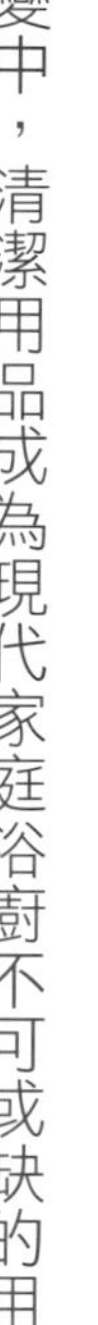

在沐浴方式及浴室設備產生的重大改變中，清潔用品成為現代家庭浴廚不可或缺的用品之一。

蚊香的始祖，源自一八九〇年的日本金鳥，當時為長棒型，於一九〇二年改為渦捲型，據說燃香時間比長型約增加七倍。

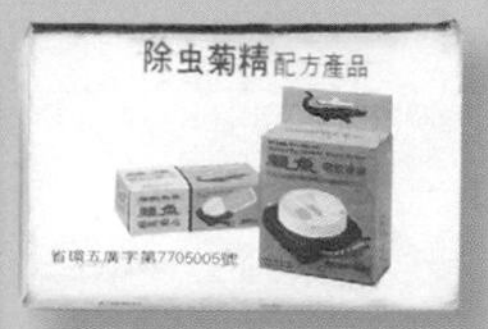
除虫菊精配方產品
省環五廣字第7705005號

Puff Dino
恐龍
紅的殺蟑螂
綠的殺蚊蠅
Puff Dino
恐龍
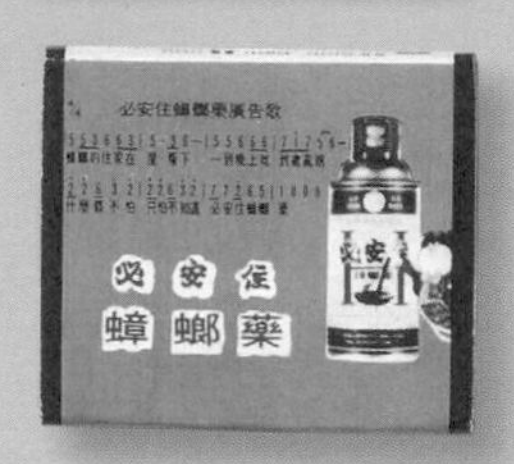
必安住
蟑螂藥
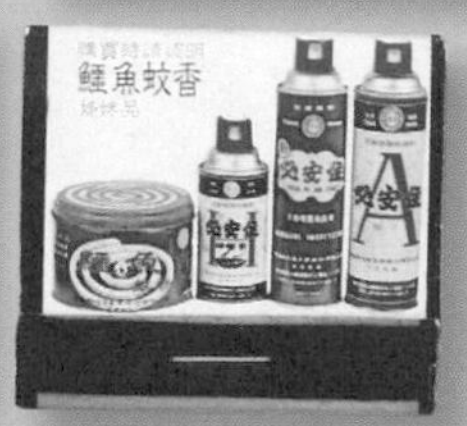
鰻魚蚊香

哇！必安住蟑螂藥

必安住
蟑螂藥

別怕！
使用 鰻魚蚊香 蚊蟲再多也不在乎！

黑猫
蚊香
蟑螂藥
殺蟲液

別怕！
使用 鰻魚蚊香 蚊蟲再多也不在乎！
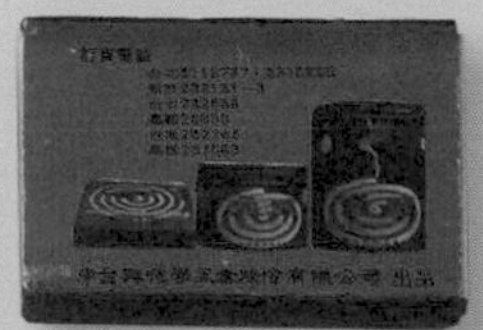

象王蚊香

鰻魚
蚊香

黑猫
蚊香
蟑螂藥
殺蟲液
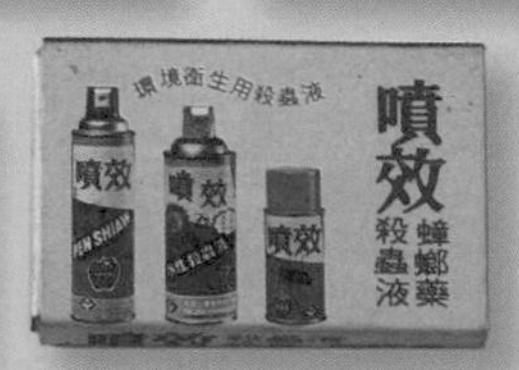
環境衛生用殺蟲液
噴效
殺蟲液
蟑螂藥

恐龍

紅恐龍蟑螂螞蟻藥

恐龍
水溶性噴霧殺蟲劑

白熊浴厠清潔劑
除垢消毒、強勁有效

軟性・不傷玉手
白熊洗碗精

白博士
厨房清潔劑

恐龍
水溶性噴霧殺蟲劑
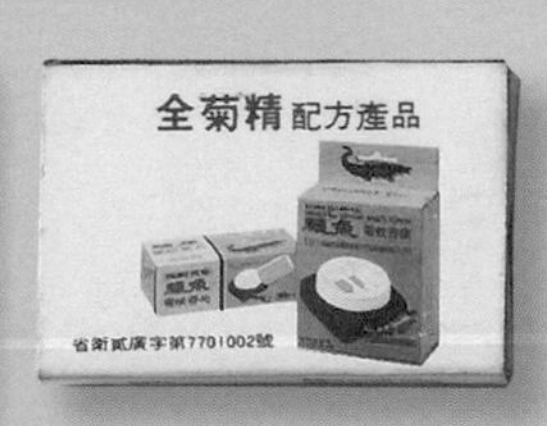
全菊精配方產品
省衛貳廣字第7701002號

▲煤氣俗稱瓦斯氣，早年天然瓦斯尚未普及，居家烹煮都是以桶裝瓦斯為主，瓦斯行因此遍佈各地。

隨著觀光事業的起步，為滿足觀光客的採購紀念，各風景區或都會區都有「藝品店」，在一九七〇、八〇年代，以日本觀光客較多，所以各店都會以日文做為宣傳文字，從火柴盒上也可知曉。

家電

家電業在台灣可說是重要的工業，政府遷台後，將其列為輔導的重工業之一，早年家電業就業人口數佔相當高的比例，整體技術而言都與日本家電業脫離不了關係。

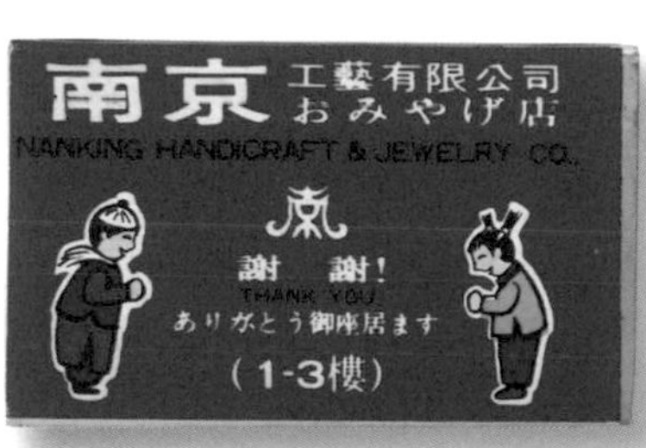

①大同公司：

創立於一九一八年，政府遷台後，該公司是列為「國貨國產」的代表之一。一九四九年推出第一台電扇，一九六〇年與日本合作推出第一台電鍋，佳評如潮，在六〇、七〇年代，普及到有「全民電鍋」之稱。一九六一年推出第一台國產無霜電冰箱。大同公司為慶祝成立五十一週年紀念（一九六九年），推出全台首個企業吉祥物「大同寶寶」，同時也印製火柴相贈，在當時頗獲消費者喜愛及收藏，產品銷售成功。之後，許多公司企業也如雨後春筍般相繼推出各自品牌的吉祥物，造成一股風潮。在鄉村小鎮有多家農會、福利社，也成為其行銷據點。

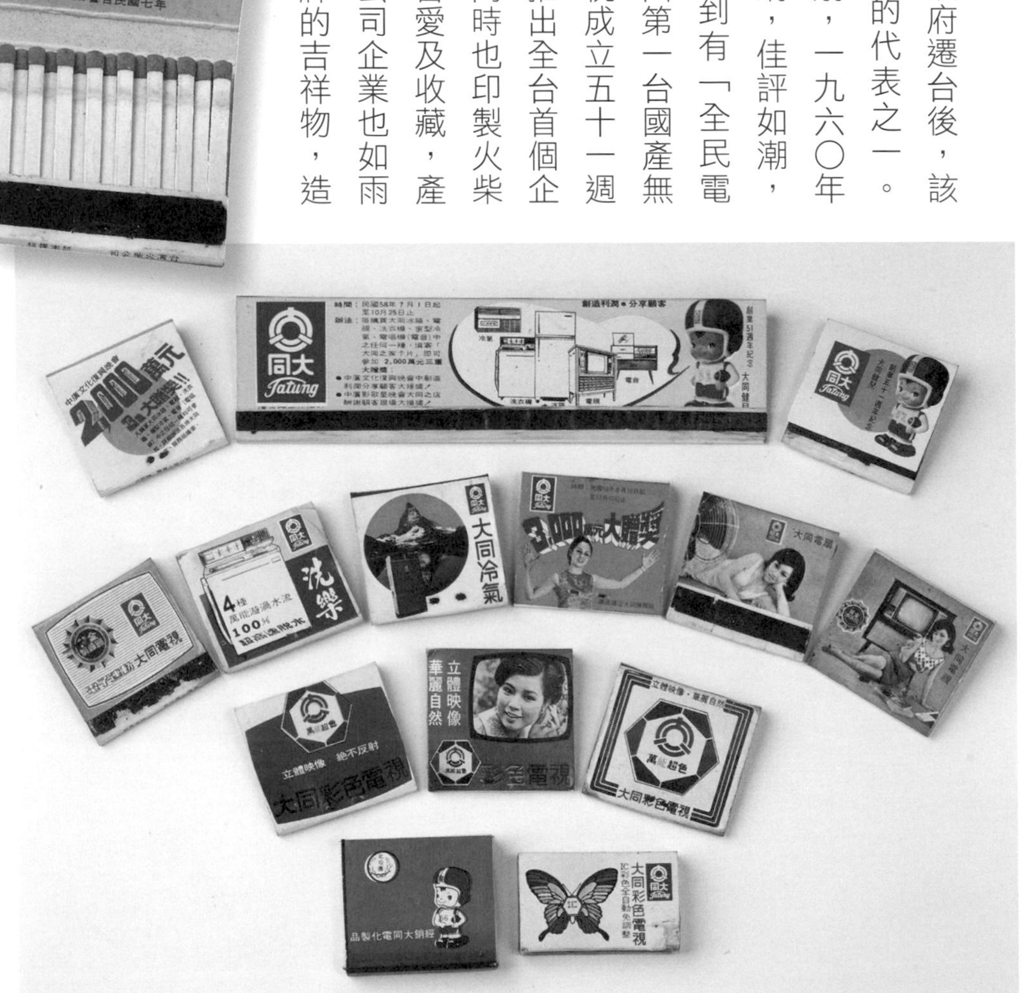

大同冷氣
中華民國六十年
1971
家電機器／電線電纜／通信器材
重電機器／製鋼機械／電子電算
彩色全自動
大同彩色電視
大同冷氣
大同公司
大同電視
Tatung
大同公司
兩個冷卻器
冷凍・冷藏最好
大同彩色電視
Tatung
大同公司敬贈
明視
立體映像・不反射彩色映像管
大同彩色電視
萬能超色
大同彩色電視
超鮮艷
BRITERON

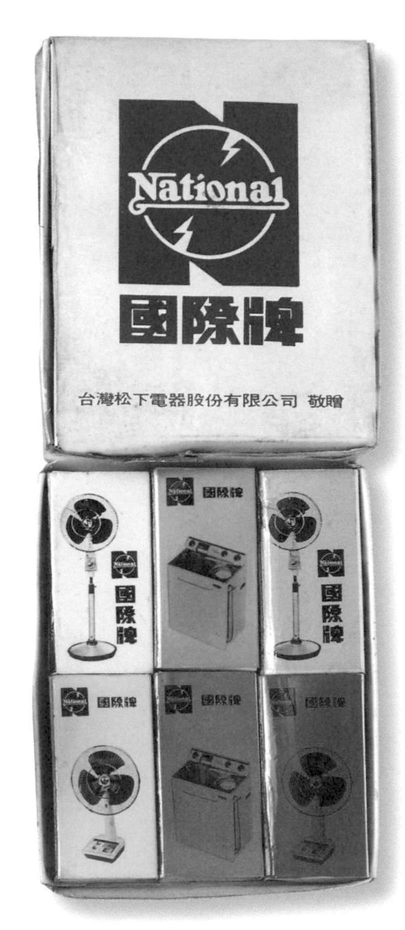

②台灣松下電器公司：

創立於一九六二年，是在台灣經營相當成功的中日合資公司，產品品牌「國際牌」（National）也深獲台灣消費者的信賴。該公司於二〇〇六年將台灣品牌切換為「Panasonic」，在日本仍維持雙品牌共存。

國際牌
國際牌
國際牌
電眼 金龍
23吋 23LM-80
電視機
迴盪
國際牌立體收音電唱機
Technics CD-4
澎湃
裊繞
潺潺
國際牌
National
彩色電視機
國際牌
National
新黃金電路 電視機
電眼 金龍
電眼 金龍
23吋 23LM-80
電視機
電眼 金龍
電眼 金龍
23吋 23LM-80
電視機

③**台灣新力公司：**

二〇〇九年為配合全球統一中文名稱，更名為「台灣索尼股份有限公司」，該公司產品也深獲消費者喜愛。

④**台灣三洋電機公司：**

創立於一九六三年，由大立電機與日本三洋電器公司合作，在當時也是優質品牌。

聲寶牌 電化製品 SHARP
Sharp
聲寶牌 電化製品 SHARP
三洋製品 馳名世界
三洋牌
SANYO
三洋產品 馳名世界
三洋牌
SANYO
三洋製品 馳名世界
三洋牌
SANYO
以愛心追求更美好的明日生活
SANYO
三洋康樂系列
正和股份有限公司
三洋牌電化製品
大同
電器材料股份有限公司
TEAC
帝克錄音機
Admiral
愛蜜蘭
冷暖兩用空氣調節器
冷度 18.500 BTU
暖度 18.000 BTU
TOEI
東映牌 電視機
友裕行
連絡處：TEL 五四〇〇八
營業處：TEL 三〇三六五
GENERAL
哥倫比亞
伊士曼天然彩色
電視機
Eastman Fine Color
哥倫比亞
伊士曼天然彩色
電視機
Eastman Fine Color
Columbia
哥倫比亞
黑晶体 電視機
超立体 電唱機
富士
白金
彩色電視
SOLID STATE TV-RADIO
TAPECORDER VIDEO CORDER
TRINITRON COLOR TV
SONY
SONY
SONY
Whirlpool
RCA
ROTEL®
伊士曼天然彩色
Eastman Fine Color

西藥

早年由於醫院、診所不普遍，一般都是由藥商提供到家換藥的服務，這種光景頗令人回味，也是新一代的年輕後輩未曾見聞！

西藥產業大多與酒店、酒家一起印製火柴，其中又以武田製藥所佔比例最大！

一九六九年，田邊製藥公司於台視提供「田邊俱樂部—五燈獎」歌唱比賽節目，創下當時最長壽的綜藝節目紀錄，人氣旺遍全台。

西藥廠商印製月曆饋贈客戶時，常使用略帶情色意味的圖像，在印製火柴時也採取相似做法。

意大利仙丹
賜保徽素
保君健康
請用安靠洗淨劑
預防兼治療
泌尿道炎特效藥
Uropol
欲樂保
聖舒
SELSUN
德利克司津
TRICHOSOLVO
保寶沒事
乳瓶消毒用
港腳沒事
OSIBORI MICIDE
使巾沒事
好保沒事
強力八宝牛黃散
黑矸標
新成昌製藥廠股份有限公司出品
抗勞素
GLUCURONSAN-G
DRINK
百樂驅風油
去除口臭＊防治喉痛
李施德霖
LISTERINE
感冒良藥
KKK
小甜菜
八宝牛黃散
嬰兒良藥
專治嬰兒諸症
能除嬰兒咳嗽
生元製藥股份有限公司

▲在筆者收集有關藥商的廣告火柴中，以武田製藥最多，可見其行銷的力道！

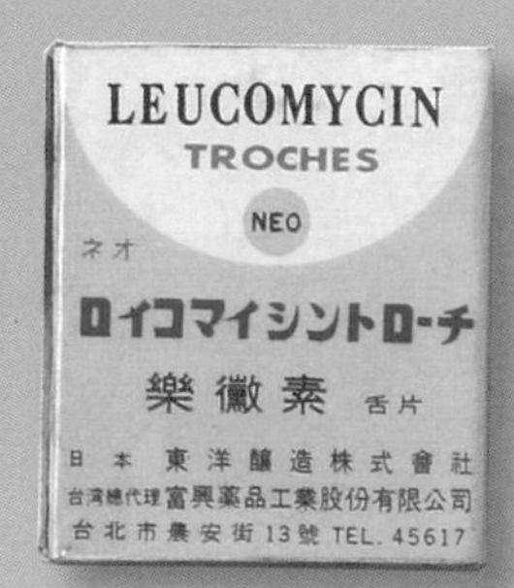

LEUCOMYCIN
TROCHES
NEO
ネオ
ロイコマイシントローチ
樂黴素 舌片
日本 東洋釀造株式會社
台灣總代理富興薬品工業股份有限公司
台北市農安街13號 TEL. 45617

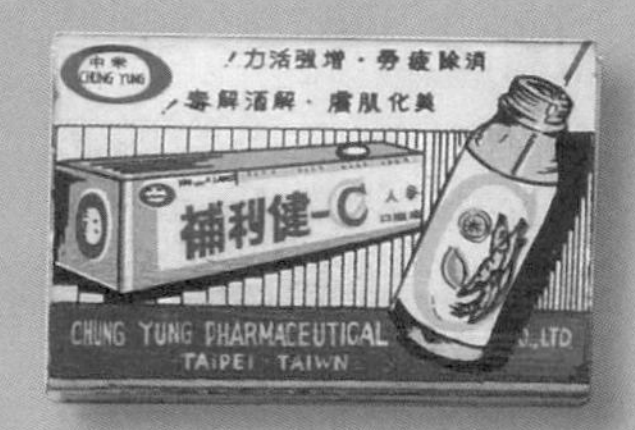

消除疲勞．增強活力!
美化肌膚．解酒毒!
補利健-C
CHUNG YUNG PHARMACEUTICAL CO., LTD
TAIPEI · TAIWN

兒科 內科
X光科
農會特約 再春小兒科
中央噴水・嘉義戲院邊

洗專
毛皂王
線毛
織毛
絨化
緞網

洗專
棉皂王
TAIGEN
帳蚊
單被
衫襯
盤碗

綠油精

祝君健康
請用
哈斯洗潔精

專洗
棉織品
棉皂王
永順火柴廠出品

中日合作
Bigen A
黑色
美原
ビゲン
A
黑色
好染 好洗

試實賣買・服務顧客
玉山堂薬房
草屯鎮太平路三七號
103
草屯戲院前

普維雄
噴噴叫!

人生歡樂有幾時……
◇快樂滿足－
◇回味無窮－
『安美佳恩』

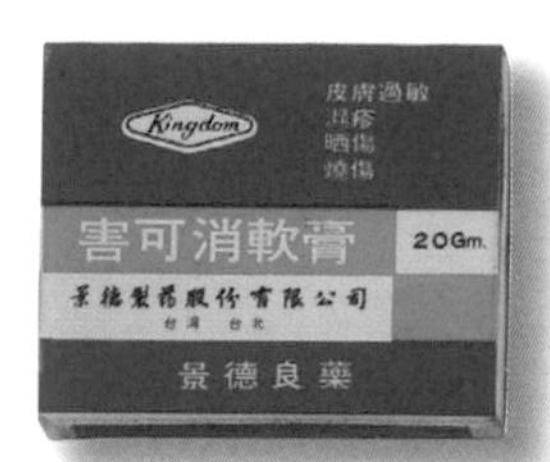
Kingdom
皮膚過敏
濕疹
皮膚燒傷
害可消軟膏
20Gm.
景德製藥股份有限公司
景德良藥

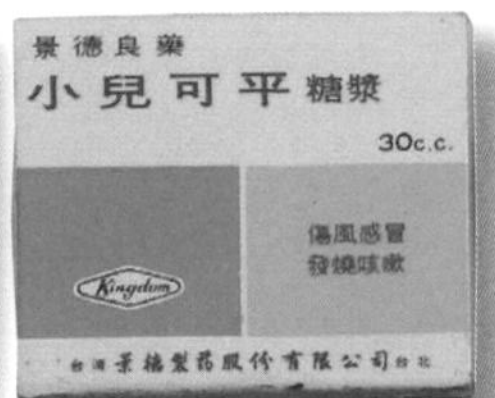
景德良藥
小兒可平糖漿
30c.c.
傷風感冒
發燒咳嗽
Kingdom
台灣 景德製藥股份有限公司 台北

煩寧錠
POLTIN
景德
良藥

周國張
散胃強
Stomachin
K.C.CHANG

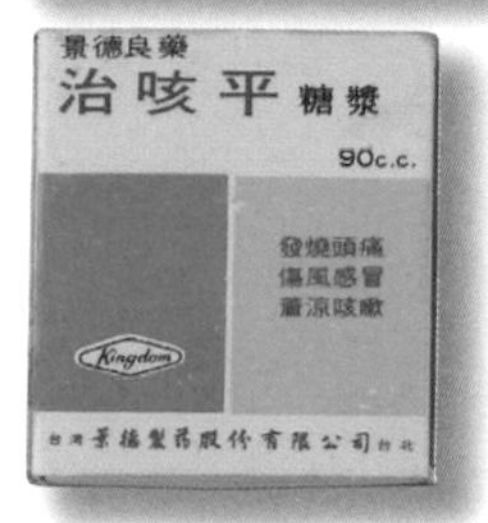
景德良藥
治咳平糖漿
90c.c.
發燒頭痛
傷風感冒
著涼咳嗽
Kingdom
台灣 景德製藥股份有限公司 台北

景德良藥
無塩醬油
絕對不含塩份
心臟病
高血壓
腎臟病
景德製藥股份有限公司

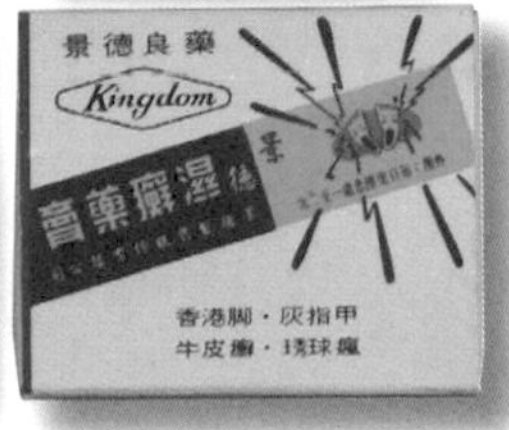
景德良藥
Kingdom
膏藥癬濕
香港腳・灰指甲
牛皮癬・珠球癬

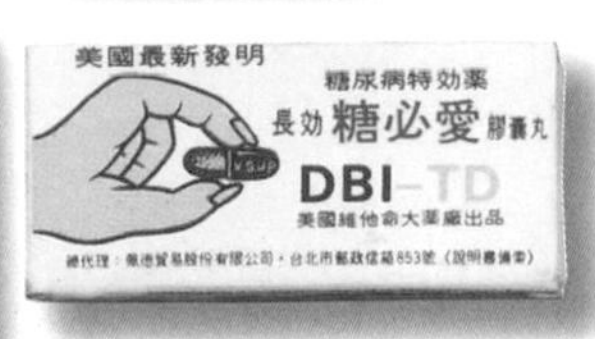
美國最新發明
糖尿病特効藥
長効糖必愛膠囊丸
DBI-TD
美國維他命大藥廠出品

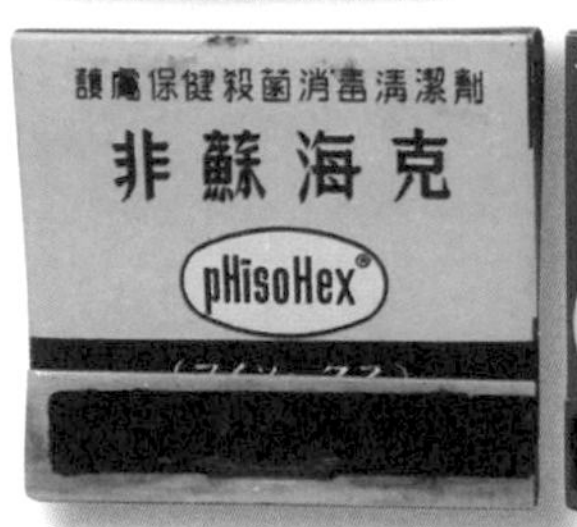
讀衛保健殺菌消毒清潔劑
非蘇海克
pHisoHex

強肝強身 補血補腦
無痛性
POSSEHL
VCL
強力
維他命肝精
西德出品

好洗・快乾・不縐・不必燙
連絡處：彰化市中正路395号
電話：567号

CASTILLO

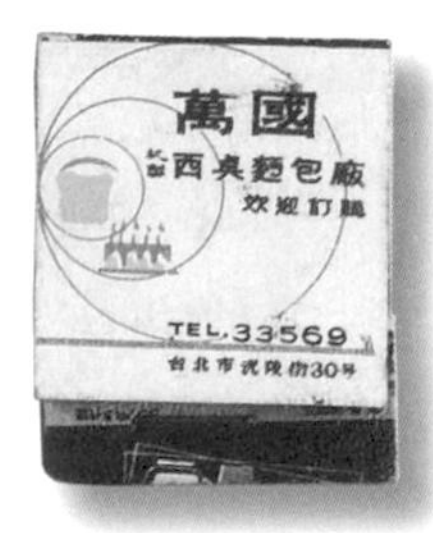
萬國
西点麵包廠
欢迎訂購
TEL.33569
台北市民族街30號

CMFC
衣內絲袜綿
男女男女
衣圓圓三
背領領角
心衫衫褲

油花白
王之油藥 界世行風
藥良身隨 病百治能
廠藥油花白興和

油花白
王之油藥 界世行風
膏牙果蘋 牌花白
美國
APPLE

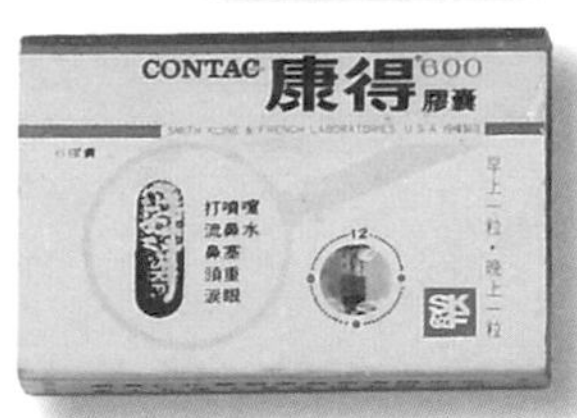
CONTAC
康得600
膠囊
打噴嚏
流鼻水
鼻塞
頭重
淚眼
早上一粒・晚上一粒

Americaine
安美佳恩
噴霧劑

唯一外銷感冒液
克風邪
香港總代理
泰來貿易公司

農機

台灣至一九六〇年代之後，農業才走上機械化，國內一些農機廠商紛紛導入台、日合資，並培養人才。久保田公司就是在一九六一年在台成立合資公司。

中華路中華商場

原是國民政府來台時，一時安頓隨著來台住民的居所，集結於中華路一帶，稱「窩棚」，也引進了內地各省小吃。一九六〇年拆除，改建為八座（忠、孝、仁、愛、信、義、和、平）三層樓綜合商場，一九六一年開張。因緊臨西門町，在六〇、七〇年代，可謂盛極一時，宛如台北地標。飯館、音響、百貨等林立，形成當時台北最繁榮的商業中心。至一九九二年，因捷運動工而全面拆除。

▲中華商場屋頂上的大型國際牌霓虹燈塔，可說是當時中華商場夜晚的地標。

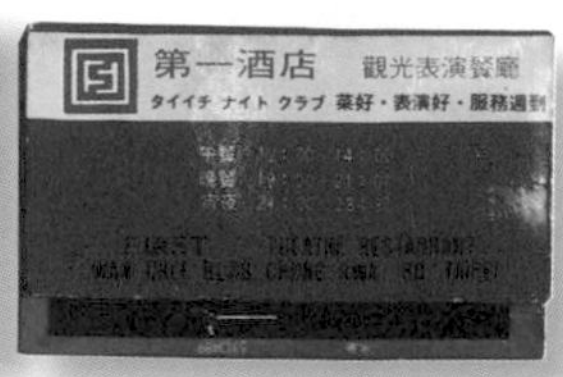

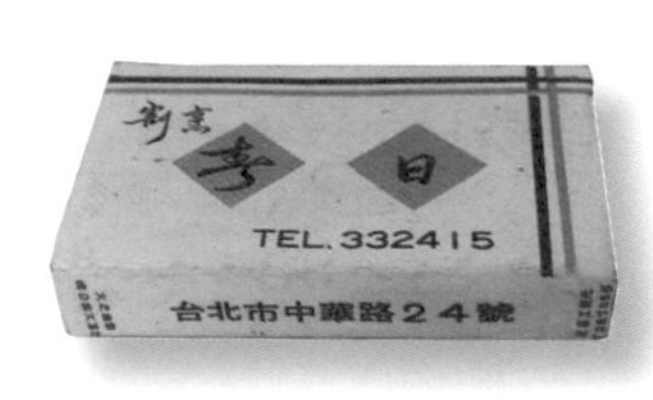

▲真北平餐廳是中華商場的地標餐廳，人氣滿滿！

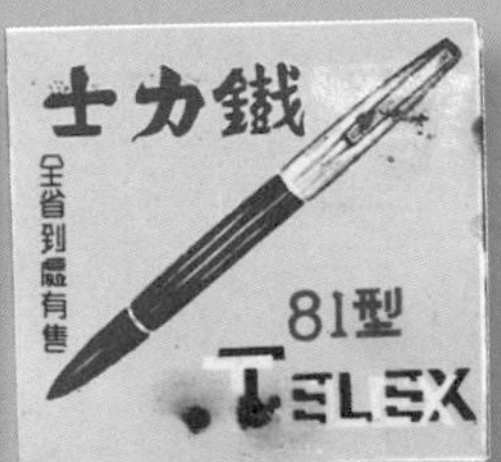

▲新麗聲樂器行營運至今，堪稱是中華路上「老」字輩的商店。

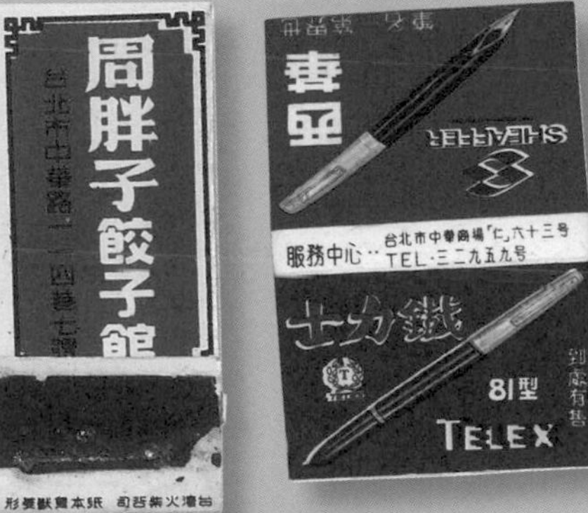

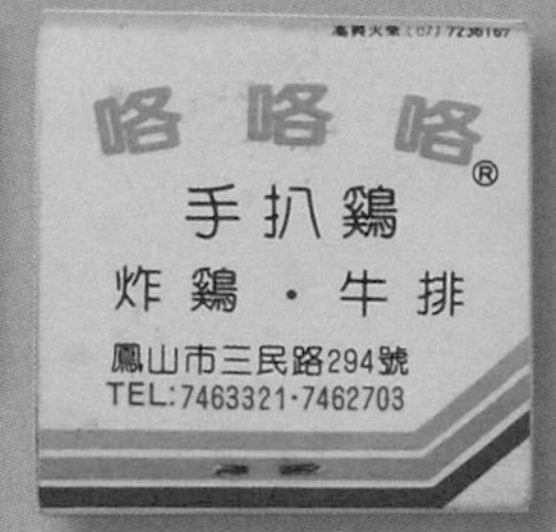

71
的創意
紫雲裝璜設計公司
成都路61號6樓 29823

TOTAL SCOPE

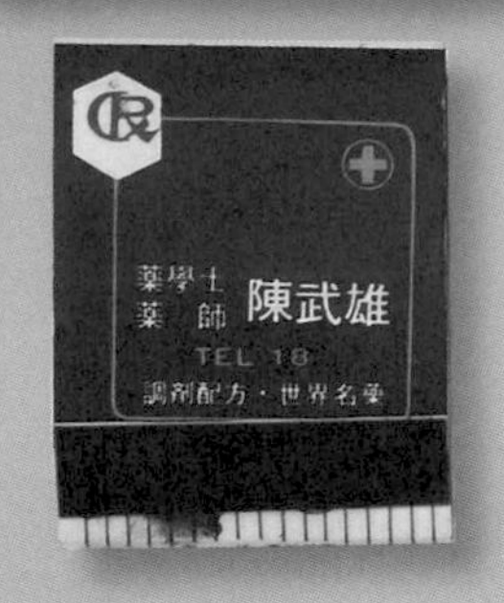

馬哥孛羅麵包：
台北市重慶南路一段77號(武昌街口)
電　話：(02)3719311-2・3719320

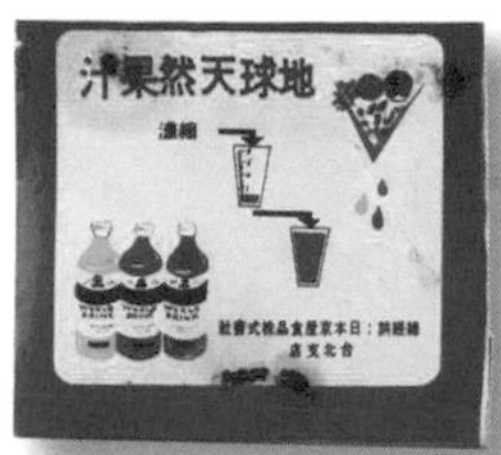
地球天然果汁

舒客蜜 洗顏精
JIH SHENG CHEMICAL WORKS
贈送樣本請付郵壹元即寄
住址：恒春郵局18號信箱

紫薇花店
TEL:63359

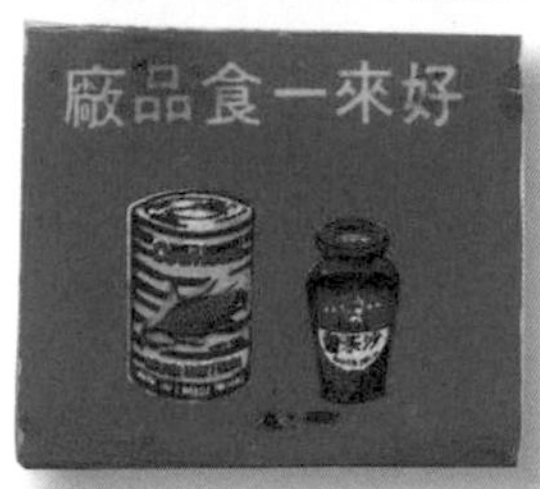
好來一食品廠

百樂
甜甜河
冰淇淋 咖啡 冷飲

華塑
CGPC
主要產品
粒膠塑、粉膠塑
管膠塑
磚地膠塑
布膠塑
皮膠塑
華夏職工
福利社贈
TEL.23191-3

卡珞室內裝飾設計有限公司
住宅、餐廳、企劃、設計、施工
TEL: 5616516

新榮發
雜貨行
TEL.21009
高雄市三民區中華路新市場口

三榮玻璃行
45522・48822

天興印花合板

喜萬年
HAPPY RESTAURANT
最高級的
豆漿、燒餅、油條
台北市忠孝東路二段100號
393-8477~8

臺
恭賀新禧
新竹富國食品公司
生油、味噌
油膏、辣椒醬
鞠躬
大建設有限公司
中壢市中福路一二六號
TEL:424090

大大特製快餐店
冷飲
咖啡
訂購專線:7819833・7219162

汕頭爵士牌
沙茶醬
TEL:36407 台北

TEL.510495
最佳訂婚禮餅
臺富
喜餅
麵糖
包菓
頭罐品食
貨什用日
大世紀食品行
旅行野餐
歐美罐頭
高級西點
新娘化粧
代售假髮
マサアージ
MAXIMUM
美心士多
高級標準西點
生日蛋糕
TEL. 377000
西點麵包
商標
註冊
明星西點麵包
Cafe "ASTORIA" Bakery
本店：3317370—3710373
咖啡專線：3710327
分店：5712727—5712828
聖瑪莉
SunMerry
補而有益
壽而康
補益食補專門店
幸福蛋糕
喜慶蛋糕
龍鳳喜餅
鮮奶油蛋糕
菲達西點中心
西點麵包
食品總滙
金泉興蜜餞行
SPORT FISHING
百樂元西點麵包店
台北市青年路30巷2-3號
☎：(02)309-2803
甜甜圈
DEAR DONUTS
多種甜甜圈
歐美名西點

家二不
RESTAURANT
餐西・啡咖
Fujiya
COFFEE SHOP

訂婚礼餅・西點麵包
義華餅行
TEL 23989

法蘭酥
FRENCH

百樂元西點麵包店
台北市青年路30巷2-3號
☎：(02)309-2803

GREAT CENTURY
大世紀
食品行
西點・野餐・麵包

行品食美和
點早・飲冷・果冰：設附

衛生第一
舒師北港阿男師
請多指教

ŌNOYA
長崎蛋糕 — 高級西点
音樂咖啡 — 各種 冷熱飲料
大野屋
TEL:4818

店品食都美
TEL:3736.

西點
麵包
南都

文華
西點麵包店
Mandarin's
☎
5110495
5713578

愛我食品關係企業一
一六堂
名產・西點・麵包

金葉超級蛋糕
GOLDEN LEAF

加樂蛋糕
JIALEH
蛋糕部 TEL:711-1377・771-5115
721-7593・393-1079

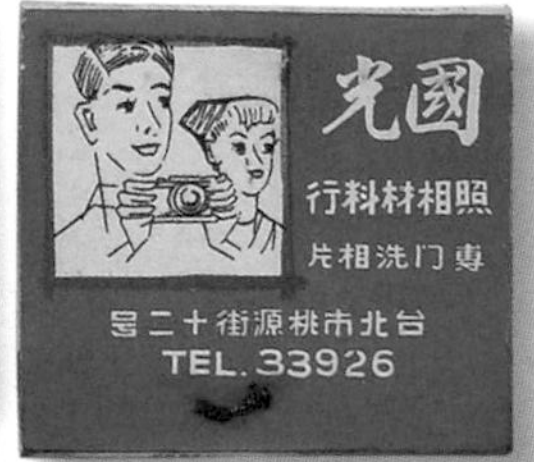

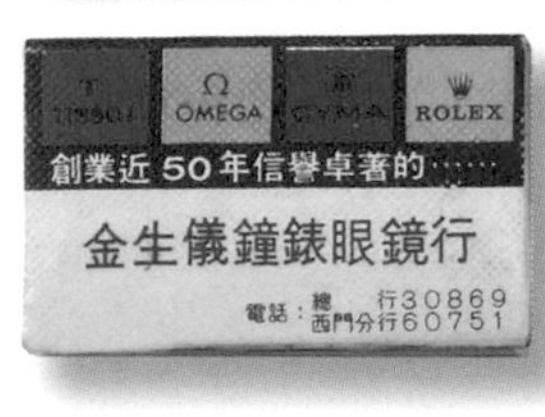

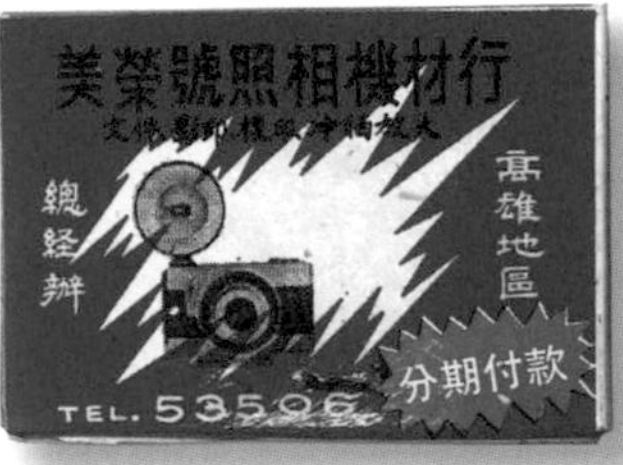

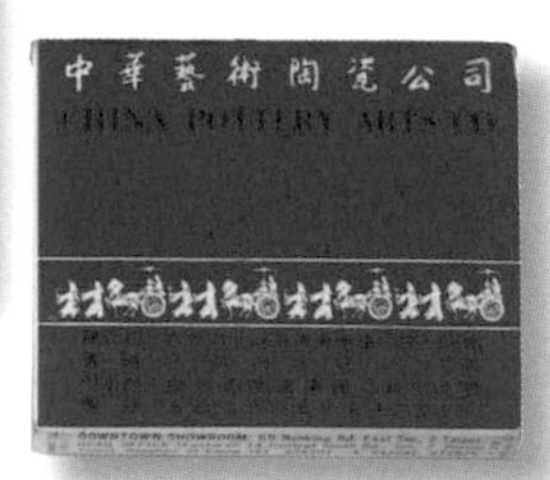

◀▲中華陶瓷公司1958年由任克重先生所創辦，集當時國內名畫家繪製仿古陶瓷，由於產品相當細緻精美，盛名遠傳海內外，在當時對中華民國的文化、藝術、外交有相當的貢獻

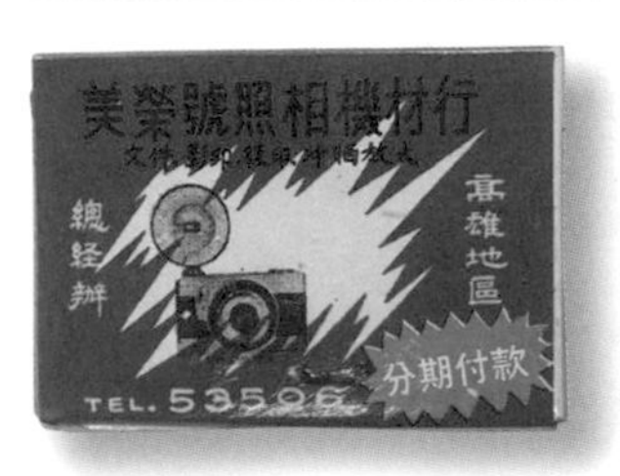

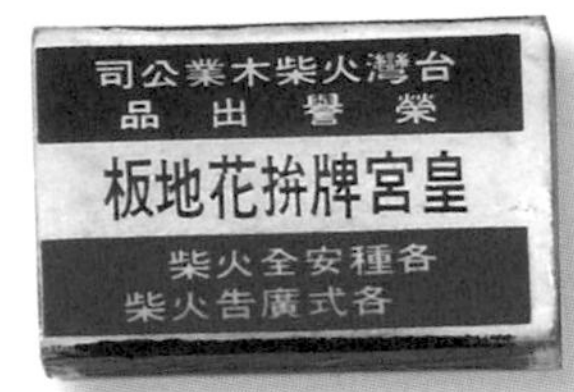

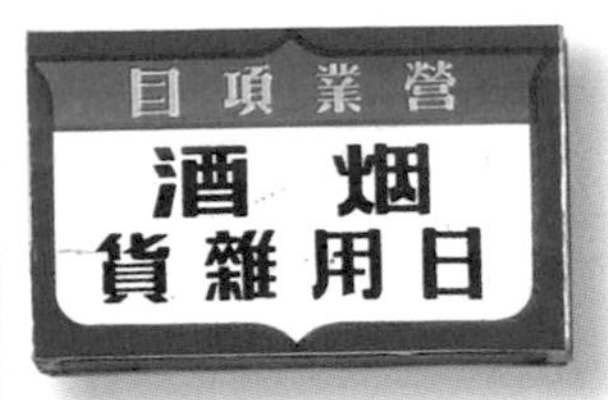

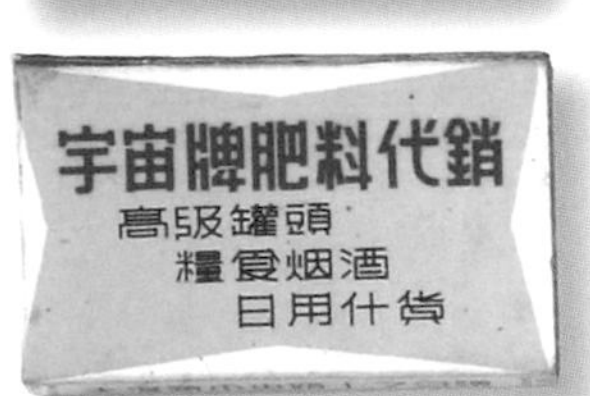

▼一福堂、美珍香可說是中部人懷念至今的糕餅名店！

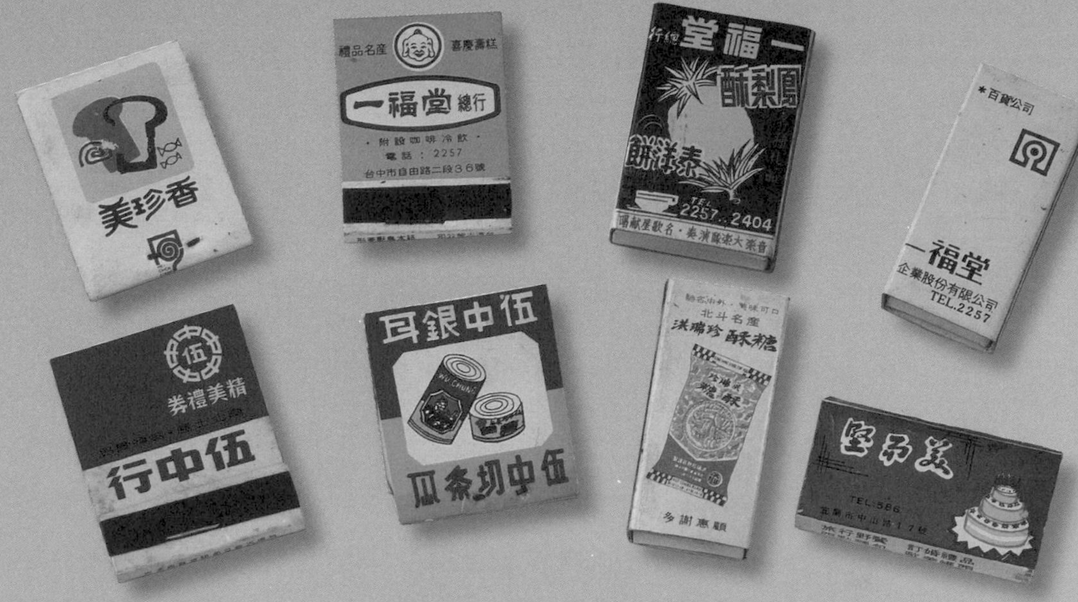

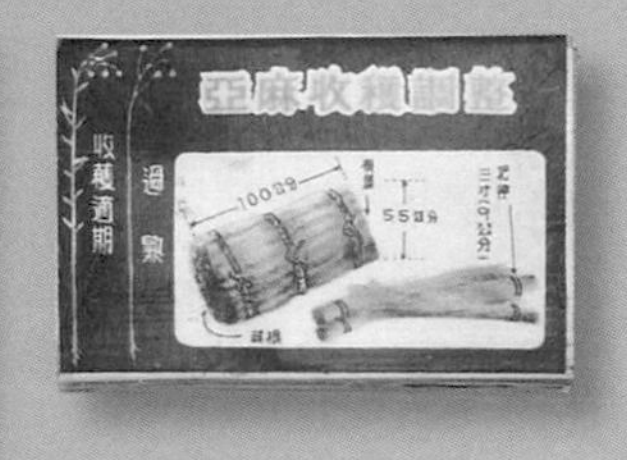

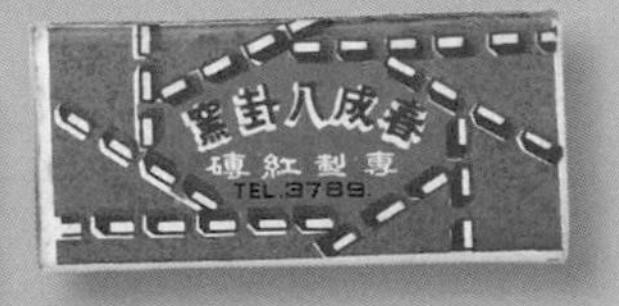

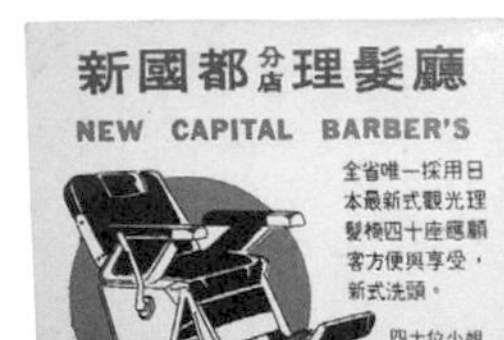

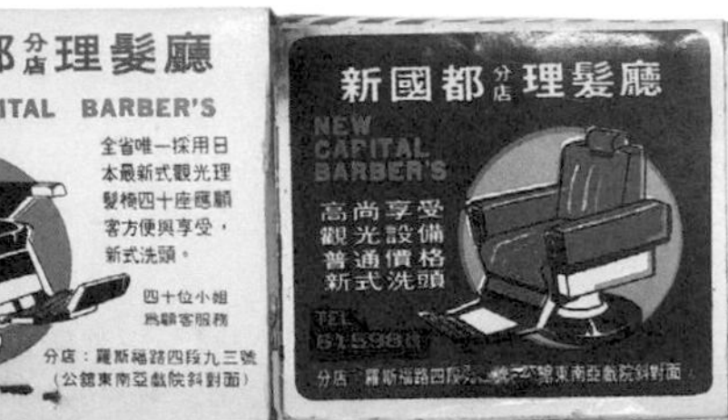

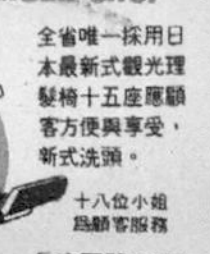

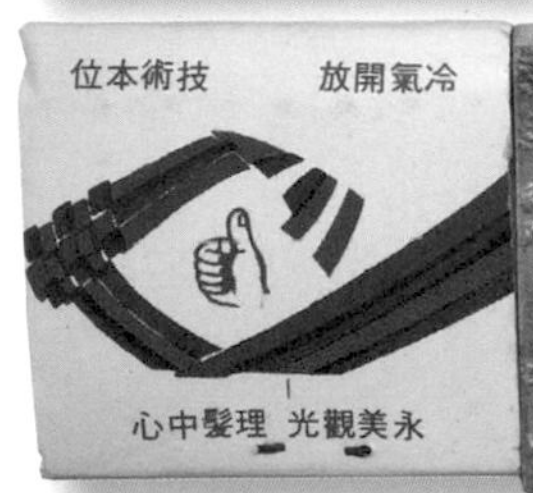

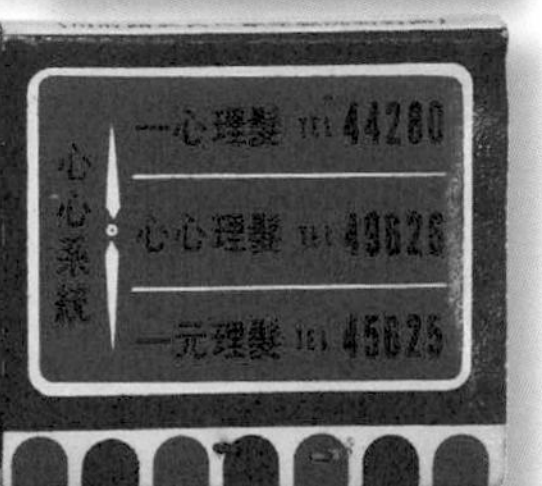

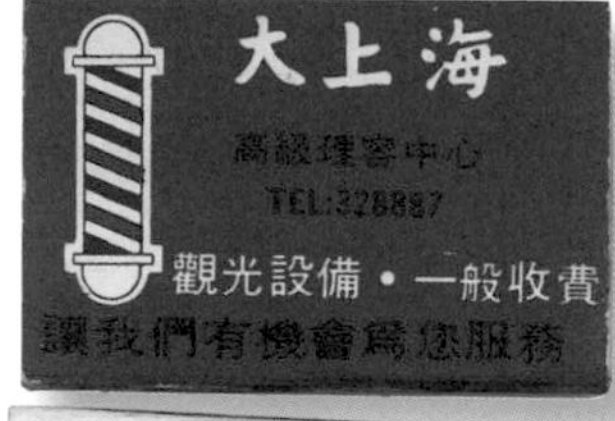

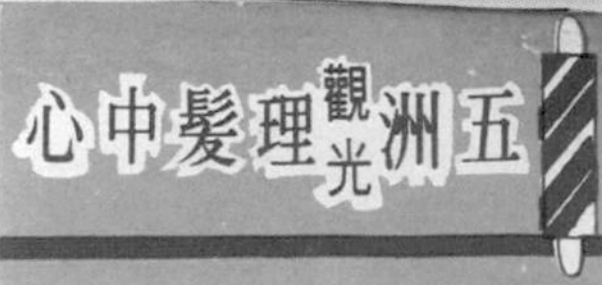

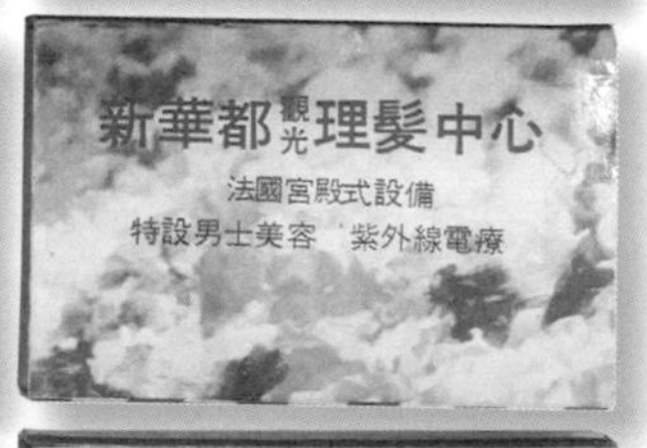

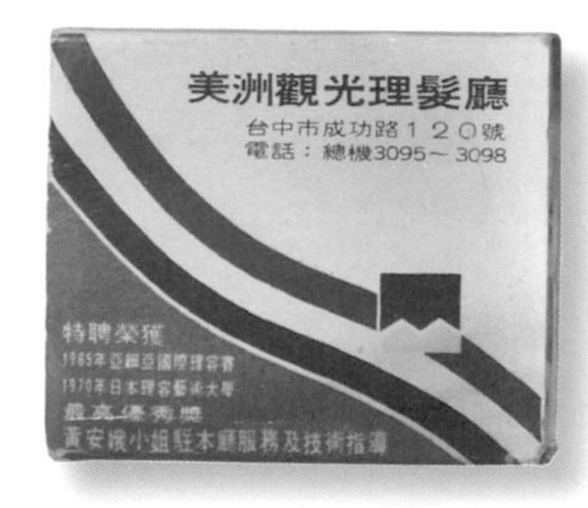

▲男士理髮從簡單的設備演進至高檔舒適設備的理髮，甚至最後演變成帶情色的理髮，曾一時讓男士趨之若鶩，現已式微！

週年紀念

東南大飯店

TONG NAN HOTEL

台北市北投區中山路二十六號

TEL.895102~5 894933

人人買得起

19萬元!!

乙棟高級洋房

▲是真？是假？彷如天方夜譚，真是不可同日而語！

台輪五金行
TEL.2509 • 2510

台輪五金行
TEL.2 5 1 0

廣來機器抽砂場
專營建築用水洗砂

台輪五金行
TEL.2510.

台輪五金行
TEL.22509 • 22510

榮豐木工廠
TEL.3861
洗石木條・四角木條
天花押木・各種木條
豐原鎮西湳里三豐路虎尾巷一之一號

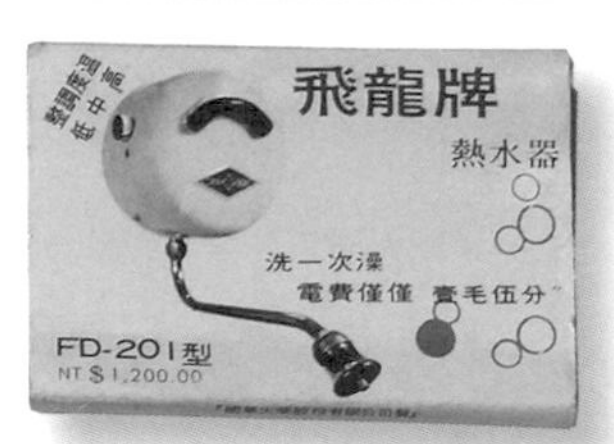
飛龍牌
熱水器
洗一次澡
電費僅僅"壹毛伍分"
FD-201型
NT $1,200.00

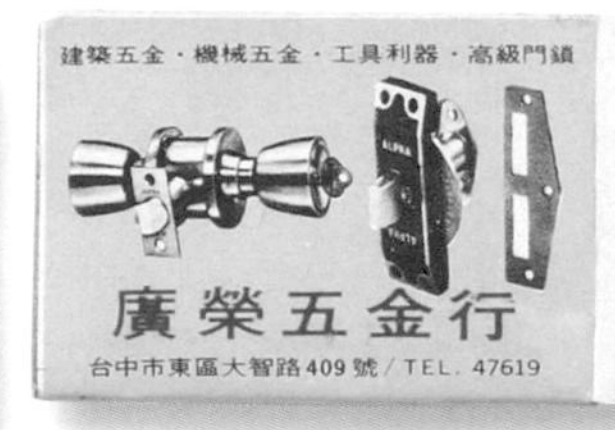
建築五金・機械五金・工具利器・高級門鎖
廣榮五金行
台中市東區大智路409號 / TEL. 47619

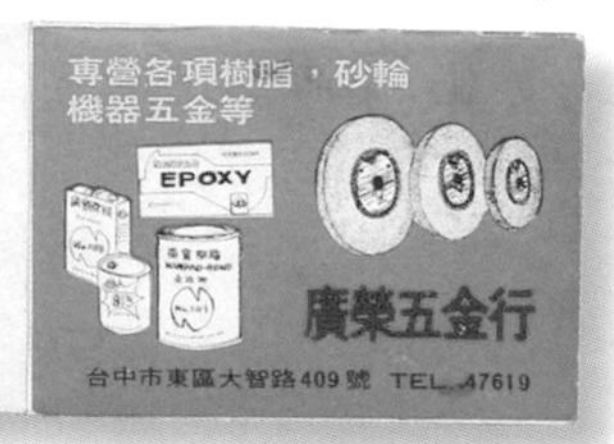
專營各項樹脂，砂輪
機器五金等
EPOXY
廣榮五金行
台中市東區大智路409號 TEL. 47619

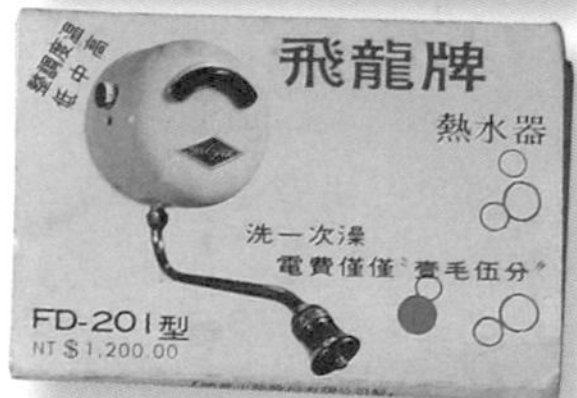
飛龍牌
熱水器
洗一次澡
電費僅僅"壹毛伍分"
FD-201型
NT $1,200.00

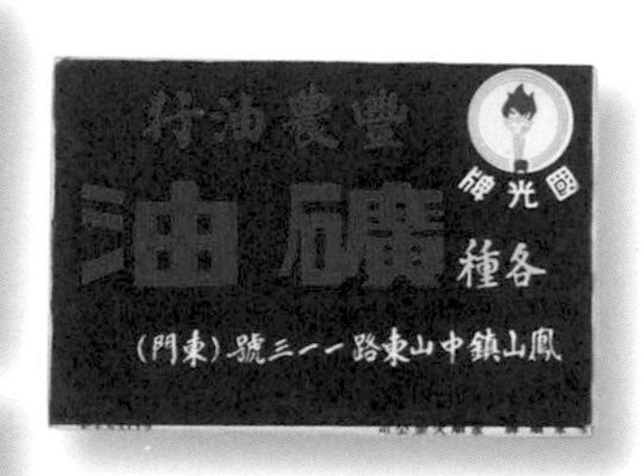
豐農油行
國光牌
各種礦油
鳳山鎮中山東路一一三號(東門)

三重牌
變壓器
三重電機公司出品
電話•97-7559

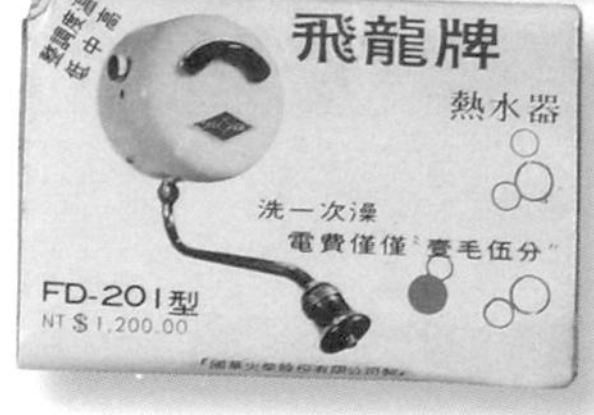
飛龍牌
熱水器
洗一次澡
電費僅僅"壹毛伍分"
FD-201型
NT $1,200.00

新陽
新陽牌 瞬時 熱水器
台北分公司
台北市新生北路二段一二三巷九號
TEL.517308

建廠七週年暨新廈落成紀念
新亞日光灯

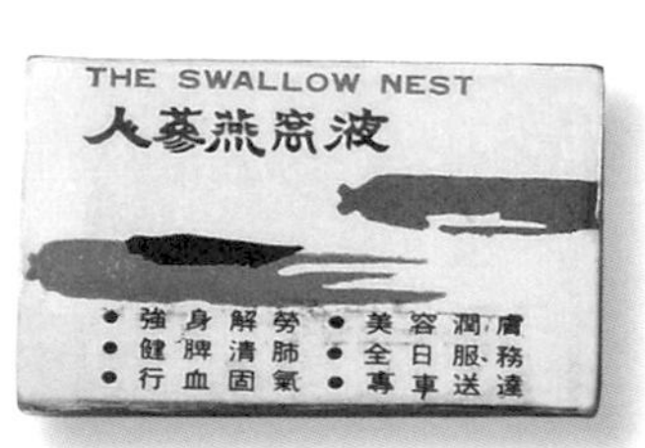
THE SWALLOW NEST
人蔘燕窩波
• 強身解勞 • 美容潤膚
• 健脾清肺 • 全日服務
• 行血固氣 • 專車送達

大韓民國官庄
高麗參
總代理

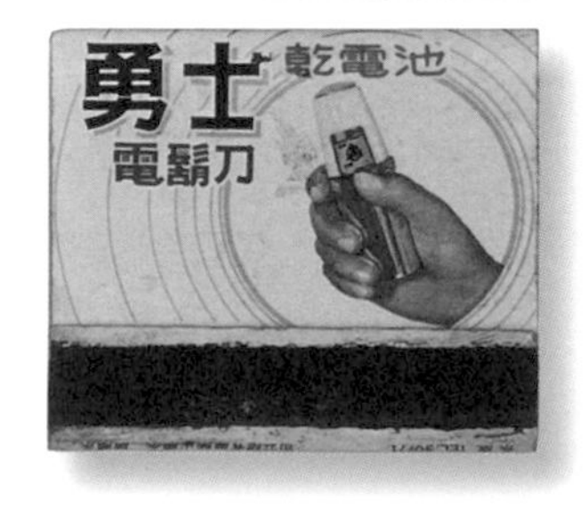
勇士
乾電池
電鬍刀

瑞天
水電工程公司
TEL. 577723
民生東路331巷12弄36號

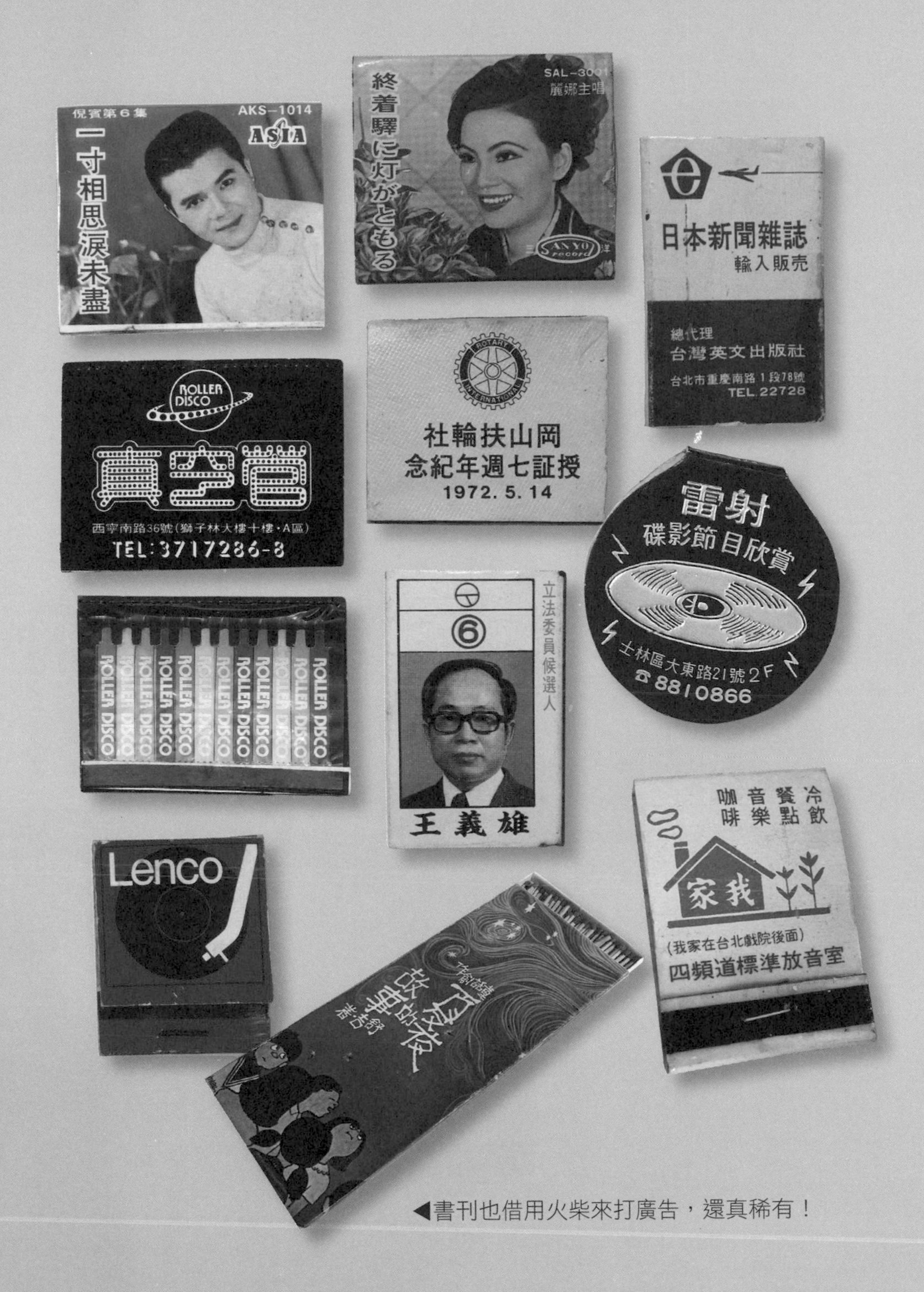

◀書刊也借用火柴來打廣告，還真稀有！

貨真不二價
誠實商號
不二價商店
吳興義
百貨股份有限公司

安平劍獅

金角
電動玩具
台北市懷寧街46號
TEL:3716275

奧立維梯

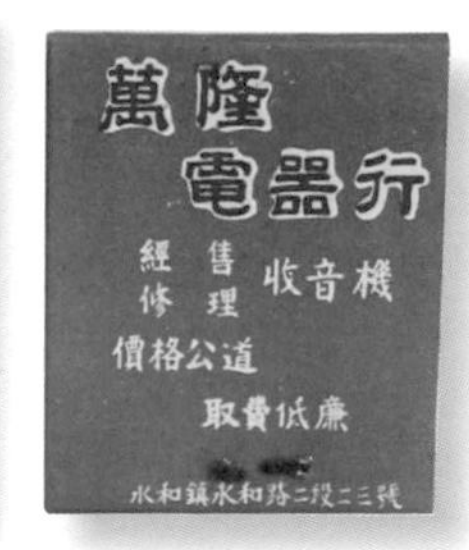
萬隆電器行
經售 修理 收音機
價格公道
取費低廉
水和鎮水和路二段二三號

開幕紀念
民國六十四年青年節

獅子林
粵菜餐廳
點心咖啡・冷熱飲料
電子琴演奏
台北市漢中街156號
☎:315842・333781

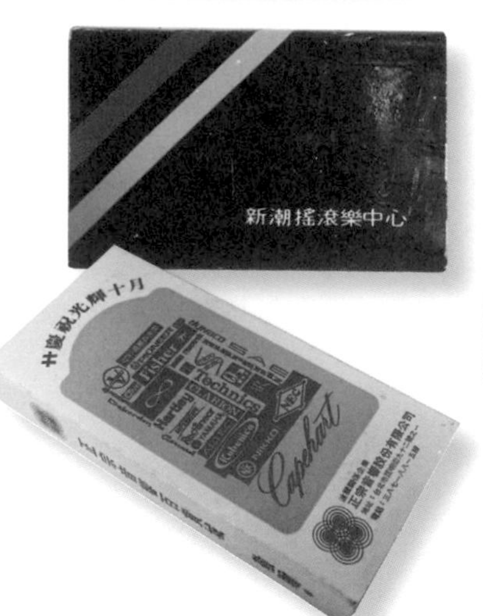
新潮搖滾樂中心
Capehart

來福行
經銷
各種電化製品
來福行電器有限公司
台南市中正路75號 TEL.4506

聯枝商店
各色 水果香燭金紙
糖菓 餅乾
☎622422
淡水鎮清水街136之1號

咖啡・名曲・冷飲・西點
翔笙音樂中心
SEA SOUND MUSIC CENTER

永力酵母奶
專人送府
每瓶兩元
暢銷全省
驅暑退熱 清涼可口
發育美容 遠勝奶類
強胃整腸 著有特効

百齡
上海浴池
上海式男女三溫暖
TEL:
5313141-5
5316889
5638645

証券股份有限公司
股票債券
代客買賣
台北市漢口街一段132號
電話21616·21617·21618

鰹佃煮
註冊 進 商標
乾記味噌工廠出品
基隆市義二路一九〇號

得力
杏仁奶粉
香噴噴
甜蜜蜜
DAILY
ALMOND MILK POWDER
杏仁奶粉

東山土雞城
台中市大坑風景區
TEL:(042) 333289
310228

實踐堂餐廳
經濟實惠
中西俱全
喜慶宴會
富麗禮堂
台北市延平南路一八一號

▲它是老台北人回憶的老地方，是六〇、七〇年代台北藝文展演場所，現已改裝併為國家圖書館分館，名為「藝術暨視聽資料中心」。

拾

感謝

由於時空環境的改變，實體書本雜誌的閱讀率不及電子書本，筆者在洽詢出版商家之時，屢吃閉門羹。這次能順利付梓，除感謝家人的精神鼓勵，亦賴好友、同學——朝代畫廊負責人劉忠河先生，對筆者的寫作指導及火柴拍攝建議，並代徵得五餅二魚文化事業張國權先生與其編輯團隊的支持，又獲得樹森公司負責人周明昭先生、同學周賢鑫伉儷、陳銘豐先生、江清彥先生、江志德先生、黃瑞敏先生等全力相挺。另外，也感謝嚴淑姬學姐將其父親收藏的火柴相贈，讓本人有信心完成寫作，諸多恩情溢於言表，在此一併感謝！

參考資料：

1. 《台灣戰後50年土地、人民、歲月》中國時報 編著，時報文化出版
2. 《珍藏20世紀台灣》時報文化編輯委員會，時報文化出版
3. 《重遊台灣老場景》蕭學仁 著，上旗文化出版
4. 《泡好湯》黃麗如、陳汶彬 著，時報文化出版
5. 《台灣年鑑 (6)》黃玉齋 主編，海峽學術出版
6. 《台北城的故事》趙莒玲 著，臺北市政叢書
7. 〈北投溫泉博物館簡介〉
8. 〈中山堂簡介〉
9. 〈火柴的歷程〉李明誠 撰，《情報知識》1976 No.7-12
10. 〈台灣的火柴工業〉倪家衡 撰，《工業世界》No.10
11. 《中國經濟》No.8
12. 〈新竹地區火柴工業現況〉溫布圳 撰，《木柴產銷月刊》1972 No.4-5
13. 〈台灣火柴工業現況〉路汝鋆 撰，《工業簡訊》1977 No.7-7
14. 〈台灣菸酒消費之研究〉黃瑞祺 文，《台灣經濟研究月刊》1981.3.25
15. 〈參議會時期的台灣金融概況〉林哲夫 著
16. 〈台灣金融機構之發展〉于桐源 著
17. 《清末明初火花與中國文化》李少鵬、黃良德 著，百花文藝出版
18. 《火花收藏》郭建國 著，遼寧畫報出版社
19. 《火柴盒上的中國現代史》鄭義 著，明窗出版
20. 《奇珍異藏話火柴》李涌金 著，上海書店出版
21. 《明治大正日本のマッチラベル》三好一 編，京都書院
22. 《マッチレッテル万華鏡》加藤豐 編，白石書店

國家圖書館出版品預行編目 (CIP) 資料

一支番仔火點亮台灣一甲子：從火柴盒看近代史 /
盧坤祺作 . -- 初版 . -- 臺北市：
五餅二魚文化事業有限公司 , 2022.12
面； 公分
ISBN 978-986-80967-8-3(平裝)

1.CST: 火柴 2.CST: 近代史 3.CST: 臺灣

462.3 111018175

一支番仔火點亮台灣一甲子

從火柴盒看近代史

贊助單位 國藝會 NCAF

作　　者　盧坤祺
總 編 輯　張國權
執行主編　余佩玲
美術設計　李建國
封面攝影　潘隆方
內頁圖片　作者提供，潘隆方、張國權

發 行 人　謝辛美
出　　版　五餅二魚文化事業有限公司
地　　址　台北市大安區羅斯福路二段17號4樓
電　　話　02-2391-7123
傳　　真　02-2391-7142
電　　郵　service@proeditor.com.tw

圖書經銷　白象文化事業有限公司
地　　址　台中市大里區科技路1號8樓之2
電　　話　04-2496-5995
傳　　真　04-2496-9901

製版印刷　映威有限公司
出版日期　2022年12月（初版一刷）
I S B N　978-986-80967-8-3
定　　價　新台幣600元